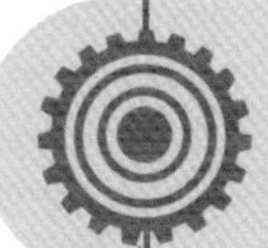

"十四五"时期国家重点出版物出版专项规划项目
先进制造理论研究与工程技术系列

智慧助老

智能药盒情感化设计研究与实践

周红云 著

哈爾濱工業大學出版社
HARBIN INSTITUTE OF TECHNOLOGY PRESS

内 容 简 介

本书积极响应并深入贯彻落实国家“智慧助老”行动，在深入分析空巢老人躯体健康特征和心理情感特征的基础上，从该类特殊群体“用药健康”与“情感慰藉”双重需求层面出发，围绕智能药盒的造型创新设计、软硬件交互设计、情感化元素融合等研究任务，深度探索介入空巢老人情感缺失的智能药盒创新设计方向与路径，高质量服务“智慧助老”行动，具有重要学术价值和实践意义。

本书适合广大研究学者、产品设计师、技术开发人员、设计类专业学生阅读，可帮助他们更好地把握银发时代背景下的空巢老人生理状态和心理诉求，以及情感化设计理论、方法、流程等在智能药盒设计研发中的发展方向。此外，本书还适合众多医疗健康领域专业人士、空巢老人的家属阅读，帮助他们深度了解智能药盒情感化设计最新成果，进而能够为更多空巢老人提供满足其健康需求、用药诉求和提供精神慰藉的优质服务。

图书在版编目（CIP）数据

智慧助老：智能药盒情感化设计研究与实践 / 周红云著. — 哈尔滨：哈尔滨工业大学出版社，2024. 12.
（先进制造理论研究与工程技术系列）. — ISBN 978-7-5767-1837-9

Ⅰ. TS976.34-39

中国国家版本馆 CIP 数据核字第 2025KU5095 号

策划编辑　王桂芝
责任编辑　陈雪巍　刘　威
出版发行　哈尔滨工业大学出版社
社　　址　哈尔滨市南岗区复华四道街 10 号　邮编 150006
传　　真　0451-86414749
网　　址　http://hitpress.hit.edu.cn
印　　刷　哈尔滨午阳印刷有限公司
开　　本　720 mm×1 000 mm　1/16　印张 17.75　字数 307 千字
版　　次　2024 年 12 月第 1 版　2024 年 12 月第 1 次印刷
书　　号　ISBN 978-7-5767-1837-9
定　　价　88.00 元

前　　言

银发时代背景下，社会老龄化、空巢化趋势日益加剧，越来越多空巢老人群体的用药健康与情感问题出现频次明显增大，无时无刻不在牵动着关爱该类群体的国人之心。智能药盒，作为国家“智慧助老”行动的情感化设计典范，从本能层、行为层和反思层三大层面，对帮助空巢老人群体跨越数字鸿沟和实现深入健康养老正发挥积极重要作用。

作者身兼产品设计师和教师双重身份，一直紧跟时代步伐，持续关注介入空巢老人情感缺失的智能药盒相关课题研究发展动态。特别是近年来，伴随人工智能（artificial intelligence，AI）、物联网等数字技术的快速发展，智能药盒设计革新也逐渐朝着更加智能化、个性化、便携化和多功能化的方向迈进。越来越多设计学者协同相关技术人员，探索利用大数据分析和人工智能算法等手段来提高智能药盒精准度的方法。这也让作者陷入了深深的设计思考：如何充分发挥设计优势，在借助现有先进智慧医疗技术手段基础上，从空巢老人“用药健康”与“情感慰藉”双重需求层面出发，深入探索智能药盒的情感化设计研究，帮助更多空巢老人高效解决用药健康问题并满足其心理诉求。

基于此，作者投入了更多的时间和精力，致力于介入空巢老人情感缺失的智能药盒相关研究，包括但不限于空巢老人群体特征、智能药盒情感化设计理论、智能药盒情感化设计趋势、智能药盒情感化设计实践与推广应用等；循序渐进、层层推进，持续探索能够有效解决空巢老人用药与情感关联等相关问题的路径和方法。近5年，作者主持多个与“智慧助老”关联的省级教科研项目：2023年结题的广东省哲学社会科学“十三五”规划学科共建课题“新冠疫情冲击下介入情感缺失的空巢老人智能药盒设计研究”、2022 年结题的广东省教育科学“十三五”规划项目“‘互联网+’下创新创业教育嵌入高职产品设计开发课程路径研究”、2023 年立项的广东省高职教育教学改革与实践项目“数字化转型赋能高职产品设计开发‘岗证赛创’四融型课程思政育人模式研究与实践”、2023 年立项的广东省特色创新（人文社科）项目“数字化转型下思政赋能高职产品设计开发课程‘双创’设计人才培育路径优化研究与实践”。在此基础上，作者继续深入“服务空巢老人”的智能药盒情感化设计研究，并在工作中持续开展“智慧助老”设计研究拓展，最终完成了本专著。在此感谢：

（1）在“银发时代空巢老人群体特征分析”中，特别感谢上海利群医院周爱玲医生、广州市老人院工作人员陈雪等同志给予的大力支持。通过深入调研分析，作者对患病空巢老人群体的生理特征，以及其患病用药时内心渴望被关注、被照顾、被关怀等多种情感诉求有了更全面的认知与了解。

（2）在“智能药盒情感化设计趋势剖析”中，在广东省机械研究所有限公司、佛山先拓三维科技有限公司、深圳市华阳新材料科技有限公司等国家高新技术企业给予的大力支持下，作者更加深入企业生产实际，完整了解智能制造企业先进设计文化、智能药盒相关医疗类产品市场发展前景、智能产品创意设计流程、实体模型生产制作相关标准、3D 打印加工工艺、智能化设备应用与操作规范、3D 实体模型后处理等相关内容，进而为智能药盒创新设计定位、创意思维发散、软硬件交互设计、实体模型制作等相关研究与实践提供可行性思路，感谢这些企业提供的帮助。此外，感谢广州市老人院相关工作人员对空巢老人群体的基础特征、用药情绪，以及智能药盒潜在消费需求的相关介绍。

同时，感谢广东工贸职业技术学院机电工程学院工业设计专业的郑丹萍、刘柏林、张玩华等多位同学的深入参与，为收集空巢老人群体访谈资料、介入空巢老人情感缺失的智能药盒相关设计研究提供了高价值的参考，也使作者对空巢老人该类特殊群体的身体状况、用药情况、心理需求、情感诉求等特征有了更深层次的了解和掌握。

（3）在“智能药盒情感化设计方案输出”中，作者除了亲自展开智能药盒情感化产品方案构想与创新设计工作之外，也尝试通过“智慧助老”课程思政教育教学实践模式，带领广东工贸职业技术学院机电工程学院工业设计专业学生展开智能药盒产品情感化设计的深入构思，引导学生从产品可视化造型、可拆卸结构、智能化功能、色彩对比度、软硬件交互的可行性、产品实体模型制作、生产制造成本等方面，加以头脑风暴式创新思维发散。通过“智慧助老”课程思政教育教学实践，越来越多的学生在公益服务意识、创新设计能力、职业道德素养等多方面获得了极大提升，并成长为服务国家、社会和人民的德才兼备的高素质设计技术技能人才，进一步高质量反哺“服务空巢老人”相关智能产品情感化设计研究与实践工作。

（4）在“智能药盒情感化交互设计与验证”中，得到了广东工贸职业技术学院计算机与信息工程学院曾秀芳老师，以及胡逸凯、郑杰军、胡冉、许婉婷、杨坷盈等多位同学的大力帮助，使得智能药盒软硬件设备远程交互问题得以顺利解决。通过基于微信移动端自主开发的智能医疗药盒管理小程序，尝试改变传统的智能化操作模式，实现“用药设置”“提醒用药”“用药记录”等软硬件智能化交互的可行性与有效性，让智能药盒创新设计方案在空巢老人与远方亲人之间架起一座关爱之桥，解决空巢老人情感缺失的源头问题。

本书属于公益出版，后期作者如有版税等收益来源，将全部无偿捐赠给广州市老人院等养老机构，帮助更多有需要的老年人群体。愿所有乐于助人的爱心得以温暖传递，也祝福银发时代背景下的空巢老人都能安享晚年、老有所“医”。

由于作者水平有限，书中难免存在疏漏及不足之处，敬请各位专家、学者和读者批评指正。

周红云

2024年10月

广东工贸职业技术学院

目　　录

第 1 章　银发时代空巢老人群体特征分析

社会人口老龄化的日益加剧，老年家庭结构简单化、居住模式离散化、成员关系松散化等趋势，快速推动了老年空巢家庭规模不断扩大，空巢老人数量快速增长，深层次推进银发时代的演进。与此同时，伴随新一轮数字技术革命的到来，空巢老人群体在生活照料、看病取药、购物做饭、休闲娱乐等方面都面临着巨大挑战。

本章梳理国内外广义范畴下的空巢老人群体社会背景，系统研究该类特殊群体的躯体健康特征以及心理情感特征，对探索“智慧助老”行动路径具有重要的参考价值。

本章内容思维导图如图 1.1 所示。

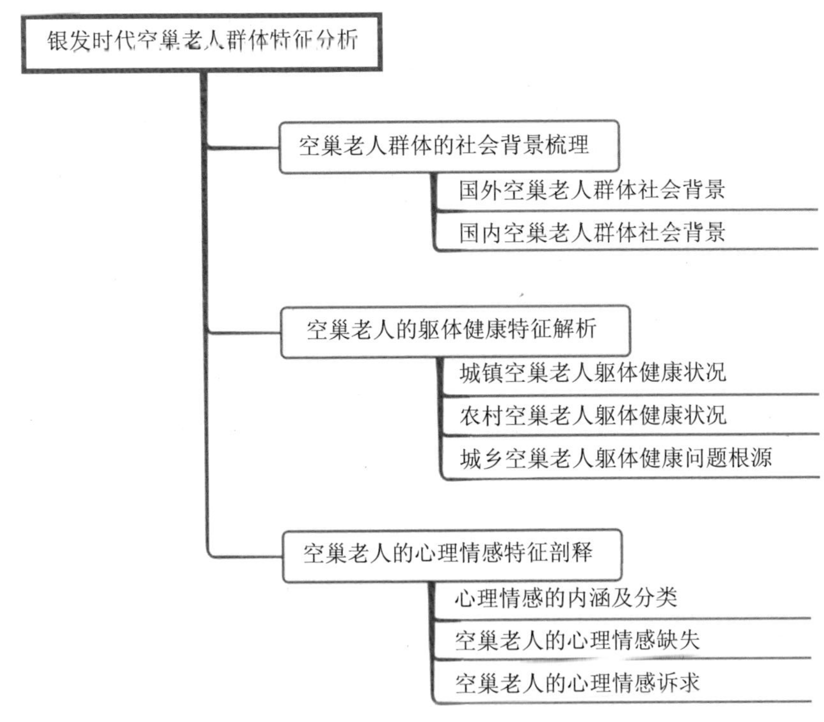

图 1.1　本章内容思维导图

1.1 空巢老人群体的社会背景梳理

“空巢”概念源于20世纪40年代美国人类学学者P·C·格利克提出的“家庭生命周期理论”。在早期研究领域中，众多学者重点关注的是家庭子女缺位状态下的空巢老人群体，即家中所有子女因求学、就业、结婚等原因离开原生家庭，而剩下老年夫妻双方或一方的特殊群体（肖汉仕，1995；石燕，2008）。随着社会老龄化趋势的加深和家庭结构变化，有子女但子女离家的家庭，与无子女的家庭所面临的“空巢老人养老”问题大体相同。于是，越来越多的学者逐渐将空巢老人的内涵进一步扩大，将无子女的老年夫妻和独居老人也纳入广义的空巢老人概念范围（陈卫等，2017；陶涛等，2023）。

空巢老人面临着生活困难、精神孤独，这也让该类特殊群体的晚年生活陷入了“灰色地带”。日复一日、年复一年，一成不变的生活让每一个空巢家庭变得越发冷清，空巢老人能做的，仅有守护盛满记忆的孤舟，等待远方的子女归来。而有一些空巢老人，甚至永远也等不到亲人的陪伴。面对愈演愈烈的老年家庭空巢化态势，有效应对老年人空巢尤其是高龄老人空巢问题，全面把握老年家庭空巢化的发展态势和空巢老人的基本特征，已成为积极应对“人口老龄化”的重要一环，世界各国高度重视。

1. 国外空巢老人群体社会背景

人口老龄化是世界各国人类社会发展的客观趋势，是21世纪人类社会共同面临的重要议题。早在1865年，法国65岁及以上老年人口占全国总人口的比例就超过了7%，成为世界上第一个迈入人口老龄化社会的国家。2012年法国65岁及以上老年人口占全国总人口的比例为17.1%，2019年上升为20%，2022年进一步上升为21.3%；预计到2040年这一比例将达到26%，2070年这一比例将高达29%（顾高燕等，2023）。其中，空巢老人群体比例也将随之大大增加。

日本是世界上人口老龄化最严重的国家。该国人口变化主要经历了聚集期、疏散期、减少及高龄化期、急剧减少期等阶段，2008年全国总人口达到1.28亿峰值，随后便一直减少。2023年9月日本总务省发布的最新统计数据显示，日本65岁及以上老年人口占全国总人口的比例达 29.1%，再次刷新历史纪录。其中 80 岁及以上老年人口首次超过全国总人口的 10%，老年人口比例排名全球第一。而在老年人群中，每 5 个老年人中就有 1 人处于空巢状态，目前已累计拥有超过 600 万人的空巢老人群体，老龄化压力持续增加（《环球时报》，2023）。

意大利人口老龄化问题日渐严重，程度仅次于日本，是欧盟人均年龄最大的国家。意大利国家统计局 2022 年发布的数据显示，意大利 65 岁及以上老年人口已超 1 400 万，占全国总人口的 23.8%（光明网-《光明日报》，2023）。2023 年 12 月 18 日《24 小时太阳报》报道该国每 100 名 15 岁以下的年轻人对应 193 个 65 岁及以上的老年人（中华人民共和国驻意大利共和国大使馆经济商务处，2023）。半数以上的高龄老人过着独居生活，这些老人正在成为社会中最脆弱的群体，且该类人口比例逐年升高，老年群体的晚年生活堪忧。

韩国受老龄化加剧、一人户家庭增加的影响，空巢老人家庭数量呈现逐年递增趋势。65 岁及以上老年人口在 2000 年达到 337.2 万人，在 2017 年和 2020 年分别突破 700 万人和 800 万人，在 2022 年首破 900 万人。其中，空巢老人总数也呈上升趋势。2015 年韩国空巢老人总数为 122.3 万人，2018 年增至 144.5 万人，2021 年再增至 182.4 万人。截至 2022 年 11 月，65 岁及以上的韩国老年人口共 904.6 万人，其中一人户家庭的老年人口为 197.3 万人，约占韩国老年人口总人数的 21.8%，均创历史新高（人民网，2023）。2023 年 12 月，韩国统计厅最新统计数据显示，韩国平均每 10 户家庭中就有 1 户为独居老人，该国空巢老龄化趋势迅猛，预计 2025 年开始正式进入“超级老龄社会”（第一财经，2023）。

有学者认为，世界人口老龄化的根源是生育率、死亡率的下降（Goldstein，2009）。一方面，生育率下降导致新生儿规模持续减小，降低了未成年人口占比，使得老年群体人口占比更突出，进而加速了人口老龄化进程。参照联合国发布的《2019 年世界人口展望》、唐钧《世界和中国的人口老龄化及其原因》等相关学术资料，分析 2019 年并预测 2050 年世界各国（地区）总和生育率排名最低的 8 个（表 1.1），通过相关数据可知，总和生育率越低的国家（地区），人口空巢老龄化现象越发突出，这与 Goldstein 学者提出的相关观点非常吻合。比如总和生育率排名最低的韩国，便是最好的例证。

表 1.1　世界各国（地区）总和生育率排名最低的 8 个

排序	2019 年		2050 年	
	国家（地区）	总和生育率/%	国家（地区）	总和生育率/%
1	韩国	1.1	波黑	1.4
2	波多黎各	1.2	波多黎各	1.4
3	新加坡	1.2	韩国	1.4
4	波黑	1.3	新加坡	1.4
5	塞浦路斯	1.3	阿联酋	1.4
6	希腊	1.3	阿尔巴尼亚	1.5
7	意大利	1.3	塞浦路斯	1.5
8	葡萄牙	1.3	希腊	1.5

数据来源：[1]United Nation's Department of Economic and Social Affairs/Population Division. World population ageing 2019 [M]. New York: United Nations, 2019.

[2]唐钧. 世界和中国的人口老龄化及其原因[J]. 社会政策研究，2022（3）：3-18.

另一方面，与死亡率直接关联的预期寿命，也在很大程度上影响了人口老龄化的加速发展。人口统计学家常用“出生时的预期寿命”来对“死亡率”进行描述和分析。“出生时的预期寿命”反映的是一个人群的总体死亡率水平。具体而言，它涵盖了整个生命过程中的死亡率。根据世界各国（地区）平均预期寿命的相关数据综合分析发现（前 8 名（TOP 8）的数据见表 1.2），平均预期寿命越长，老年人口，特别是空巢老年人口的数量随之剧增，这也成为了人类历史上人口老龄化发展的新现象。

表 1.2　世界各国（地区）平均预期寿命 TOP 8

排序	2015～2020 年出生人口的平均预期寿命/岁				2045～2050 年出生人口的平均预期寿命/岁			
	国家（地区）	综合	男性	女性	国家（地区）	综合	男性	女性
1	日本	84.4	81.3	87.5	日本	87.9	84.9	91.1
2	瑞士	83.6	81.6	85.4	瑞士	87.2	85.5	88.9

续表 1.2

排序	2015～2020 年出生人口的平均预期寿命/岁				2045～2050 年出生人口的平均预期寿命/岁			
	国家（地区）	综合	男性	女性	国家（地区）	综合	男性	女性
3	新加坡	83.4	81.3	85.5	新加坡	87.1	85.2	88.9
4	西班牙	83.4	80.6	86.0	西班牙	87.0	84.3	89.7
5	意大利	83.3	81.0	85.3	意大利	87.0	85.1	89.0
6	澳大利亚	83.2	81.2	85.2	澳大利亚	86.9	85.2	88.7
7	冰岛	82.8	81.2	84.4	韩国	86.7	83.9	89.7
8	韩国	82.8	79.6	85.7	冰岛	86.6	85.4	87.8

数据来源：[1]United Nation's Department of Economic and Social Affairs/Population Division. World population ageing 2020 [M]. New York: United Nations, 2020.

[2]唐钧. 世界和中国的人口老龄化及其原因[J]. 社会政策研究，2022（3）：3-18.

2. 国内空巢老人群体社会背景

伴随社会经济的不断发展，我国人口老龄化问题日益突出。与此同时，越来越多的老年人因无子女或子女工作、学习离家及成家立业等原因处于空巢状态，空巢老人群体现象引人关注。

围绕 2000 年、2010 年和 2020 年 3 次全国人口普查数据，综合分析我国老年家庭空巢化态势和空巢老人基本特征可发现，近 20 年城乡老年家庭空巢化现象日渐显著。陶涛等学者于 2023 年对 65 岁及以上人口口径统计分析得知，2000 年以来，我国夫妻空巢和独居空巢的家庭规模分别从 2000 年的 778 万户和 784 万户，上升至 2020 年的 2 793 万户和 2 994 万户，两者在 20 年时间内均增加了 2 倍有余，见表 1.3。

与此同时，根据国家统计局和全国老龄工作委员会办公室发布的相关数据，2020 年，我国 60 岁及以上老年人口总量就已达到约 2.64 亿人，占总人口的 18.70%，65 岁及以上老年人口总量约 1.90 亿人，占总人口的 13.50%；空巢老人数量接近 1.5 亿人，其中高龄空巢老人数量达 772 万人。

民政部、全国老龄办发布的《2023 年度国家老龄事业发展公报》显示，截至 2023 年末，我国 60 周岁及以上老年人口高达 2.969 7 亿人，占全国总人口的 21.1%；

65 周岁及以上老年人口 2.167 6 亿人，占全国总人口的 15.4%。相较于 2020 年，两类人口比例分别增长了 2.4%、1.9%。结合相关数据综合分析，预计 2030 年空巢老年人口将超过 2 亿人。由此可见，“空巢”已成为银发时代背景下的我国老年家庭的主要形态之一。

表 1.3　2000 年、2010 年、2020 年我国老年家庭空巢化基本情况

地区	年份/年	老年家庭情况（65 岁口径）				老年家庭情况（60 岁口径）			
		夫妻空巢		独居空巢		夫妻空巢		独居空巢	
		规模/万户	占比/%	规模/万户	占比/%	规模/万户	占比/%	规模/万户	占比/%
全国	2000	778	11.38	784	11.46	—	—	—	—
	2010	1 353	15.37	1 444	16.40	2 189	17.81	1 824	14.84
	2020	2 793	21.02	2 994	22.53	4 090	23.45	3 729	21.38
城镇	2000	305	13.65	291	13.01	—	—	—	—
	2010	669	17.85	632	16.84	1 059	20.07	796	15.07
	2020	1 475	21.74	1 461	21.53	2 190	23.85	1 876	20.44
农村	2000	473	10.28	493	10.70	—	—	—	—
	2010	684	13.53	812	16.07	1 130	16.10	1 029	14.66
	2020	1 319	20.28	1 533	23.58	1 901	22.99	1 853	22.42

数据来源：[1]陶涛，金光照，郭亚隆. 中国老年家庭空巢化态势与空巢老年群体基本特征[J]. 人口研究，2023，47（1）：58-71.

不难发现，在快节奏、高压力、多变化的现代社会背景下，老年群体人口结构发生的新变化，证明了我国人口老龄化程度进一步加深，这不仅是工业化、城镇化和现代化的必然产物，也是社会经济发展、人口转变、价值观念变迁的必然结果：

第一，新时代背景下，伴随社会经济的快速发展，更多的有效劳动力被迫切需要，这也使得城乡人口大规模流动，人们的求学圈、就业圈、择偶圈等不断扩大，间接推动了家庭结构的缩小和居住模式的离散化。

第二，当前越来越多的年轻夫妇选择享受二人世界，生育率逐年下降，新生人

口比例也随之降低。与此同时，生活条件、就医条件的逐步提升，促使人类的预期寿命逐渐延长。基于以上社会客观因素影响，家庭分居风险逐步增加，家庭存续时间也相对延长，这使得老年空巢更加普遍化。

第三，部分自主意识强烈的年轻人更愿意“离巢”选择独立生活；而越来越多的空巢老人也不再将养老希望寄托于年轻子女身上，而是主动倾向于自我养老和社会养老，并对自己子女的“不归巢”行为表示理解和尊重。

“十四五”时期，我国正经历快速的人口老龄化和剧烈的家庭变迁，老年家庭结构简单化、居住模式离散化、成员关系松散化等趋势，快速推动了老年空巢家庭规模的日益扩大。同时，受我国人口出生率下降、预期寿命延长等客观因素的影响，老年家庭“空巢化”态势还将持续发展，并逐渐成为新时代老年家庭的新常态，这一新现象不可避免地给个人、家庭乃至社会带来深刻影响，同时也给国家养老服务体系和健康支撑体系的建设带来了巨大挑战。空巢老人群体的福祉增进与困难空巢老人的供养支持，成为当前我国人口与家庭发展亟待破解的新难题。

积极应对人口老龄化，事关国家发展和民生福祉，是实现经济高质量发展、维护国家安全和社会稳定的重要举措。近年来，国家出台了关于“老龄工作”“智慧助老”等的多项政策文件，为新时代我国老龄事业发展和老龄工作开展提供了根本遵循。2021 年中共中央、国务院发布的《关于加强新时代老龄工作的意见》指出，“有效应对我国人口老龄化，事关国家发展全局，事关亿万百姓福祉，事关社会和谐稳定，对于全面建设社会主义现代化国家具有重要意义”，同时提出要“加强新时代老龄工作，提升广大老年人的获得感、幸福感、安全感”。国家卫生健康委全国老龄办《关于做好 2021 年“智慧助老”有关工作的通知》特别强调，“扩大‘智慧助老’行动的社会影响力”“聚焦老年人日常需求，梳理解决老年人运用智能技术困难方面存在的问题，认真制定并落实整改措施，推动解决老年人面临的‘数字鸿沟’问题”。党的二十大报告也明确提出，“实施积极应对人口老龄化国家战略，发展养老事业和养老产业，优化孤寡老人服务，推动实现全体老年人享有基本养老服务”。

由此可见，面对日益严峻的银发时代老年家庭“空巢化”发展态势，全面把握空巢老人群体的躯体健康特征和心理情感特征，有效应对老年家庭“空巢化”的根本问题，不仅有助于健全养老服务体系和完善老年健康支撑体系，同时对防范化解人口老龄化和家庭变迁过程中潜藏的风险，以及推动积极应对人口老龄化国家战略的落实、落稳、落好起极大的促进作用。

1.2 空巢老人的躯体健康特征解析

银发时代背景下，“空巢”已成为老年家庭的主要家庭形态之一。随着年龄的不断增长，空巢老人各器官组织的生理机能和免疫力逐渐衰退，多病共存现象增加、自我管理意识薄弱等诸多因素，使得他们的健康状况明显下降，很容易陷入生活困境，非常令人担忧。

作者通过检索与学习相关文献，实地走访城镇和农村相关社区，以及对大型医院医生的初步访谈发现，空巢老人群体患病率较高，常患疾病包括慢性支气管炎、原发性高血压、糖尿病、缺血性心脏病、骨关节病、骨质疏松、腰椎间盘突出、白内障、听力障碍等顽固慢性病，多出现头痛、头晕、失眠、多梦、胸闷、腹痛、乏力、全身不适等症状。慢性病与急性病的不同之处在于病程较长，迁延不愈则严重影响生活质量，这也是空巢老人群体最主要的躯体健康问题所在。与此同时，城镇与农村空巢老人的躯体健康状况也存在一定的差异。

1. 城镇空巢老人躯体健康状况

当前的城镇空巢老人群体，大部分家中只有独生子女，当唯一的孩子长大成人、远走异乡后，只剩下他们独自生活在城镇里。空巢老人在年轻时基本均为国家经济发展、社会繁荣稳定等做出了积极贡献，到了晚年时期，很多空巢老人不可避免地会因年轻时的过度劳累而留下躯体健康问题。

近些年，国内诸多学者对城镇空巢老人躯体健康问题做出了积极探索。李莉等学者选取某城市社区内 996 例空巢老人为空巢组，另选 1 000 例非空巢老人为对照组，通过深入调查研究发现，空巢组老人的各类慢性病发生率比对照组更高（李莉等，2022）。这一研究结果在其他学者的调研分析中也得到了印证。比如，程娇娇等学者采用中华人民共和国民政部制定的《老年人能力评估表》，对河南省 18 个省辖

市的 3 731 名空巢老人进行调研，发现该类特殊群体的综合失能发生率为 48.03%，其中 80 岁及以上空巢老人的失能风险是 60～69 岁空巢老人的 2.429 倍，而患有 4～7 种慢性病的空巢老人失能风险则是患有 0～3 种慢性病空巢老人的 6.549 倍（程娇娇等，2022）。邱建红采用流行病学调查方法探究 2020 年丽水市莲都区社区空巢老人健康状况及流行病学特征发现，该类特殊群体发生心脑血管疾病的风险明显大于非空巢老人（邱建红，2022）。与此同时，还有学者按照分层随机抽样原则，对湖北省 1 177 名空巢老人进行深度调研，发现该类群体慢性病的总患病率为 70.58%，其中城市空巢老人的呼吸系统疾病、高血压、肿瘤、消化系统疾病、糖尿病、痛风等慢性病患病率均高于农村空巢老人（龚勋等，2015）。

参照现有研究成果和实际走访调研情况不难发现，由于城镇的整体生活消费水平、就医费用等均相对较高，故生活在该区域的空巢老人群体，特别是退休金和退休福利较少的空巢老人群体，会面临较大的经济压力。同时，受城镇中工业排放、交通拥堵和建筑扬尘等因素的影响，大气中的颗粒物、二氧化硫、二氧化氮等污染物含量较高，整体空气质量相对农村来说要差。以上这些客观因素，也在一定程度上加重了城镇空巢老人的身体负担，进而导致其患病概率大大上升。

2. 农村空巢老人躯体健康状况

农村空巢老人的子女相对较多，他们在晚年时期大多以田间劳动获取的经济收入，或多个子女给予的生活费作为生活来源。由此，经济支持情况成为农村空巢老人能否安享晚年的重要决定条件。而由于经济条件、学历背景、生活环境、个人习惯等因素的不同，农村空巢老人和城镇空巢老人的躯体健康状况存在一定的差异。

2020 年，刘莎等学者调查苏北农村空巢老人（1 409 人）发现，该类群体的健康自评较差，其两周患病率为 32.9%，慢性病患病率为 59.9%，其中 44.9%的空巢老人经常服药，且女性慢性病患病率是男性的 1.14 倍。与此同时，调研对象的平均直接医疗费用，包括门诊费、药品费、诊疗费、检查费、手术费和康复费等合计 2 404.9 元，高于城乡老年人人均医疗费支出 1 889.8 元。2020 年，曹阳春等学者选取安徽省太湖县 300 名农村空巢老人为研究对象，调查发现慢性病患者高达 229 人，患病率为 76.33%，其中患 1 种病者 82 例，患 2 种病者 69 例，患 3 种及以上病者

78 例，而高血压、关节炎、颈椎病、糖尿病、腰椎间盘突出症等疾病得病率则排名前 5 位。2022 年，王敏等学者利用老年人资源与服务评价量表（OARS）中多维功能评估问卷，对湖南省的 29 个城镇社区及 21 个乡村共 158 例空巢老人展开综合健康评估，通过相关统计数据结果分析得出，高达 36.08%的空巢老人综合健康状况处于较差水平。

综合现有研究成果和实际走访调研情况得知，农村空巢老人存在躯体健康问题的群体占较大比例，且大部分农村空巢老人还面临着较为严峻的疾病经济负担。因为一旦发生较为严重的病情，农村空巢老人多由从远方赶回的子女来照顾，但负责照顾的子女或将失去主要经济来源；而当空巢老人需要住院治疗时，家庭经济压力则变得更大。

与此同时，农村的医疗环境与大城市存在差距，生活在农村的空巢老人，需要花费更多时间和精力去寻求合适的医疗服务，既导致身心疲惫，又可能耽误病情。由此可见，农村空巢老人生病对整个家庭的影响通常远高于城镇空巢老人，这也使得他们的晚年生活质量、精神状态等更加令人担忧。

3. 城乡空巢老人躯体健康问题根源

通过聚焦广东、湖北、河南、安徽、湖南等多个人口大省的空巢老人躯体健康相关研究不难得知，无论是城镇还是农村，空巢老人患上慢性病的事实一旦形成，则很难治愈，且所患慢性病种类越多，综合失能风险就越高，加上不同类型的疾病病因复杂、病程较长，并常伴有不可逆的并发症，多数需要长期甚至终身治疗及护理，既损害了空巢老人的生理健康，又影响其日常活动能力。综合现有研究成果与实地调研情况发现，“就医难”也在很大程度上增加了城乡空巢老人群体的躯体健康负担，主要体现在以下 5 个方面。

（1）部分地区交通欠发达，空巢老人看病积极性低。

众所周知，我国地域辽阔，但在一些相对偏远的地区，由于路段尚未完全被开发，交通多有不便，这给空巢老人就医带来一定障碍。更有部分空巢老人躯体健康意识不强，认为多一事不如少一事，即使生病，宁愿在家“硬扛”，也不愿意大费周折去医院就医。长此以往，小病被拖成了大病，更有甚者，大病被拖成了不治之症。

（2）智能设备不断普及，“数字鸿沟”现象严重，空巢老人常陷入迷茫。

随着新时代数字技术的迭代更新，医院预约挂号、交通乘车、结算支付、用户反馈等多个场景都离不开智能设备，智能化操作迅速成为了绝大多数生活场景的“标配”，这也使得越来越多的空巢老人新增了“不敢用”“用不好”等诸多烦恼。当他们独自面对智能化、网络化的自助服务系统时，时常会因不擅长使用智能化产品而感到茫然无措。“数字鸿沟”不仅增加了空巢老人群体患者就医时的烦躁情绪，也会导致他们非常害怕生病、恐惧看病。

（3）就医等待时间过长，空巢老人身心疲惫。

随着国家大力发展医疗技术，大型医院的医疗设备得到及时更新、医疗条件更加完善，这使得前往大型医院看病成为了一种普遍现象，但也由此导致大型医院的医疗资源更加紧张。在看病过程中，患者需要经历“挂号、看病、检查、化验、取药”等多个环节，且每个环节都可能需要漫长的等候，空巢老人群体患者的身体本来就很虚弱，有的甚至行动不便，他们在排长队等候的过程中，会感觉到身体和心理异常疲惫。

（4）特殊病医疗费用较高，空巢老人就医成本加大。

城乡居民大病保险制度自2012年8月下发实施，已经成为中国特色医疗保险体系的重要组成部分，为减轻患者大额医疗费用起到非常重要的作用。然而，从空巢老人群体常患的慢性病病种来分析，多类病种的医疗费用较高，且很多患者服药周期长，尽管有医疗保险，但对一些普通家庭，特别是没有退休金保障的患者家庭来说，就医成本依然很大。高额的医疗费用可能导致空巢老人家庭经济困难，甚至使其看病成为一项沉重负担。

（5）医患沟通不畅，信息不对称，“看病难”越发凸显。

独自前来就医的空巢老人，可能会因为行动缓慢、记忆力减退、听力故障等客观原因，无法准确表达就医原因或不适症状。部分患者甚至无法准确描述自己的家庭地址、电话等重要信息，这使得医生无法第一时间联系到家属，来了解空巢老人群体患者的既往史、用药史、过敏史等相关信息。当医患沟通不能有效进行时，医生对空巢老人群体患者的诊断则不准确，进而影响治疗效果，甚至存在一定的安全隐患。

1.3　空巢老人的心理情感特征剖释

1. 心理情感的内涵及分类

《社会心理学辞典》界定“情感”是人的需要是否得到满足时产生的一种内心体验。美国心理学家伊扎德认为“心理情感”需深入考虑生理基础、表情行为和主观体验等参数。基于此，有学者从反应对象、生理基础、内在机制、外在表现等方面出发，揭示了“心理情感”的本质是人类精神生命中的主体力量，是主体以自身精神需要和人生价值体现为核心的一种自我感受、内心体验、情境评价、移情共鸣和反应选择。对社会上独立存在的每个个体来说，心理情感的重要性不言而喻。

心理情感通常被视为是区别于理性的非理性因素。在现实生活中，人们最初将内心体验当作心理情感，但在用语言表达时，总会将“喜欢”与“厌恶”等作为具有鲜明对比的反义词，通过使用不同的词语来进行陈述。但心理情感并非只是精神体验，它也是一种实实在在的、有别于机器的生理体验。比如，人们通过个体的哭、笑、怒、哀等表现，便能感受其内心的真实情绪。由此，心理情感便逐渐分为两类截然相反的情感，即正向心理情感和负向心理情感。

（1）正向心理情感。

孔子曰：“知之者不如好之者，好之者不如乐之者”（《论语·雍也》）。其中的“乐”，便道出了正向心理情感的积极作用。在心理学研究领域，正向心理情感通常包括但不限于快乐、满足、希望、热爱、感恩等内心感受，其能够引起人们的兴奋、激动、愉快、积极向上等情绪体验。

作为幸福感的重要因素之一，正向心理情感和参与感、意义感一同构成了幸福感的三大支柱。不论何种年龄段、身份、阶层的个体角色，一旦储备了正向心理情感，坚持保持积极情绪，将更自信、乐观和积极地对待所有事物，并愿意尝试为自己或他人营造一个开朗、友好和充满爱心的社交环境。该类积极行为，不仅有助于降低压力水平、增强免疫功能、促进身体健康，还能改善人际关系、强化合作与沟

通能力、提高社会融入度和成功率，对个体的生理和社会功能将产生极大影响。

（2）负向心理情感。

负向心理情感，是客观事实与主观需求不符时个体产生的一种心理活动，通常涵盖愤怒、害怕、悲伤、失望、沮丧、恐惧、痛苦、绝望等内心感受。由于身体是心理的镜子，负向心理情感一般会通过身体向外传达，对身体造成不适感，且不利于个体的思考和行动。当负向心理情感得不到合理的释放或排解时，久而久之，便会伤及个体躯体健康，造成“内伤”，严重者甚至危及自身生命安全或他人生命安全。

美国心理学家露易丝·海在《心理的伤，身体知道》中描述道：“不被察觉的负面情绪，都会以疾病的方式显示自己的存在，身体的不适和病症源于我们内心的求救，它指引我们去直面自己的真实需求”。由此可见，负向心理情感的产生，从侧面反映了自身能量的不足。激发个体为满足内心需求而采取积极行动的内在动力并为自身提供未来前进方向，需要我们正确认识负向心理情感的正面价值，才能在必要时做出积极正向的反应，并在不断积累经验的过程中提升应对困难和挫折的能力。

2. 空巢老人的心理情感缺失

“空巢”除了影响老年人躯体健康，对其心理健康也会带来诸多负面影响。空巢老人容易受社会角色转变、生理机能下降、家庭结构变化、自我人格心理等多个因素影响，他们在独自生活时普遍缺少心理情感倾诉对象，当陷入情感表达无助状态时，常会感到内心孤独、空虚寂寞、情绪伤感、状态萎靡、顾影自怜，有的空巢老人还会萌发抑郁、焦虑、悲观厌世等情绪，甚至导致精神障碍、老年痴呆等疾病，进而严重影响生活质量和精神状态。

空巢老人群体的心理情感缺失现状，持续引发社会各界的深度关注，越来越多的学者深入开展相关研究，以期探索有效的可行性解决方案。综合现有研究成果可得，空巢老人心理情感缺失较为突出的症状主要为：孤独、焦虑、抑郁、心理综合征。

（1）孤独。

“孤独”一词最初来自医学，用以表示人际交往沟通和情感表述方面的心理障碍。1973 年美国学者 Robert S.Weiss 提出，当个体对交往的渴望与实际交往水平产生一定差距时所产生的不愉快的主观心理感受或体验，即为孤独。孤独是空巢老人心理障碍中的突出问题，与子女离开家庭、个人退休、身体疾病、人际交往弱化等因素呈正相关。Wu Z. Q.等学者利用 UCLA 孤独量表分析得出，农村空巢老人孤独感平均得分为 53.55，达到高度孤独状态。李德明等学者基于《中脉老年生活质量指数调查问卷》，对北京、上海、广州、武汉、成都、沈阳和西安 7 大城市的 987 位空巢老人进行分层随机抽样调查，发现超过 43.1%的空巢老人感到孤独寂寞。

空巢老人的孤独，是一个复杂而深刻的社会问题。伴随现代数智技术的快速发展，空巢老人群体常被排除在新兴科技和电子支付手段之外，他们会感到自己逐渐被时代遗忘。这种被忽视的感觉，也加剧了他们的孤独感，使他们陷入心情郁闷、沮丧、孤寂，甚至哭泣等负面情绪之中。

（2）焦虑。

焦虑，即焦虑性神经症，是以持续性焦虑或反复发作的惊恐不安为主要特征的神经症性障碍，常伴有身体上的反应，如心跳加速、出汗、颤抖、呼吸急促、肌肉紧张、头痛、胃部不适等，表现为对未来可能发生的事件或情况的过度担忧和紧张。焦虑的核心感受是对未来的担忧和紧张，这种担忧往往没有明确的原因。因此，焦虑的人可能会有过度担忧、反复思考某些问题、难以集中注意力、记忆力减退等认知上的不良表现，很容易陷入避免某些场所活动，或是过度依赖某些人或物品来缓解焦虑的状态。

当前众多学者的研究成果表明，焦虑同样也是空巢老人群体中常见的心理情感缺失症状之一。比如，巩阳等学者采用多阶段整群随机抽样法调研 1 200 名长春市社区空巢老人，发现患有焦虑症状的人数比例高达 64.25%。刘传顺等学者基于“主动康健”软件对福建省 J 村 128 名空巢老人进行调查，发现该类群体焦虑状态检出率为 33.59%。未来，如何从根本上解决越来越多的空巢老人群体焦虑问题，需要政府部门、社会各界、家庭成员等从多维视角进行深层次探索。

（3）抑郁。

在艺术设计学、社会心理学、临床医学领域下，“抑郁”语义各不相同。在艺术设计学领域，“抑郁”被用来描述一种深沉、内省或悲观的情感，主要通过色彩、

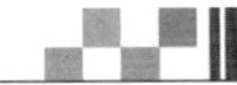

形状和构图传达情绪氛围，不仅是个人情绪状态的表达，也是艺术创作和社会关注的重要主题。在社会心理学领域，“抑郁”被认定为情绪状态，即感到悲观或无望、兴趣或愉悦感丧失、正能量减少、集中注意力困难、自我价值感下降、社交退缩等。该领域中的“抑郁”可能是一种正常的情绪反应，但当它变得异常严重并持续影响个人生活时，需要专业的评估和干预。在临床医学领域，“抑郁”通常指的是抑郁症，是一种很常见的情感障碍，由遗传、生物化学、环境、心理等多种因素引起，需要专业诊断并通过药物治疗、心理治疗、物理治疗和社会支持等综合措施进行深入治疗。

空巢老人由于缺少子女陪伴和照顾，且长期处于独自生活状态，无人倾听心声和诉求，更易产生抑郁情绪。骆萌等学者以 2018 年 China Health and Retirement Longitudinal Study（中国健康和退休纵向研究跟踪调查项目）中的空巢老人群体为研究对象，探究睡眠时间与抑郁症状剂量-反应关系，研究结果显示，我国空巢老人抑郁症状检出率为 39.55%，其中女性抑郁症状检出率（49.81%）高于男性抑郁症状检出率（31.25%），这与不同性别的人格特征高度相关。姜兆权等学者使用认知功能调查表（MOCA）和抑郁情绪调查表（CES-D）等方式，对辽宁省朝阳市农村地区 925 名空巢老人进行调查，研究结果显示，农村空巢老人“居家不出”与“抑郁情绪”正相关，“认知功能”与“抑郁情绪”“居家不出”均呈负相关。由此可见，建立完善的社会保障机制，增加对空巢老人群体的关注，并积极对其开展心理辅导、悲伤抚慰、零距离互动等心理关怀活动变得越发重要。

（4）心理综合征。

心理综合征是由心理因素引起的一系列症状和体征的集合，通常与个体经历的应激事件、心理创伤或其他心理问题有关，具体的表现特征包括：焦虑障碍、应激障碍、创伤后应激障碍、适应障碍等。心理综合征需要综合药物治疗和心理治疗，目的是帮助患者提高应对障碍技能、改善内心情绪状态并促进个体心理康复。

空巢老人的心理综合征通常被称为“空巢综合征”，是由长期独自生活、适应不良引发的一种心理危机，会让空巢老人感到孤独、悲观、怀疑自己存在的价值，并时常陷入无趣、无欲、无望、无助的状态，甚至产生自杀的想法和行为。在精神病学中，“空巢综合征”属于“适应障碍”的一种病例，空巢老人易产生失眠、早醒、头痛、食欲不振、心慌气短等一系列躯体症状和疾病。

缓解“空巢综合征”的方法和途径有很多种，首选以子女关怀为主的家庭支持。当家庭支持不足以调节空巢老人的病症时，可尝试采用叙事治疗模式进行干预，也可利用其他社会资源，有序开展社会支持、经济支持、医疗支持、精神支持、特殊救治等，帮助空巢老人更好地适应生活变化，提高他们的生活质量和心理健康水平。

3. 空巢老人的心理情感诉求

心理情感诉求，是个体情感和心理需求的重要组成部分，涉及安全感、归属感、认同感、自尊或自我实现等。银发时代背景下，空巢老人面对社会角色的转变、生理机能的下降、家庭地位的变化，频繁出现诸多心理情感缺失症状，最需要得到的是诉求的满足，其中健康诉求、交往诉求、尊重诉求、自我实现诉求是被各学者普遍认同的空巢老人 4 种心理情感诉求，这与心理情感诉求的总特征吻合。

（1）健康诉求。

空巢老人的健康诉求，是社会和谐与文明进步的重要体现，也是人类社会共同的责任。在银发浪潮的涌动下，空巢老人群体日益庞大，他们面临的不仅是生活上的孤单，更有健康上的隐忧。随着年龄的持续增长，空巢老人的身体机能逐渐下降，加上长期的孤独感、无助感，甚至抑郁情绪，他们常常陷入身体疾病和心理健康问题的双重困扰。基础医疗保障成为空巢老人群体满足健康诉求的首选。

基于此，建设完善的医疗保障体系，开展定期健康体检活动，并提供便捷的医疗服务，是满足空巢老人健康诉求的首要条件。其次，应发展居家养老服务，利用智能科技如远程医疗、智能监护、智能药盒等，为居家养老提供医疗技术支撑，从生活照料到康复护理，从紧急救援到精神慰藉，全面覆盖空巢老人的健康诉求。

（2）交往诉求。

结合前期研究成果不难发现，空巢老人有着强烈的交往诉求。为空巢老人群体构建一个充满爱和温暖的交往环境，需要通过亲情交流、邻里关系、社区参与、社会交往、代际沟通或情感支持等多种形式展开。

亲情交流，是空巢老人最渴望的交往形式。然而，现代社会的快节奏和高压力，使得子女难以满足空巢老人这一最平凡的交往需求。此时，便可通过邻里之间的互访互助，来缓解空巢老人个体的孤独感、寂寞感，增强人与人之间的交往凝聚力。在传统社会中，邻里互帮互助，是亲密社区关系中的重要组成部分。同时，社区或社会也可组织多样化的社会性活动，如志愿服务、社区活动等，使空巢老人在参与这些活动的过程中继续发挥余热，实现自我价值，增强社会归属感，让他们在晚年生活中感受到更多的认可与关怀。

（3）尊重诉求。

银发时代背景下，空巢老人拥有和其他人一样的权利和自由，同样渴望得到尊重和认可。空巢老人的尊重诉求，呼唤我们重新审视老年人的地位和作用，给予他们应有的尊严和价值。

空巢老人的尊重诉求，首先体现在对其个体差异的尊重，每位空巢老人都有自己的生活习惯、兴趣爱好和价值观，社会和家庭都应尊重他们的个性和选择，不应进行刻板的标签化。其次，空巢老人的人格尊严也需得到充分尊重，无论他们的身体状况如何，都应被平等对待，不应受到歧视或轻视。在提供必要服务和帮助时，应高度尊重空巢老人的意愿和隐私，避免过度干预或控制。再者，空巢老人作为社会一分子，拥有丰富的人生经验和智慧，其生命历程同样值得被尊重，这些都是宝贵的财富，社会应尊重并利用这些经验和智慧财富，鼓励空巢老人在力所能及的前提下，尝试积极参与志愿服务、社区管理、文化活动等，分享个人故事，传授知识和技能，让他们长久地感受自我价值和作用，并收获备受尊重的快乐。

（4）自我实现诉求。

自我实现诉求是马斯洛需求层次理论中的最高层次。对于空巢老人而言，自我实现诉求意味着追求个人潜能的最大化、实现个人价值和生活意义的过程，涵盖了个人成长、社会参与、健康维护、情感满足、精神追求、自我表达、生活自主和生命意义等多领域的内涵与精髓。

满足空巢老人自我实现诉求不外乎通过以下两方面。

一方面，空巢老人可以尝试通过回顾和总结自己的人生经历，来寻找生命的意义和价值，家庭和社会也应尽全力提供支持和帮助。

另一方面，空巢老人也可进一步发挥自己的潜能和余热，为建立和谐社会做一些力所能及的事情，实现自身价值或未完成心愿，从中得到足够的尊重、成功的喜悦和满足感，满足其自我实现诉求。而自我实现诉求的满足，不仅在一定程度上提升了空巢老人的生活质量，更能让他们深层次感受生命的价值，实现完整和意义非凡的圆满人生。

第 2 章　智能药盒情感化设计理论阐释

银发时代背景下，智能药盒作为“智慧助老”行动的情感化设计典范，是一项升华了情感化设计理念的智能化产品创新设计，可提升日益庞大的空巢老人群体智能化使用体验和满足其心理情感诉求，帮助该类特殊群体更好地适应信息社会发展，运用智能技术健康用药。

本章深度探索“智慧助老”行动架构下的情感化设计理论，把握情感化设计本能层、行为层、反思层等核心需求层的特征更迭，让智能药盒以“更友好、更舒适、更人性化”形式，高质量服务于空巢老人群体的用药需求和心理情感诉求，保障他们在晚年时期的身心健康。

本章内容思维导图如图 2.1 所示。

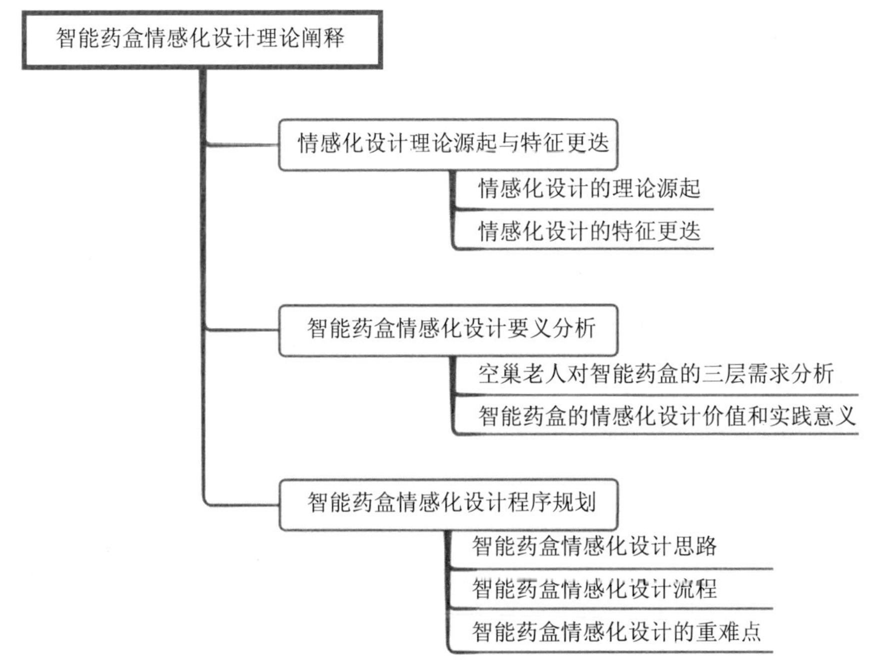

图 2.1　本章内容思维导图

2.1 情感化设计理论源起与特征更迭

1. 情感化设计的理论源起

设计，最初的解释来源于"drawing"，指的是艺术家将个人意念、情绪或其他心理要素以各种不同类型的图形表现出来的行为，即实现艺术作品的线条和形状在比例、动态和审美方面的和谐统一。旧石器时代，设计相关理论均被限定在艺术范畴内。

情感，则是人类心理活动的重要组成部分，是个体对外界事物或内在思维产生的一种复杂而深刻的主观体验。情感通常与情绪紧密相关，当外界事物作用于人类不同需求和期望时，人会产生不同的内心情感反应，或愉悦，或愤怒，或哀伤，或开怀。

18世纪以来的工业革命促进了设计观念的深度变革，设计开始突破纯艺术界限，趋于宽泛并拓展到各个领域，这使得"设计"与"情感"两个跨界词汇的相关理论内涵逐渐交织融合。基于生产场所从手工作坊转变为机械化工厂这一背景，设计师开始关注标准化和互换性，重新考虑产品的设计和制造过程，通过分析用户需求和偏好，挖掘其活动、思想、感觉、渴望、目标、习惯和价值观等要素，并将之转换到产品设计中，触发用户积极的情感反应，从而促使其购买行为的产生，目的在于持续刺激市场需求的不断增长。随着时间的推移，设计师又将目光聚焦于探索如何将美学、实用、技术结合起来，创造既美观又实用的产品。设计不再仅仅只是创造美观的物品，它也逐渐被视为一种解决问题的情感化工具，对改善人们的生活质量和推动社会进步起重要作用。

20世纪末，伴随社会体验经济的兴起，越来越多融入情感的设计作品应用于实践且效果显著，验证了情感化设计能促使人和产品的和谐共处。世界各国设计师开始关注用户使用需求和心理情感诉求的双重慰藉，基于情感的设计活动逐渐兴起。情感化设计的理论源起，便是人类在日常生活中的情感和情绪等层面做出判断或决策的重要认知。国际著名认知心理学家Donald. A. Norman院士在《情感化设计》一书中提出了"情感化设计理念"，并将该理念作为一类特殊设计模式，用于设计师与

用户之间的情感沟通，目的在于更好地找到完善产品设计的路径与方向，增强用户体验，使设计更具温度，从而获得用户的情感共鸣。情感化设计理念的实施行为可理解为，设计师通过造型、结构、功能、色彩、肌理等核心要素，将个性化情感融入设计作品中，用户在欣赏或使用产品的过程中，激发联想、产生共鸣并获得精神愉悦和情感满足。

情感化设计作为着眼于用户心理情感诉求的特殊设计形式，是基于部分现代设计过度强调产品功能导向、忽视人的情感需求的背景而提出，目的在于扭转产品功能主义下技术要素凌驾于用户情感之上的尴尬局面，打造为用户提供亲切、愉悦、感动等正向心理情感的产品，满足其使用和心理等多重诉求，以此使人在轻松享受高科技带来的方便和舒适的同时，也获得内心愉悦的情感体验，让生活充满乐趣和感动。

为与时俱进地契合人类的多样化心理情感诉求，情感化设计理论不断融合艺术学、心理学、社会学、人类学等多学科领域的知识，深化设计概要、精髓与内涵，并以产品的使用功能为前提，把可用性和情感、美观、心理协调统一，深度实现产品的情感功能，这也在一定程度上促使了“以物为中心”的设计模式演进到“以人为本”的设计模式。

2. 情感化设计的特征更迭

伴随社会体验经济不断发展、数字技术迭代更新、中西方文化交织融汇，情感化设计理论持续演变，其在提升用户体验和增强品牌竞争力等方面的作用，日益受到社会各界重视。通过情感化设计，设计师可解决物品的实用性与科技美感之间的矛盾，继而创造更多既美观实用，又能提供情绪价值的产品。

基于此，情感化设计理论应用领域逐渐拓展到精神、心理、社会关系等跨学科领域的交叉层面，成为产品创新设计的重要发展趋势。而情感化设计的本能层、行为层、反思层等核心需求层的特征，也随之不断发展和深化更迭。

（1）情感化设计的本能层特征更迭：从独特到亲和。

情感化设计的本能层，关注的是产品被直接感受的属性，包括产品的材质、声音、触感等，是设计师与用户交流和刺激其消费行为的方式，突出了设计师对用户体验“马斯洛需求层次”的理解和满足，并体现了创造能激发正向心理情感的产品的重要性。

传统的情感化设计本能层特征侧重于追求独特性。设计师通过产品市场调研，在与用户同频感知产品造型共同点及差异基础上，利用造型比例平衡关系、引入主流色彩进行产品造型和配色，同时采用与产品设计寓意相匹配的材质来满足消费者的整体感知意象。

随着数字技术迭代更新、设计实践持续深入，情感化设计的本能层特征逐渐从独特性转变为以用户为中心的亲和性。尤其是针对一些特殊群体，比如空巢老人、留守儿童、残障人士等的产品，情感化设计的本能层显得更加重要。设计师开始更多地关注用户使用需求和心理情感诉求，通过采用流畅、柔和的曲线，模仿自然界形态，引入良好触感的产品材质，应用个性化色彩加强识别度，以使产品整体造型传递稳定与和谐的视觉感受，目的在于吸引用户注意力，使其产生亲切和舒适的感觉，并激发其好奇心和探索欲。

（2）情感化设计的行为层特征更迭：从可用到适用。

情感化设计的行为层，特指产品结构与功能的完美程度、使用过程的容易程度。这一层次的设计，重点关注用户、产品、环境三大角色之间的交互关系，以及这些交互如何帮助用户有效地完成相应的操作任务。

中华文明拥有数千年的历史发展脉络，人类也经历了多个时代，包括古石器时代、青铜时代、铁器时代、蒸汽时代、电气时代、信息时代。每一个时代，都有无数设计师为了改善人类生活做出积极探索。从一开始“为解决生活问题”而诞生的可用产品，发展到如今以“满足用户使用需求和心理情感诉求”为核心的适用产品，设计师时刻关注用户使用操作流程、产品功能实现及用户习惯等因素，并精心设计、创新产品的相关细节，例如用户界面的优化、交互流程的简化、功能布局的合理化等。通过细节引导和预判用户行为，突出产品整体理性和逻辑感，提升产品的行为层设计质量，让用户顺利完成操作动作，减轻大脑记忆负担。如此，不仅可以提升用户基于产品使用的乐趣与成就，同时也能增强用户对产品的信任感和依赖感，以此促进产品的可持续发展。

（3）情感化设计的反思层特征更迭：从单一到多元。

情感化设计的反思层特征，是基于行为层而上升至“马斯洛需求层次”最高层的特殊表征，体现在产品的独特内涵、品牌差异等在用户脑中根植下的独有记忆，包括但不局限于产品故事、文化内涵、情感符号等元素，以此与用户的价值观、文化背景和个人经历产生共鸣，激发用户内心深处的情感反应，转化为用户的长期记忆，形成持久的情感联系，进而使用户因为这份记忆长久忠实于该类产品。

例如，中国结是我国传统的手工编织工艺品，历史可追溯到旧石器时代，最初用于缝衣打结，满足人类的生活需求。此时，产品情感化设计的反思层特征表现为“单一性”。伴随时代的不断变迁，中国结的设计越发精细，需经过穿、绕、挑、压等多项繁琐步骤，方能制作完成，其造型也逐渐由简单适用演变为风格独特、色彩多样。当代的中国结，传承了中华优秀传统文化，表达了人们对美好生活的向往，寓意深远且广受欢迎。同时，中国结还带动了人民增收致富，展现出较高的经济价值和社会价值。该类产品情感化设计反思层特征自然升华为“多元化”。

类似于“中国结”设计理念与实践发展的产品案例数不胜数，且均在一定程度上反映出情感化设计反思层特征“从单一到多元”的发展变迁与更迭，这也深刻体现了设计“以创新和美学方式解决问题，并不断提升人们生活体验与质量”的魅力。

2.2　智能药盒情感化设计要义分析

“十四五”以来，面对社会老龄化的不断加剧和家庭结构的逐步小型化，空巢老人的用药健康与情感问题出现频次明显增加。由于该类特殊群体长期处于夫妻空巢或独居空巢状态，日常生活照料与卫生服务需求等难以得到及时满足，加上空巢老人自身生理机能逐渐衰退或长期受多种慢性病困扰，出现误操作、药品污染、漏服药或多服药等负面问题的概率大大增加，已成为药物不良反应的高危高发人群。与此同时，身体不适、用药失误和思念远方亲人等多重因素复杂交织，使空巢老人更易引发情绪失落与情感悲伤，导致心理健康也受到严重威胁，进而反向影响生理疾病的治疗效果。面对当前空巢老人尤为突出的用药健康和情感缺失等问题，社会各界须给予高度关注。

智能药盒，作为“智慧助老”行动的情感化设计典范，是老龄化社会网络信息无障碍建设的关键任务，对空巢老人群体跨越数字鸿沟和深入健康养老正发挥着积极重要作用，市场需求量也随着人口老龄化的发展而日益扩大，对于拥有庞大空巢老人群体的我国，应高度重视该类产品的研发。2020 年 11 月，国务院办公厅印发《关于切实解决老年人运用智能技术困难的实施方案》，强调为老年人提供更周全、更贴心、更直接的便利化服务，其中就有包括智能药盒在内的智能化产品和服务应用。2021 年 12 月，工业和信息化部联合国家卫生健康委员会、国家发展和改革委员会等联合发布《“十四五”医疗装备产业发展规划》，提出加快智能医疗装备发展。2024 年 1 月，国务院办公厅印发《关于发展银发经济增进老年人福祉的意见》，明确要求大力发展康复辅助器具产业，扩大用药和护理提醒等设备产品的供给。

1. 空巢老人对智能药盒的三层需求分析

空巢老人群体的身心健康，无时无刻不在牵动着关爱该类特殊群体的国人之心。智能药盒的诞生，有助于满足空巢老人“用药健康”与“情感慰藉”需求。该类产品基于特殊的情感化设计优势，着重从“感官审美”需求（本能层）、“交互安全”需求（行为层）、“情感诉求”（反思层）三大层面，致力于帮助空巢老人群体解决因身体功能退化和记忆力下降而导致的用药健康问题，并探索解决该类特殊群体在用药全周期内的情感缺失问题的方法，包括但不限于来自社会和源于子女的关心、关注与关怀。

（1）空巢老人对智能药盒的“感官审美”需求——本能层。

银发时代背景下，空巢老人的“感官审美”是其生活本能需求的重要组成部分。随着年龄的增长，空巢老人可能会经历各种感官能力的下降，但他们对美的感知和欣赏能力依然存在，甚至可能因为人生经验的积累而对美产生更为深刻的理解。

当空巢老人处于生病状态，特别是患有一种或多种慢性病时，其对智能药盒的“感官审美”需求，更多地集中在产品外观设计是否能够引起他们的注意和使用欲望，以及该类产品是否能够与他们的生活环境和审美偏好相协调。

基于此，智能药盒的造型设计应倾向于简洁、直观，避免过于复杂或技术感过强，目的在于点燃空巢老人内心深处的使用欲望；色彩应能给空巢老人带来舒适和

安心；材质应易于清洁维护且质感舒适，具有一定的柔软度和温暖感，避免冷硬的塑料感或金属感造成空巢老人的心理排斥。

（2）空巢老人对智能药盒的“交互安全”需求——行为层。

功能单一、智能交互系统千篇一律的智能药盒对患有疾病的空巢老人来说，并不是那么容易被接受。为了该类特殊群体的用药方便和用药安全，智能药盒的“交互安全”需求应主要聚焦于产品的实用性、易用性、安全性等方面。

一是实用性。利用先进的软硬件交互技术，进行智能药盒的药物管理、定时提醒、健康监测等，以实现产品的实用性和可靠性。其中，药物管理交互功能用于记录和管理药品信息，包括药品名称、用药剂量、用药时间和用药频率等，以此减轻空巢老人的记忆负担。定时提醒交互功能，是通过语音交互、蜂鸣闹钟、产品振动、光线变化等方式，准确提醒空巢老人按时服药，避免漏服药、错服药等现象发生。健康监测交互功能，则是通过物联网等技术手段，定期收集空巢老人的反馈意见，及时优化和改进智能药盒的设计，确保他们更好地接受和使用这款产品，同时帮助医生和家庭成员了解空巢老人独自在家时的用药情况，以便及时调整治疗方案。

二是易用性。智能药盒的机身界面设计应直观明了，字体大小适中，便于空巢老人独自在家时能够准确识别和轻松操作。产品如具有智能提醒声音，需清晰柔和，避免过于刺耳；如通过光线变化提醒用药，则光线色彩需要柔和，避免造成空巢老人视觉不适。同时，智能药盒的机身质量及体积应当适中，便于外出携带，避免太重或太大给空巢老人带来使用负担。

三是安全性。智能药盒产品本身必须满足防水、防潮、防摔等条件，目的在于确保存储药品的安全性、产品运行的稳定性、智能交互数据的准确性，最大限度地保障空巢老人安全地使用该类产品，而不受突发故障等因素干扰。如果遇到紧急情况，比如当空巢老人发生药物不良反应或用药频次不当等问题时，智能药盒的紧急交互功能也至关重要。

（3）空巢老人对智能药盒的“情感诉求”——反思层。

智能药盒作为一种辅助空巢老人用药的医疗辅助用品，不仅仅只是普通的工具，更是为该类特殊群体提供情感支持和社交联系的可靠生活伴侣，其情感化设计的反思层对于提升空巢老人使用体验至关重要。通过大量的文献检索、市场产品调研、企业实地考察、空巢老人访谈等理论研究与实证调研发现，患病的空巢老人数量日益增大，且出现用药健康问题的频次增多，智能药盒的用药提示、紧急提醒、医生或亲人在线关怀等智能交互功能，可以在很大程度上缓解空巢老人孤独、焦虑等不良情绪。

一是缓解空巢老人的孤独感。智能药盒的定时提醒和家人的在线远程监管等交互功能，以及播放音乐、新闻或天气预报等娱乐与实用功能，可使老人在日常生活中实时感受到家人对其健康的关注和陪伴，有助于缓解该类群体内心深处的孤独感。

二是减轻空巢老人的焦虑感。当空巢老人处于生病状态时，通常会表现得十分焦虑，比如，担心自身疾病无法治愈、个体生命无法延续、给亲人带来经济困扰等等。智能药盒的记录服药信息、提醒复查和药品更换等智能化功能，可以确保老人的用药健康，且这种友好的提示和鼓励性的交互可使老人感到被实时关心。因此，当他们独自面对疾病时，会因智能药盒产品的深度陪伴，而使自身的内心趋于平静，焦虑感随之减轻，对自身健康的安全感也得以增强。

2. 智能药盒的情感化设计价值和实践意义

新时代背景下，我国国民经济稳步增长、科技飞速进步、社会越来越繁荣稳定，而这一切都离不开当今空巢老人群体为国奋斗、为民服务的历史印记。空巢老人亲身经历了这个伟大时代的日新月异，他们年轻时为社会进步、文化繁荣、经济发展等做出了许多贡献，到晚年时期应该被善待。且作为当前庞大老龄化群体的典型代表，空巢老人应获得更多关注、关怀与关爱，这不仅是社会公平的需要，也高度体现了我国“以人为本”的“智慧助老”行动。

基于此，本书积极响应并深入贯彻落实国家“智慧助老”行动，书中对智能药盒的研究非常及时、必要和前沿。本书在深入分析空巢老人躯体健康特征和心理情感特征的基础上，从该类特殊群体“用药健康”与“情感慰藉”双重需求层面出发，围绕智能药盒的造型创新设计、软硬件交互设计、情感化元素融合等研究任务，深度探索介入空巢老人情感缺失的智能药盒创新设计方向与路径，高质量服务“智慧助老”行动，具有重要学术价值和实践意义。

（1）智能药盒情感化设计的学术价值。

银发时代背景下，庞大的空巢老人群体的身心健康是当前国家和社会关注的核心问题之一。本书递进式开展文献检索、实证调研、设计分析、产品创新、功能验证等研究工作任务，深度探索满足空巢老人用药需求和心理情感诉求的有效途径与方法，可丰富“课程思政”设计教育理论案例数据库，为培养更多德技兼备的高素质设计技术技能人才提供理论支持。

（2）智能药盒情感化设计的实践意义。

本书基于国家“关爱空巢老人千万计划”，从空巢老人群体“用药健康”“情感慰藉”双重需求层面出发，在扎实的文献研究、市场调研、企业考察和空巢老人群体访谈等实证调研基础上，准确定位空巢老人群体对智能药盒的潜在消费需求与心理情感诉求，力求通过创新智能药盒的构造和小程序的多样性智能化操作，破解误操作、药品污染、漏服药或多服药等传统药盒操作痛点，并在空巢老人与远方亲人之间建起用药纽带和精神桥梁，给他们带来精神慰藉，最大限度地保证该类特殊群体的身心健康，使他们真正老有所“医”。本书相关研究适时应景，具有较高应用价值和转化前景，经济效益和社会效益十分明显。

2.3　智能药盒情感化设计程序规划

1. 智能药盒情感化设计思路

前期文献检索、小范围市场调研结果显示，目前市场上智能药盒受众群体较为广泛，普遍只有较为单一的智能化功能，且大多须由用户本人设置相关参数方能开启智能模式，这对身体机能逐渐衰退的空巢老人来说十分困难。

因此，本书深入网络热销的特色智能药盒商品调研、典型企业实地调研，以及空巢老人潜在用户和直接用户等群体的用药现状和心理情感的实证调研，围绕相关统计分析结论展开智能药盒的创新设计。同时，参照智能医药类产品设计要求及相关安全参数，展开产品三维虚拟模型、关联小程序、3D 实体模型的制作任务，以期找到能够解决空巢老人用药需求和心理情感诉求的有效途径与方法，为银发时代背景下的空巢老人群体“智慧养老”做出实际努力。

2. 智能药盒情感化设计流程

（1）市场需求分析。

任何产品的设计开发都离不开对市场及用户消费需求的深入研究。在前期研究工作中发现现有智能药盒用户群体相对广泛，多为家庭所有成员，产品造型设计多趋向于少格一盖、可拆装式，不利于药品的安全存储。在功能方面，除了简单储药功能外，智能化功能一般包括设置用药提醒，且多需用户本人设置相关参数。

基于此，本书拟在前期市场调研结果基础上，进一步开展市场热销智能药盒竞品调研、企业实地考察以及空巢老人群体访谈，深入了解市场需求，根据用户调研得到的用药行为、用药反应、用药情感等，挖掘特定用户的产品需求和心理情感诉求，进而为预判面向空巢老人的智能药盒未来发展趋势和准确定位产品设计方向奠定基础。

（2）智能药盒创意设计。

为使智能药盒创新产品最大限度地契合空巢老人“用药健康”“情感慰藉”的双重需求，本书将基于前期实证调研结论，重点关注产品造型创新、结构优化和智能化。

一是针对造型，深度构思，探索利用曲面分块、平滑处理、模拟体验等技术实现产品最大可视化和最佳便携式的可行性，以符合空巢老人的身体条件和操作特征。

二是针对结构，探索应用间隙测量、碰撞检验等手段实现分隔分盖、自动伸缩小药仓或可拆装式结构的有效性，以保障所有药品免受污染和潮湿。

三是针对智能化功能，思考利用 web 语言、Spring boot 框架及 MySQL 数据库等技术实现智能用药提醒或 GPS（全球定位系统）定位产品位置时，产品如何做出有效响应，以保障空巢老人用药的按时性、准确性和舒适性。

（3）智能药盒关联小程序设计。

传统智能药盒在小程序的智能多样性技术开发和应用方面尚处于起步阶段，多表现为远程监督用药等较为单一模式，无法同步解决空巢老人的用药健康和情感缺失问题。基于此，本书拟从“高效智能操作+守护空巢老人健康”设计理念出发，重点构思小程序“用药参数设置”“远程提醒用药”“智能用药记录”等智能化因子，并分别利用类比 web 语言（HTML+CSS+JS）、Spring boot 框架及 MySQL 数据库等技术完成前端设计和后端开发，为实现智能药盒的软硬件智能交互奠定基础，保障空巢老人的用药健康，并最大限度地将远方子女的“爱与温暖”跨越时空地传递给空巢老人，为其带来深厚的精神慰藉。

（4）智能药盒实体制作和验证。

利用 3D 打印技术完成智能药盒被选中方案之一的实体模型电子硬件和结构件的制作，并展开小范围的特定用户体验分析。通过用户模拟体验、程序错误（bug）信息反馈等方式，深度检验智能药盒产品硬件组成与软件程序之间的智能交互性能，最大限度地保证设计成果在实证调研、理论设计和应用验证三大递进模块研究过程中的严谨性与结论可靠性，为进一步优化设计成果提供可靠的实验依据，也为设计成果的技术转化和推广应用奠定坚实基础。

3. 智能药盒情感化设计的重难点

（1）智能药盒情感化设计思路的梳理。

通过文献研究和实证调研，完成智能药盒相关竞品分析、产品创新设计与实体模型制作加工工艺分析、空巢老人潜在消费需求分析等理论研究，厘清基于空巢老人用药需求和心理情感诉求的智能药盒设计思路。

（2）智能药盒情感化设计思维的发散。

通过产品创新设计实践，完成智能药盒草案的创新思维发散和三维虚拟模型构建研究，目的在于探索破解误操作、药品污染、漏服药或多服药等传统药盒操作痛点的有效途径，以保证空巢老人的用药安全，并同步探索可满足空巢老人心理情感诉求的设计要点。

（3）智能药盒情感化设计实践的推进。

基于智能产品创新设计实训室，通过 3D 打印智能制造和模型后处理工艺，完成智能药盒的软硬件交互设计，目的在于使其实现“用药参数设置”“远程提醒用药”

“智能用药记录”等多样性智能化操作的有效性，进而最大限度地保证空巢老人群体身心健康，使他们真正老有所“医”。

第 3 章　智能药盒情感化设计趋势剖析

系统性调研，是把握智能药盒情感化设计趋势的重要任务，主要目的在于帮助设计师很好地理解目标市场需求、偏好和痛点，了解空巢老人群体中潜在用户或实际用户的使用习惯、需求和期望，判断产品技术应用的合规性、可行性、有效性，并深入评估产品成本、潜在收益和相关风险，进而帮助生产企业合理分配人力、资金和时间等资源。

本章重点围绕智能药盒市场发展趋势调研、智能药盒相关加工工艺实证、空巢老人潜在消费需求访谈展开，并对相关实证调研资料加以梳理和分析，为后期的智能药盒产品创新设计实践奠定坚实基础。

本章内容思维导图如图 3.1 所示。

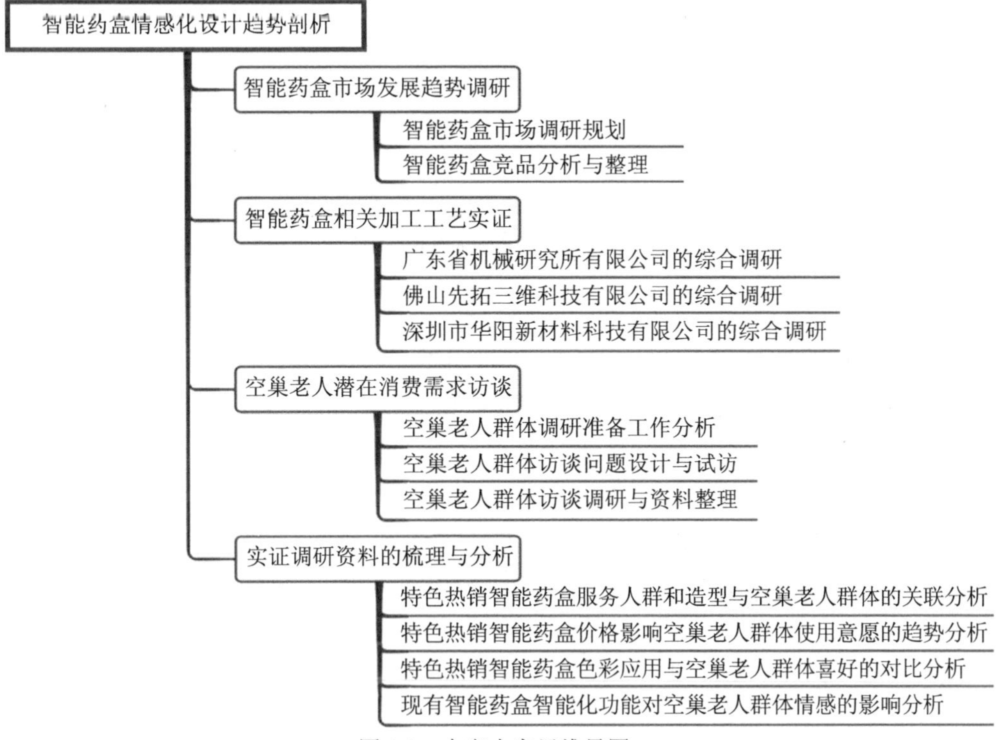

图 3.1　本章内容思维导图

3.1 智能药盒市场发展趋势调研

1. 智能药盒市场调研规划

了解市场，是产品创新设计工作的开始。为全面了解当前智能药盒产品发展现状，本书作者带领课题组成员利用京东、淘宝、亚马逊等多个大型网络购物平台资源，展开线上调研，并重点选择已公开、已销售、无产权纠纷的智能药盒产品进行竞品分析。通过剔除产品造型结构相似、功能差异小的近 5 000 件产品案例，深度梳理了 27 个智能药盒品牌、37 件特色热销产品的竞品信息，重点围绕产品价格、主体颜色、材质应用、造型特色、结构组成、用户群体、智能软硬件交互功能、用户评语等能反映智能药盒设计现状的关键细节进行深入调研，了解并剖析相关设计痛点和潜在设计亮点，探索能够真正服务于空巢老人“用药健康”和“情感慰藉”双重需求的智能药盒创新设计因子。

2. 智能药盒竞品分析与整理

通过在线调研与实地考察，搜集特色热销智能药盒产品的相关细节，相关资料分析整理见表 3.1。

表 3.1　特色热销智能药盒竞品分析

品名	产品图片	特色热销智能药盒产品细节信息梳理
品牌 1		产品 1：39.9 元。蓝色。优质 PP（聚丙烯）材质。ϕ11 cm×2.6 cm。具定时器辅助录音、开机、试听等功能；LED 数字显示大屏、开关机智能操作、药盒时间管理、4 组闹钟提醒、语音提醒。用户反馈蜂鸣器提醒声音太小、药品容易受潮等
		产品 2：49.9 元。七彩色。食品级 PP 材质。172 mm×73 mm×25 mm。组合式结构、翻盖式药盖、大按钮、LED 数字显示大屏；多组闹钟，错过服药将语音提醒。用户反馈药盖密封性欠佳，药品易受潮

续表 3.1

品名	产品图片	特色热销智能药盒产品细节信息梳理
品牌 2		产品 3：129 元。白色。CBM（降解树脂）材质。130 mm×45 mm×30 mm。侧边数字显示屏、数字指示内盖、磁吸开盖、隐蔽电池、微信扫码与记录、视/听/触觉三重提醒。用户反馈提醒声音太小，材质较软，很容易变形
品牌 3		产品 4：49 元。白色。ABS（丙烯腈、丁二烯、苯乙烯的三元共聚物）+PS（聚苯乙烯）材质。90 mm×62 mm×22 mm。LED 数字显示屏、六格分区、大盖+小盖双层保护、5 组闹钟设置、小型纽扣电池长续航。用户反馈药盒盖子容易松动，药仓之间的缝隙较大，药品易受潮等
品牌 4	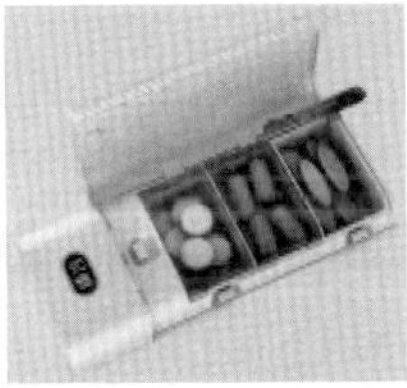	产品 5：298 元。白色+灰色。ABS+PS 材质。130 mm×55 mm×25 mm。五重服药提醒、音量足够、3 格药仓、双层药盖保护、软件远程监控记录、智能数据设置、锂离子聚合物电池供电
		产品 6：199 元。黑色+灰色。ABS+PS 材质。腕表式智能药盒、一物两用；数字显示大屏、翻盖取药、硅胶密封圈、进口机芯；具紧急救援功能，电池可用 1 年。用户反馈便于外出携带，有助于摆脱服药负面情绪
品牌 5		产品 7：2 188 元。白色+黑色。优质 PP 材质。140 mm×50 mm×25 mm。大容量分装、28 格小药仓；视/听/触觉三重提醒；配套误服警告、不依从分析；具患者依从性；语音播报；可同步家人，具适老化智能设计
	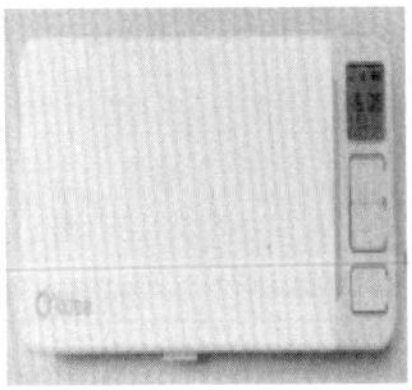	产品 8：269 元。白色。食品级 PP 材质。单层药盖、电子屏显示、4 个模块化小型药仓结构、具物联卡技术优势、蜂窝与蓝牙双通信模组、灯光/微信/音效三重提醒、小型充电电池、续航 3～4 周

续表 3.1

品名	产品图片	特色热销智能药盒产品细节信息梳理
品牌 6		产品 9：268 元。白色+黑色+绿色。ABS+硅胶材质。130 mm×85 mm×40 mm。6 格药仓配套 36 颗 LED 指示灯、精密电子传感器纠错机制、远程代设与监督、空中下载技术（OTA）、数据传输方便
品牌 7		产品 10：39 元。白色+橙色。PP 材质。92.5 mm×59 mm ×26 mm。3 格大型药仓、LCD 数字显示大屏、5 组闹钟震动提醒、硅胶挂扣（便于携带）。用户反馈药盖易松动、药品易流出
品牌 8		产品 11：39.9 元。白色。ABS+304 不锈钢材质。ϕ4.4 cm×9.2 cm。电子计时器、2 格小型药仓，配套不锈钢金属切药器、药品磨粉功能，药粉刷子便于清扫，自带透明水杯便于喝水
品牌 9		产品 12：49.9 元。白色。ABS+PP 材质。ϕ7.8 cm×2.8 cm。圆形结构、LED 数字显示大屏、药盖卡扣设计、4 格小药仓、双层药盖保护药品不受污染、4 组闹钟提醒。用户反馈产品体积较小，便于外出携带
品牌 10		产品 13：129 元。白色+灰色。PC（聚碳酸酯）+PP+ABS 材质。16.4 cm×7.5 cm×2.6 cm。7 格药仓（6 小 1 大）、7 d 分装、按压弹出式存取药、锂离子电池 80 d 续航、5 组闹钟提醒、声音/震动/灯光提醒用药

续表 3.1

品名	产品图片	特色热销智能药盒产品细节信息梳理
品牌 11		产品 14：39 元。白色+七彩色。PP 材质。ϕ11 cm×2 cm。圆形结构、计时器可自由取出、CR2032 电池、7 格彩色药仓、双层密封可保护药品、提拉内盒可取出药仓、7 d 分装、4 组闹钟提醒。用户反馈智能化功能较为单一
品牌 12		产品 15：228 元。白色+黑色+蓝色。PP 材质。150 mm×76.5 mm×30 mm。LED 显示屏、6 格小型药仓、分仓指示灯药量显示、多时段用药设置、铃声/震动/LED 三重提醒、包围式硅胶圈密封防潮
品牌 13		产品 16：252 元。白色。PP 材质。92 mm×65 mm×32 mm。内嵌 6 格药仓、智能芯片管理、蜂鸣器提醒、小美智能应用程序（APP）控制用药记录、重复警告、Wi-Fi 感应药盒位置、静音键防止嘈杂
品牌 14		产品 17：195 元。白色+蓝色。ABS+PCGT（非晶型共聚酯）材质。200 mm×91 mm×30 mm。7 格透明小型药仓、智能开关机、2 节 7 号电池蓄电；震动/闹钟/LED 灯光三重定位提醒，错过服药则发出 80 dB 音量提醒
品牌 15		产品 18：22.8 元。白色。ABS + 304 不锈钢材质。ϕ4.3 cm×9.2 cm。2 格内嵌小型药仓、电子闹钟提醒服药、电子电池、深 V 切口（便于用户切药）、磨药功能、具可清洁药仓的毛刷、产品体积较小（便于携带）

续表 3.1

品名	产品图片	特色热销智能药盒产品细节信息梳理
品牌 16		产品 19：919.8 元。白色+粉色。医药级高密度聚合物材质。100 mm×76 mm×22 mm。环形 LED 灯带、自动吸附磁条（便于开关盖）、药仓内盒可换、远程数据设置、忘带药提醒、低功耗蓝牙、升级 OTA
品牌 17		产品 20：49 元。白色。PP 材质。90 mm×55 mm×20 mm。2 格透明可视药仓、小卡扣结构、定时闹钟提醒、响铃 30 s、产品体积小（便于携带）。用户反馈卡扣用久后容易脱落，需改进设计
品牌 18		产品 21：77.4 元。白色+蓝色。ABS 材质。188 mm×105 mm×22 mm。共 28 格翻盖式小药仓、1 个月的用药量、灯光辅助照明、4 组闹钟提醒、7 号电池供电、自带钥匙扣（便于携带）
品牌 19		产品 22：1 219 元。白色+蓝色。ABS 材质。圆形轮盘、超大容量、数字显示屏、30 d 药量设置、一键取药、隐蔽式锁孔、上锁防止重复用药、10 种铃声、子女语音提醒用药、微信端记录用药
		产品 23：258.3 元。白色+蓝色。ABS 材质。147 mm×127 mm×38 mm。数字显示屏、扬声器提醒、1 个大盖+6 个小盖、独立小药仓、分体结构可取出、2 节 7 号电池蓄电、6 组提醒时间设置

续表 3.1

品名	产品图片	特色热销智能药盒产品细节信息梳理
品牌 19		产品 24：238 元。白色。食品级 ABS 材质。150 mm×120 mm×40 mm。利用 APP 智能控制并记录服药时间与周期、透明外壳、6 格分仓储药、亮灯/声音/手机提醒用药、错过服药后将每 10 min 间隔提醒 1 次
		产品 25：419 元。白色+咖啡色。食品级 ABS 材质。磁助力舱门、小程序控制、自主休眠、智能唤醒、倾倒感知、未关仓门提醒、连锁、容量监控、USB 接口充电续航（可保障产品持久用电）
品牌 20		产品 26：189 元。白色+蓝色。医用级抗菌材质。113 mm×72 mm×25 mm。数字显示屏、密封胶圈（防止药品受潮）、双层药盖保护、4 格大型药仓、4 组闹钟提醒、高频蜂鸣器提示服药
品牌 21		产品 27：967 元。白色。医用级抗菌材质。206 mm×233 mm×57 mm。数字显示屏、适配 IOS 和 Android 操作系统、APP 智能化设置与管理、干电池超长蓄电、3 种铃声、4 种音量、6 组闹钟提醒、灯带照明
品牌 22		产品 28：63.9 元。蓝色。食品级 ABS 材质。数字显示屏、4 格独立药仓、语音/震动/灯光三重提醒、90 dB 音量、翻盖存取药品、亮灯提醒、迷你版结构、方便随身携带

续表 3.1

品名	产品图片	特色热销智能药盒产品细节信息梳理
品牌 23		产品 29：139 元。白色+七彩色。PP 材质。135 mm×115 mm×75 mm。7 格独立药仓随机取出、配套切药器、6 组闹钟提醒、24 个按钮和时间点、语音/震动/灯光三重提醒、配套盲文标识
品牌 24	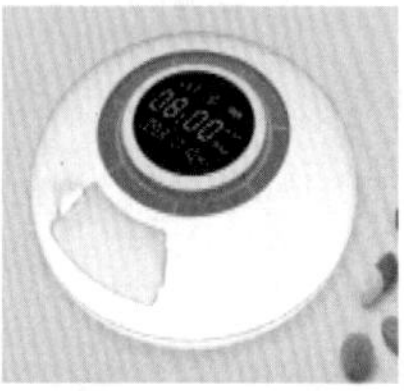	产品 30：799 元。白色。医药级高密聚合物材质。ϕ 100 mm×30 mm。数字显示屏、7 格小型内嵌药仓、磁吸式充电、APP 软件设置与管理、配套微信端提醒、蓝牙 4.2、锂聚合物电池供电
		产品 31：1 090 元。白色+灰色+绿色。医药级高密聚合物材质。240 mm×160 mm×280 mm。30 d 用药结构设计、紧急呼救、APP 管理、云端分析、语音播报、灯光提示、服药录制
	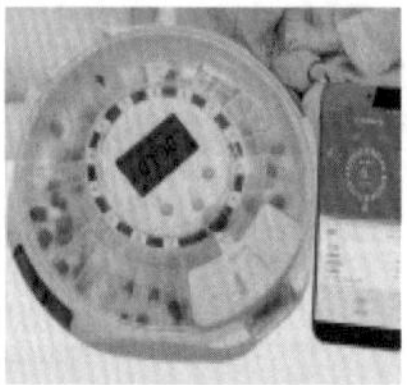	产品 32：998 元。透明色。ABS 材质。ϕ255 mm×60 mm。数字显示屏、28 格小型药仓、环形指示灯提醒用药、按压开启药仓、语音呼叫、云端记录与用药设置、锂离子电池供电
品牌 25		产品 33：73 元。白色+绿色。食品级 PP 材质。ϕ83 mm×25 mm。3 格大药仓结构、倒计时设置、4 组闹钟提醒、2 颗 AG13 纽扣电池供电

续表 3.1

品名	产品图片	特色热销智能药盒产品细节信息梳理
品牌 26		产品 34：999 元。白色+蓝色。PP+ABS 材质。数字显示大屏、7 格可抽出药仓、NB-lot 数据传输、微信端管理与记录、亮灯/语音/用药三重提醒
		产品 35：699 元。白色。医用 PP 材质。146 mm×76 mm×34 mm。8 格可拆药仓内盒、每格 4 组闹钟提醒、NB-lot 数据传输、微信管理、可充锂电池供电
		产品 36：349 元。白色。PP+ABS 材质。100～250 mL 不同容量可选。单格药仓、微信小程序扫描药品、服药时间管理、分级权限、亲友关注、数据对接
品牌 27		产品 37：5 185 元。白色+黑色。PP+ABS 材质。290 mm×215 mm × 215 mm。数字显示大屏、8 格独立储药仓、扫描加药、全自动分药、语音/灯光/亮屏三重提醒、APP 管理、微信推送、服药信息管理、加药照明、环境监测、密码保护、12 V 直流电源供电

3.2　智能药盒相关加工工艺实证

由于智能药盒设计与制造工艺属于跨学科领域，涉及机械工程、电子工程、软件工程和用户体验设计等多方面，而随着数字技术的发展和用户需求的变化，未来的智能药盒可能会集成更多的功能和更先进的制造工艺。

因此，需要深入企业调研，进一步了解智能药盒加工工艺：一是硬件设计，包括单片机、晶振电路、复位电路、显示电路、键盘电路、蜂鸣器报警电路和发光电路等硬件的设计；二是软件开发，包括软件与手机终端系统的配对连接，或与计算机的连接，以及如何实时关联，实现远程监控和操控等；三是制造工艺，包括材料的选择、注塑成型、电子元件的装配和软件的烧录等。

基于此，作者带领课题组成员选择 3 家具有一定代表性的粤港澳大湾区智能制造和数字技术龙头企业，分别为广东省机械研究所有限公司（国家高新技术企业、广州“老字号”）、佛山先拓三维科技有限公司（国家高新技术企业）、深圳市华阳新材料科技有限公司（国家高新技术企业）。2020—2022 年，受客观条件影响，调研工作于该年段的不同时间段内分阶段完成；2023—2024 年，持续完善调研。

本次综合调研通过电话访谈、实地考察、实操观摩、交流研讨、案例分享等多种形式，重点围绕智能制造企业设计文化，智能药盒相关医疗类产品市场发展前景，智能产品创意设计流程，实体模型生产制作标准，集成传感器、无线通信和移动应用程序等先进数字技术，3D 打印材料加工工艺，智能化设备应用与操作规范，3D 实体模型后处理等相关内容，进行有针对性的实证调研，为智能药盒创新设计定位、创意思维发散、软硬件交互设计、实体模型制作等相关内容提供研究思路。实证调研资料整理如下。

1. 广东省机械研究所有限公司的综合调研

（1）公司背景。

该公司成立于 1960 年，为全国智能制造业的领军企业、国家高新技术企业、国家级科技企业孵化器、中国百家特色空间、广东省产教融合型企业，是较早从事智能制造、产品逆向设计与 3D 打印技术研发的公司之一。

该公司现有智能装备产业园占地 13 758 m^2，积累了国内外优质的智能制造行业产业链企业资源，至今承担各级政府重大科技项目 200 余项，获授权国家发明专利和软件著作权 100 余项，并获省级以上政府部门奖励 80 余项，形成了“专业场地、先进设备、新标体系”一体化的优质特色，为粤港澳大湾区智能制造业高质量发展发挥了积极作用。

（2）调研目的。

调研该公司的侧重点在于：深度了解先进企业数字化、智能设计与制造相关企

业文化，智能药盒相关医疗类产品主流生产设备，产品加工工艺技术应用现状，智能药盒相关智慧助老类产品的市场潜在消费需求，用户使用需求与心理需求，产品创新设计准则等。

（3）调研内容。

广东省机械研究所有限公司调研内容如图 3.2 所示。

（a）企业设计文化

（b）原型制作设备

（c）抛光打磨仿真验证

（d）微电机耐久检测台

（e）工件自传、激光检测

（f）智能制造生产线

（g）PCB 自动组装生产线

（h）再生能源控制器

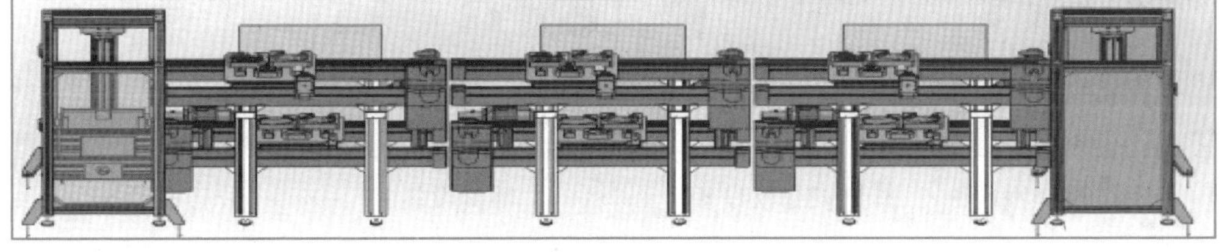

（i）再生能源智能控制器 IBSG 柔性装配线

图 3.2　广东省机械研究所有限公司调研内容

2. 佛山先拓三维科技有限公司的综合调研

（1）公司背景。

该公司成立于 2014 年，原名佛山先临三维科技有限公司，为国家高新技术企业。位于佛山高新区核心区产业智库城内，拥有占地 2 000 m^2 的生产、展示、培训、教育一体化的广东省 3D 打印应用技术创新中心。

该公司集中了 SLM 金属（钛合金、铝合金等）粉末烧结、SLS 尼龙（尼龙玻纤、尼龙）粉末烧结、SLA 树脂激光固化、高精度打印、彩色打印、蜡型及砂型打印等设计行业主流工艺和设备，掌握低压反应注塑工艺、真空复模工艺、产品逆向三维扫描技术、逆向数据处理技术等先进工艺和技术，提供从 3D 打印设备、打印服务到设计服务的一站式全产业链解决方案，助力“中国智造”，是工艺、设备齐全，技术能力雄厚的产品逆向设计与 3D 打印服务企业之一。

（2）调研目的。

调研该公司的侧重点在于：深度了解企业产品逆向设计与创新文化、智能医药类产品逆向设计主流软硬件先进技术应用情况、逆向设计软硬件交互流程、三维扫描仪设备操作标准与规范、产品逆向三维扫描设备、产品逆向数据处理技术、增材制造技术、产品实体制作技术等。

（3）调研内容。

佛山先拓三维科技有限公司调研内容如图 3.3 所示，其部分产品援用 Shining。

（a）企业产品逆向设计与创新文化

（b）Shining 3D Scanner 扫描仪设备

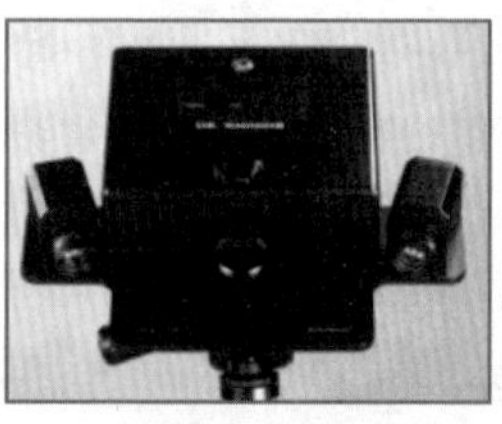

（c）Shining 三维激光雕刻设备

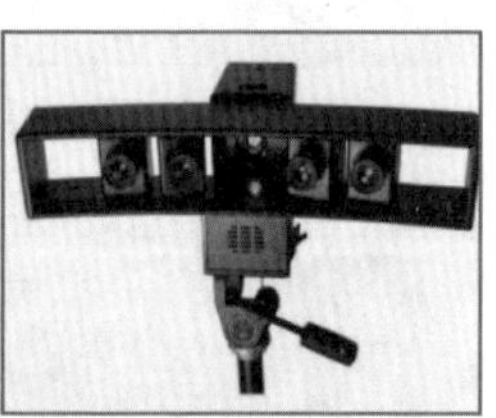

（d）Shining 四头镜三维扫描设备

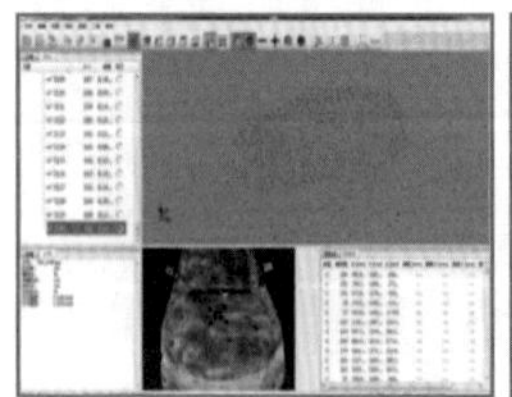

（e）Shining 3D-Metric 扫描测量系统技术

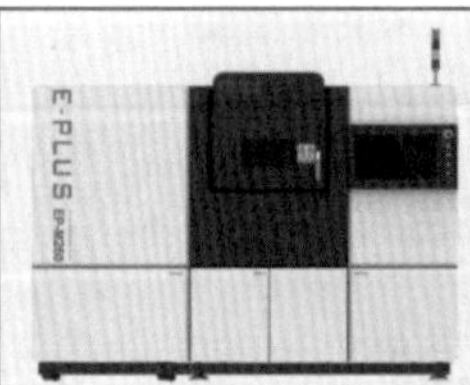

（f）EP-M260 增材制造相关设备

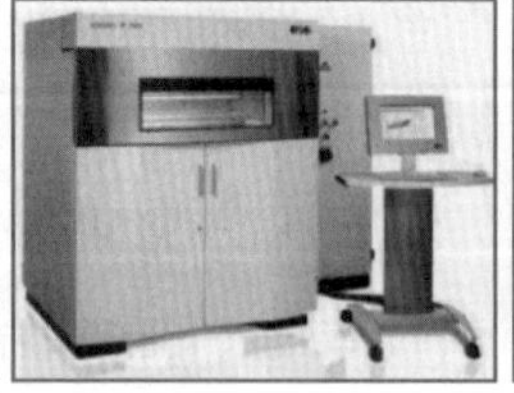

（g）塑料粉末烧结成型机 SLS 相关设备

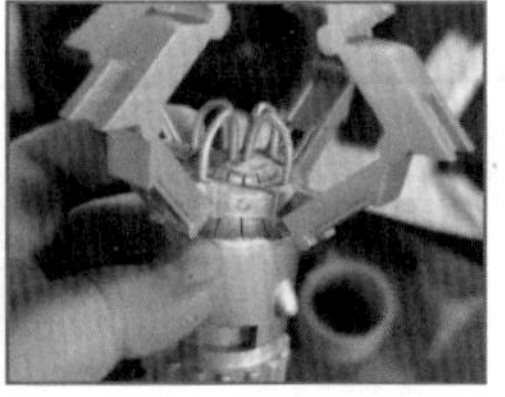

（h）产品结构细节数据扫描案例

图 3.3　佛山先拓三维科技有限公司调研内容

（i）智能产品数据观测

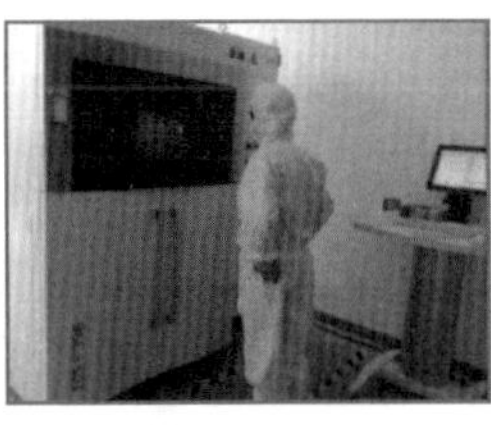

（j）智能产品加工处理

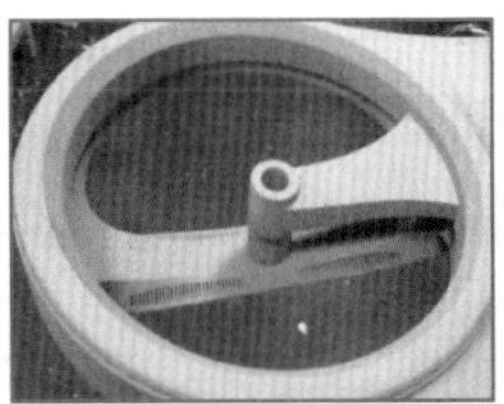

（k）结构处理装配案例

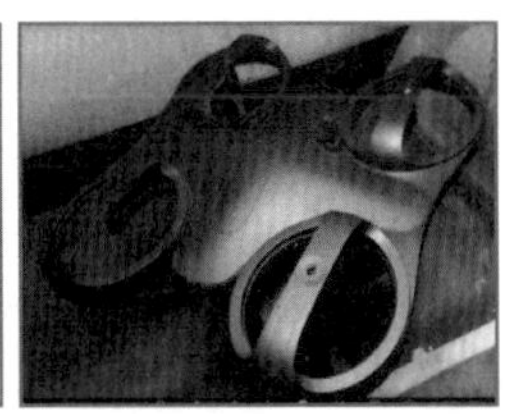

（l）产品喷漆工艺案例

（m）成功案例：燃油喷嘴

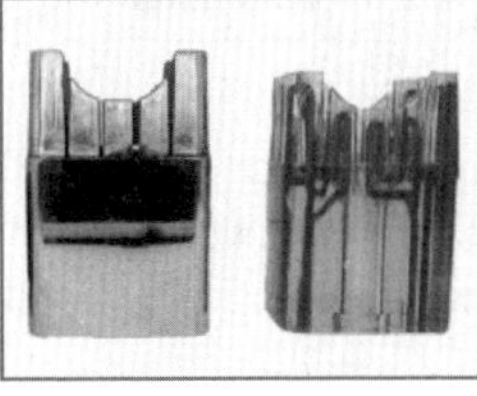

（n）成功案例：模具钢

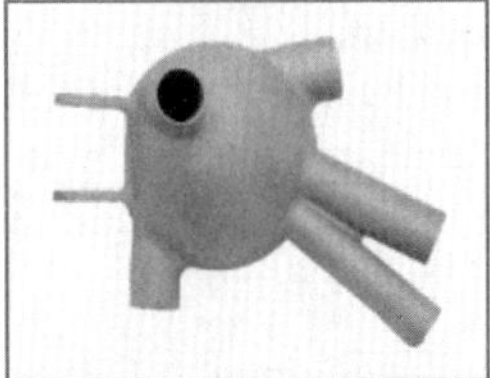

（o）成功案例：多维接头

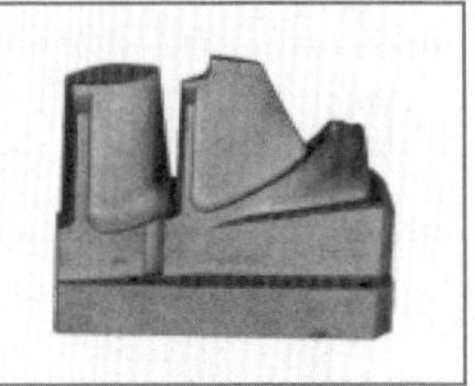

（p）成功案例：叶片

续图 3.3

3. 深圳市华阳新材料科技有限公司的综合调研

（1）公司背景。

该公司成立于 2016 年，是一家专注金属 3D 打印领域的国家高新技术企业，也是国内为数不多的同时具备打印设备开发、打印服务和新材料研发能力的一站式全产业链 3D 打印高科技公司，在产品的复杂内流道设计、轻量化设计、结构多元性设计等方面处于行业领先水平。

该公司拥有先进的增材及减材制造的复合制造体系，现有产品研发生产场地 6 000 m^2，自主研发的 3D 打印设备 70 余套，按照 ISO 9001 管理体系规范运作。该公司基于自身在增材制造设备研发和工艺开发方面的技术优势，积极投身于 3D 打印设备制造、3D 打印数据处理、SLM 工艺规划与加工处理、三维扫描与产品检测等新兴专业建设和人才培养，积极推动粤港澳大湾区增材制造产业发展。

（2）调研目的。

调研该公司的侧重点在于：深度了解企业产品实体模型制造文化、智能医药类产品实体模型材料类别与具体应用情况、智能产品生产组织方式、3D 打印实体模型制作流程、实体模型加工工艺以及原型后处理设备操作规范等。

（3）调研内容。

深圳市华阳新材料科技有限公司调研内容如图 3.4 所示。

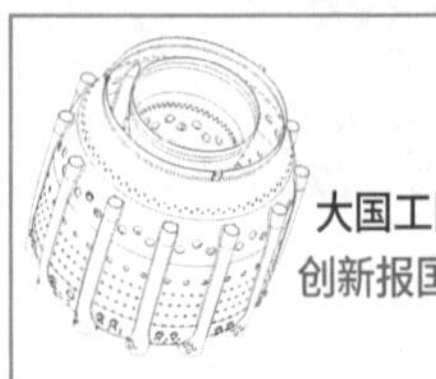

（a）企业设计文化

（b）HY-M160 设备

（c）HY-M300 设备

（d）HY-M350 设备

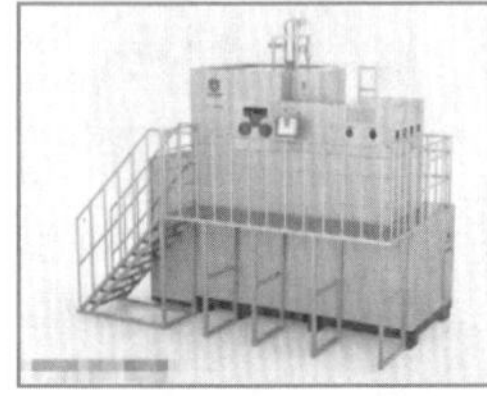
（e）HY-M400 设备

（f）HY-M600 设备

（g）HY-M800 设备

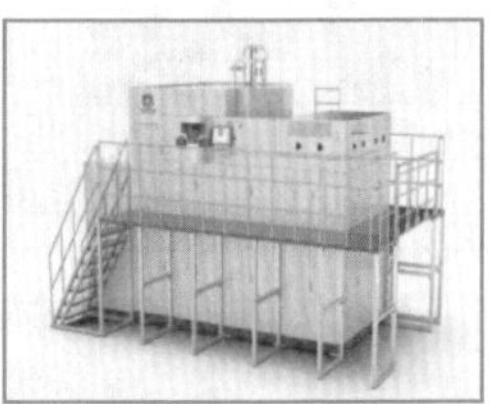
（h）HY-M1000 设备

（i）产品数据采集

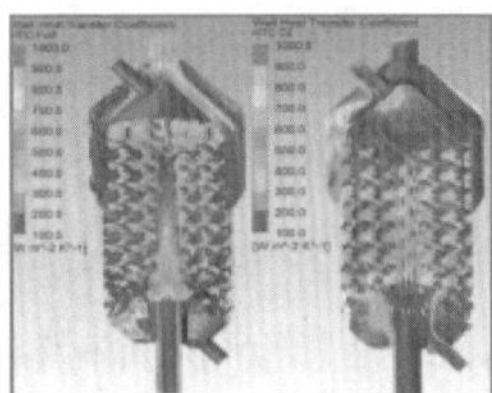
（j）复杂流道结构编辑

（k）智能设备实操演示

（l）加工工艺处理

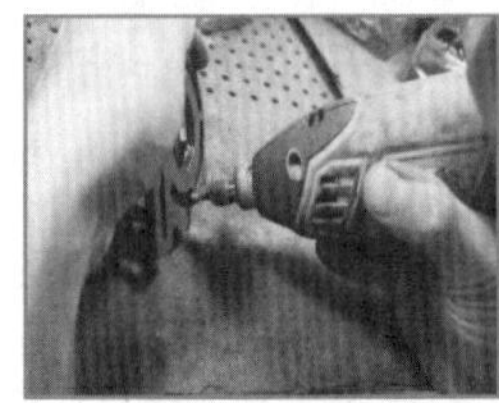
（m）产品结构处理

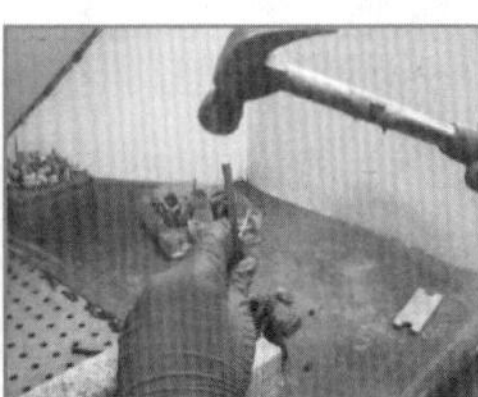
（n）结构对接与调试

（o）产品表面打磨

（p）成功案例：航空产品

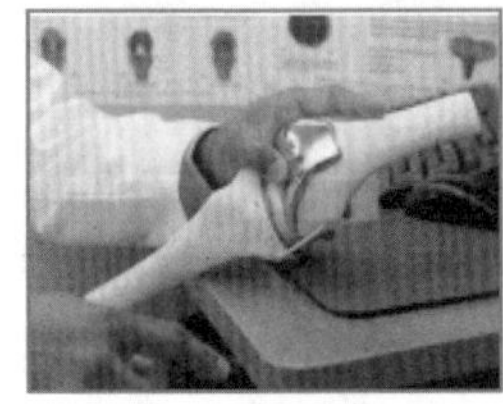
（q）成功案例：医疗产品

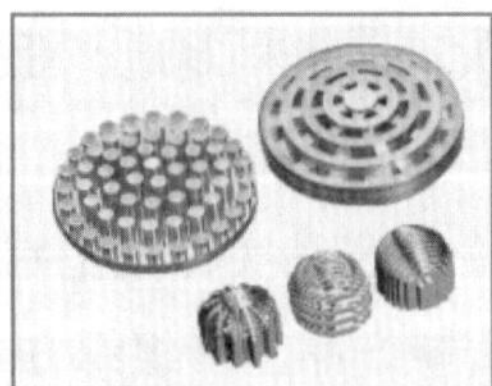
（r）成功案例：电子产品

（s）成功案例：能源产品

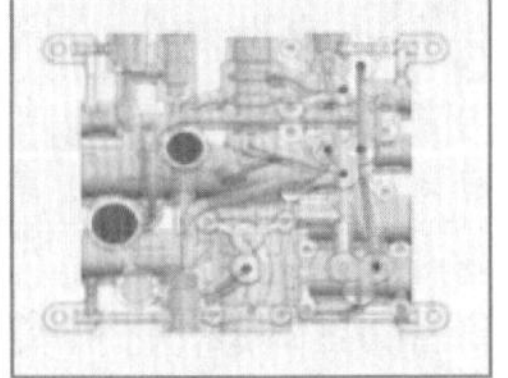
（t）成功案例：模具产品

图 3.4 深圳市华阳新材料科技有限公司调研内容

3.3 空巢老人潜在消费需求访谈

1. 空巢老人群体调研准备工作分析

对空巢老人群体进行访谈调研工作可能会面临一些挑战，由于该类群体通常年龄较大，身体条件存在一定的特殊性，比如视力不佳、不会写字等，不适用于问卷调研，也增加了访谈的难度。且由于空巢老人的生活环境和健康状况可能不太稳定，这需要调研人员在访谈前对访谈对象做充分了解。

为了精准采集空巢老人群体与智能药盒的关联信息，本书使用该类特殊群体最易接受的深度访谈调研方式，进行相关信息的搜集与梳理。在对空巢老人群体开展相关访谈工作前，做好相应的准备：

（1）重点参考智能药盒市场调研的情况记录，初步梳理相关资料，再深入思考要了解和收集的信息，进行系统性的访谈问题内容设计，主要包括空巢老人的基本情况、情绪状态、智能药盒使用意愿以及拓展问题参考，确保调研具有针对性和实用性。

（2）当设计好访谈问题之后，寻找合适的空巢老人群体进行试访谈。通过交流互动形式，发现访谈问题存在的缺陷和不足。在进一步梳理好智能药盒新型产品设计思路后，继续优化相关访谈问题设计，直至访谈问题内容定稿。

（3）组建专业的调研团队，确保调研的专业性和全面性。同时选择合适的调研方法，比如上门访谈、电话访问等方式。在访谈过程中，注意保护空巢老人的隐私，尊重他们的意愿，避免给他们带来不必要的困扰。

2. 空巢老人群体访谈问题设计与试访

在深入了解空巢老人群体访谈工作之后，团队便可开始进行任务分工，并进行相关访谈问题的设计与试访。针对空巢老人群体的具体访谈内容和细节如下。

（1）基本情况。

××岁，××省××市，居住环境是城市还是农村？是否独居？子女是否在外地工作？子女平均××天回家探望老人一次。（注意：如果老人不愿意说太多细节，可有选择性地进行访谈，以保证访谈过程顺利。）

（2）情绪状态。

①没有子女长期在身边陪伴时的一般情绪表现（孤单？寂寞？还是其他……）。

②生病时无人在身边照顾的特殊情绪表现（失落？焦虑？还是其他……）。

③突然生病时需要独自服用一种药品的情绪表现（烦躁？不安？还是其他……）。

④突然生病时需要独自服用多种药品的情绪表现（难受？无助？还是其他……）。

⑤需要长期独自服用一种药品的情绪表现（坦然？还是其他……）。

⑥需要长期独自服用多种药品的情绪表现（抑郁？敏感？还是其他……）。

（3）智能药盒使用意愿。

①空巢老人生病时用的药盒是什么材质？

a. 如是纸质药盒，使用体验如何？

b. 如是其他材质药盒，使用体验如何？

c. 药盒材质是否影响个人服药情绪？

②空巢老人是否了解智能药盒产品？

a. 如了解，需询问他们对该类产品的认知感受如何。

b. 如不了解，可详细介绍智能药盒产品的核心功能，再继续深入了解该类群体对智能药盒产品的使用看法。

③空巢老人生病时是否有意愿使用智能药盒产品？

a. 如有意愿使用，需继续询问空巢老人对该类产品还有哪些期待。

b. 如没有意愿使用，需了解空巢老人对该类产品的主要顾虑是什么。

（4）拓展问题参考。

在空巢老人访谈过程中，如果遇到卡顿或其他不是特别顺畅的情况，可直观判断受访者情绪并灵活处理，实时决定是否要继续采访。参考问题如下：

①您听说过有人因为忘记服药导致身体不舒服或病情加重吗？

②您独自生活的时候，在生病期间，会不会担心自己错过服药时间或忘记服药？

③您接触过智能药盒吗？如有，产品体验如何？如没有，您觉得空巢老人独自在家时，有必要准备一个智能药盒产品备用吗？为什么？

④您觉得未来智能药盒可以有哪些关键功能？智能药盒价格是多少比较合适？

⑤您比较喜欢什么颜色的智能产品，具体原因有哪些？如果这种颜色用在智能药盒产品上，您觉得合适吗？原因是什么？

⑥如果有能让远在他乡的亲人设置提醒用药等参数的智能药盒，您的态度如何？

⑦您认为智能药盒能与远在他乡的亲人之间建立起情感的深度联系吗？

⑧您觉得像智能药盒这一类的医药类产品，对我国新时代背景下的“智慧助老”工作会起到哪些积极帮助作用？

3. 空巢老人群体访谈调研与资料整理

基于定稿版的空巢老人群体访谈问题，作者连续 3 年指导广东工贸职业技术学院工业设计专业学生团队进行有序的分组分工，并分阶段实施深度访谈工作，最终的访谈记录与资料梳理由作者正式完成。

2021—2022 年，受限于一些客观条件，访谈空巢老人工作变得相对有难度。与此同时，在调研过程中，需要仔细甄别受访者是否属于空巢老人群体，如果“是”，方能展开深度访谈；如果“否”，则继续咨询或甄别下一个受访者。在此，特别感谢参与调研的学生团队，在他们的共同努力下，本次调研方得以完成。团队成员持续且具拓展性的调研工作，最大限度地保障了本书成果的有效性。

空巢老人群体访谈时间为 2021 年 1 月～2023 年 8 月，访谈区域设定于医院、学校、食堂、社区、公园、农村等多个典型环境。通过用户观察、用户咨询、用户筛选、用户访谈，共计采访 60～85 岁年龄段的空巢老人 60 位。其中：

（1）年龄分布。60～70 岁人数占 78.33%，71～80 岁人数占 15%，81～90 岁人数占 6.67%。

（2）性别比例。男性数量 27 人，占比 45%；女性数量 33 人，占比 55%。

空巢老人访谈记录与资料梳理见表 3.2。

表 3.2　空巢老人访谈记录与资料梳理（学生团队访谈、作者统计）

采访对象编号	采访对象 1	采访对象 2	采访对象 3	采访对象 4
访谈记录	85 岁，女，长期服用降血压、血糖药，经常忘记服药。希望有人协助操作智能药盒；智能药盒最好体积小，便于携带，可以放入衣物口袋	82 岁，男，目前采用普通药瓶服药。但因年纪较大，视力不好，如果有更方便的智能药盒，并且有亲人远程协助，可以考虑使用	82 岁，女，会忘记服药，希望物美价廉的智能药盒能普及，让需要长期服药的空巢老人买得起、用得上，且效果良好、评价优	81 岁，女，常服药，服药过程难受，不认识智能药盒，对“智能”概念也不清楚，记忆力不太好，无法亲自操作智能化电子产品
采访对象编号	采访对象 5	采访对象 6	采访对象 7	采访对象 8
访谈记录	77 岁，男，用过智能药盒，但生病时，情绪低落导致操作失误，如忘了补药，就放弃使用。如有子女协助会更好	76 岁，男，有高血压，不识字，不知道智能药盒，希望该产品具备智能提醒、分配药品功能，帮助空巢老人服药	75 岁，女，有多种病复发，服药种类多，单独服药会比较麻烦。希望智能药盒能分类、分次、分语音提醒服药	74 岁，女，不认识字，买回来的药品总是忘记服用，且没人提醒，情绪比较低落，身体健康和心理健康受影响
采访对象编号	采访对象 9	采访对象 10	采访对象 11	采访对象 12
访谈记录	73 岁，女，常忘记服药，目前用的是传统药品包装盒，药品易受潮。如智能药盒价格实惠，方便空巢老人使用，会考虑购买	72 岁，男，当突然生病且要吃多种药时会感到焦虑，希望智能药盒既能自动分配药品，又能按时提醒服药和装药	72 岁，男，没用过智能药盒，药品存放在原包装盒内，容易错服、漏服，服药过程艰辛，如有提醒，特别是远方亲人协助就好了	72 岁，男，没用过智能药盒，希望智能药盒具有子女远程监管、准点提醒服药等功能，可随时记录和监测服药前与服药后状况

续表 3.2

采访对象编号	采访对象 13	采访对象 14	采访对象 15	采访对象 16
访谈记录	71 岁，女，生病时一般使用药品原包装盒，看不清包装盒上的小文字，影响正常服药。如有物美价廉的智能药盒辅助将考虑使用	69 岁，男，年纪越大，视力越发不好，不认识药品说明文字，如有智能提醒、分装容易且不需看说明文字的智能药盒产品，可考虑使用	69 岁，男，视力不好，看不清药盒上的信息，如用智能药盒，需要有分配药品、提醒服药（语音提醒）等功能，有亲人协助更好	68 岁，女，生病时会感到缺少家庭陪伴，但远在他乡的子女却无法了解状况。愿意尝试辅助服药的智能药盒
采访对象编号	采访对象 17	采访对象 18	采访对象 19	采访对象 20
访谈记录	67 岁，男，需要服用的药品种类较多，找起来不方便，希望智能药盒可收集多种药品，简易操作，智能提示效果较好	67 岁，男，自己不常服药，但会担心伴侣服药情况，远方子女也会惦记。如能有亲人远程操作，心理上会有极大安慰	67 岁，男，视力较差，儿女买的智能药盒会使药品受潮，显示屏太小，看不清时间，希望智能药盒有服药次数提示，可及时提醒服药	66 岁，男，经常服多、服少、服错药，没用过智能药盒产品，希望智能药盒可分配药品、定时提醒
采访对象编号	采访对象 21	采访对象 22	采访对象 23	采访对象 24
访谈记录	65 岁，女，生病时独自照顾自己，感到难受和无助，虽有药物缓解病痛，但如有亲人远程安慰，会好受很多	65 岁，女，对智能药盒不了解，希望产品既可以提醒服药，又能听到子女提示声音，且药品容易存取，不易受潮	65 岁，女，独居，没用过智能药盒，希望智能药盒价格实惠，能够提醒服药，耐用，操作简单，一学就会，保护药品不易受潮	65 岁，女，没用过智能药盒。纸质药盒存放药品时易受潮受损，不方便分药装，如果有亲人可远程操作的智能药盒将考虑使用

续表 3.2

采访对象编号	采访对象 25	采访对象 26	采访对象 27	采访对象 28
访谈记录	65 岁，女，用过智能药盒，但不够智能，无法随时监管服药，希望有更加智能方便的药盒，以免错服药或漏服药	65 岁，女，和老伴居住，听力差，长期服药，用过智能药盒，但操作过于复杂，希望语音提示人性化	65 岁，女，用过智能药盒，但使用过于复杂，不会操作，每次用都怕弄错，如有子女远程辅助操作将更好	64 岁，男，用过智能药盒，但智能化操作过于复杂，且药品易受潮。希望该类产品功能更加完善，以免错过正常服药时间
采访对象编号	采访对象 29	采访对象 30	采访对象 31	采访对象 32
访谈记录	64 岁，女，经常忘记服药，影响病情。希望有远程提醒服药的产品，150 元以内，太贵的话则觉得没有必要购买	64 岁，男，听说过智能药盒，但没用过。没有检查药品保质期的习惯，也没人提醒服药，希望智能药盒有准确语音提示	63 岁，男，听说过智能药盒，对空巢老人服药是一种关怀。希望出现可让远方亲人实时监管自身服药、具备提醒功能的智能药盒	63 岁，女，视力不好，希望有比较亮眼的提醒方式，比如柔和灯光加声音，才不易出错，希望智能药盒体积小巧，便于外出携带
采访对象编号	采访对象 33	采访对象 34	采访对象 35	采访对象 36
访谈记录	63 岁，男，家人有用药，独爱车，希望市面上能有卡通车形态的、便于携带的智能药盒，给病人服药带来乐趣	62 岁，女，纸质药盒不耐用，希望智能药盒储存空间大，防潮，若能设置远方亲人的声音提醒，效果会更好	62 岁，女，没用过智能药盒，记忆力不好，如果有好的产品，可尝试，希望产品能自主提醒服药、更容易操作	62 岁，男，身体还可以，不会忘记服药，如果有助于空巢老人的用药健康，会考虑购买性价比高的智能药盒送人

续表 3.2

采访对象编号	采访对象 37	采访对象 38	采访对象 39	采访对象 40
访谈记录	62 岁，女，偶尔忘记服药，特别是药品种类较多时，会混淆服药时间、次数和剂量，会考虑使用智能药盒	61 岁，女，用过普通纸质药盒，常看药品保质期，如有提醒服药功能的产品及有亲人语音提示，将有助于病情恢复	61 岁，女，没用过智能药盒。希望药仓数量足够，如果要服用多种药品，就不用每天分装药品到小药仓里，同时希望有人协助服药	61 岁，女，身体状况还行，很少服药，对智能药盒需求不大，但年龄再大一些时，会考虑该类产品，不让儿女担忧
采访对象编号	采访对象 41	采访对象 42	采访对象 43	采访对象 44
访谈记录	61 岁，女，不常服药，但会帮家人服药，常备药品原包装，时间久了药品易变质。如智能药盒有防潮功能将更好	61 岁，女，没用过智能药盒，视力不好，看不清药盒上的文字，影响服药。如有家人提醒，可能更利于用药健康	61 岁，女，会突发生病，服药比较困难，没用过智能药盒，希望出现可让儿女远程监管服药的产品，减少儿女担心	61 岁，女，没用过智能药盒，记忆力衰退，希望有提醒按时服药且可轻松打开的智能药盒，如有子女远程操作将更放心
采访对象编号	采访对象 45	采访对象 46	采访对象 47	采访对象 48
访谈记录	61 岁，男，听说过智能药盒，但没用过。希望在智能语音提示、功能设置等方面更加人性化，帮助不识字的空巢老人服药	61 岁，男，生病时常因工作遗忘服药，希望智能药盒服药提示、卫生防潮等做得更好，让空巢老人用起来更放心	60 岁，男，听说过智能药盒，但没使用过。会忘记服药，对身体有影响。希望智能药盒的价格不要太高	60 岁，男，与老伴一起生活，对智能药盒有所了解。工作较忙时会经常忘记服药，期待智能药盒实现方言语音提示

续表 3.2

采访对象编号	采访对象 49	采访对象 50	采访对象 51	采访对象 52
访谈记录	60 岁，男，听说过智能药盒，对提醒用户按时服药起到很大作用。如产品价格再实惠且能和子女互动就更好	60 岁，男，有长期服药的亲人，以前使用过智能药盒，但不是特别满意，希望产品在手机操作方面更加智能化	60 岁，女，有听说过但没用过智能药盒，希望智能药盒产品能够按时按量提醒，闹钟提醒声音大，喜欢棕色和蓝色	60 岁，男，用普通纸质药盒，但忙起来时服药不便，如有既好用、性价比也较高的智能药盒，非常愿意尝试使用
采访对象编号	采访对象 53	采访对象 54	采访对象 55	采访对象 56
访谈记录	60 岁，女，目前身体还可以，就是视力不太好，生病时要服用好几种药，不容易看清每款药盒上的文字	60 岁，女，视力不好，但身体还行，普通药盒上的文字比较小，希望新型的智能药盒在这方面有所改善	60 岁，男，身体较好，不了解智能药盒，觉得自己记得住服药，不想浪费钱采购提醒服药的智能产品	60 岁，女，了解智能药盒，但不会操作，觉得麻烦。如果有亲人近距离或远程协助帮忙，可能会考虑使用
采访对象编号	采访对象 57	采访对象 58	采访对象 59	采访对象 60
访谈记录	60 岁，男，家有长期服药的长者，经常担心他们的用药健康。如果有合适的智能药盒辅助服药，很想帮助亲人分担病痛与忧愁	60 岁，男，没有检查药品保质期的习惯，因纸质药盒上文字太小，看不清。如果智能药盒提示文字和声音足够大，可考虑购买	60 岁，女，自己很少服药，但身边人服药频率较高，会提醒服药，比较累。如果有智能药盒通过智能方式提醒远方亲人服药会更好	60 岁，女，希望智能药盒能显示空巢老人服药次数，在空巢老人忘记服药时能及时提醒，也想子女给空巢老人多点陪伴，时刻关注空巢老人身体健康

3.4　实证调研资料的梳理与分析

根据前期市场调研、实地考察、空巢老人群体访谈等实证调研资料的汇总与梳理，重点围绕智能药盒产品与空巢老人群体之间的关联度，进行调研资料的汇总整理与统计分析。所得结论具体如下。

1. 特色热销智能药盒服务人群和造型与空巢老人群体的关联分析

由37件特色热销智能药盒调研发现：①95%以上产品服务群体区间广泛，包括家庭所有年龄段人群，较少有专门针对空巢老人这一特定人群的商品。②所有调研产品造型的初始原型，以圆柱体、长方体、柱体与方体组合体、不规则几何体等基础形体为主，鲜有应用仿生形态设计方法完成的智能药盒。

而从空巢老人访谈中收集得到的信息梳理可知：①85%受访者认为智能药盒对空巢老人有用，且有购买自用或送人的趋势；②25%空巢老人表达了自己对融入童趣的智能药盒产品造型的潜在消费心理，希望造型可爱的产品能给自己带来童年时的快乐，排解孤独，并能在一定程度上缓解个人用药时的“难受、无助、焦虑、暴躁不安”等负面情绪，进而提高用药效率。

2. 特色热销智能药盒价格影响空巢老人群体使用意愿的趋势分析

在调研中发现，当前的特色热销智能药盒价格主要分布在：22.8元、39元、39.9元、49元、49.9元、63.9元、73元、77.4元、129元、139元、189元、195元、199元、228元、238元、252元、258.3元、268元、269元、298元、349元、419元、699元、799元、919.8元、967元、998元、999元、1 090元、1 219元、2 188元、5 185元。37件特色热销智能药盒价格分布如图3.5所示。

从特色热销智能药盒价格与产品数量之间的关系分析可知，>0～200元的产品数量约占48.6%，>200～400元的产品数量约占21.6%，>400～800元的产品数量约占8.1%，>800～1 200元的产品数量约占13.6%，1 200元以上的产品数量约占8.1%。从需求调研中不难发现，市场消费需求量最大的智能药盒价格区间是>0～200元，其次是>200～400元及>800～1 200元。而>400～800元及1 200元以上的智能药盒产品数量少，在市场上的销量也远不如前者。

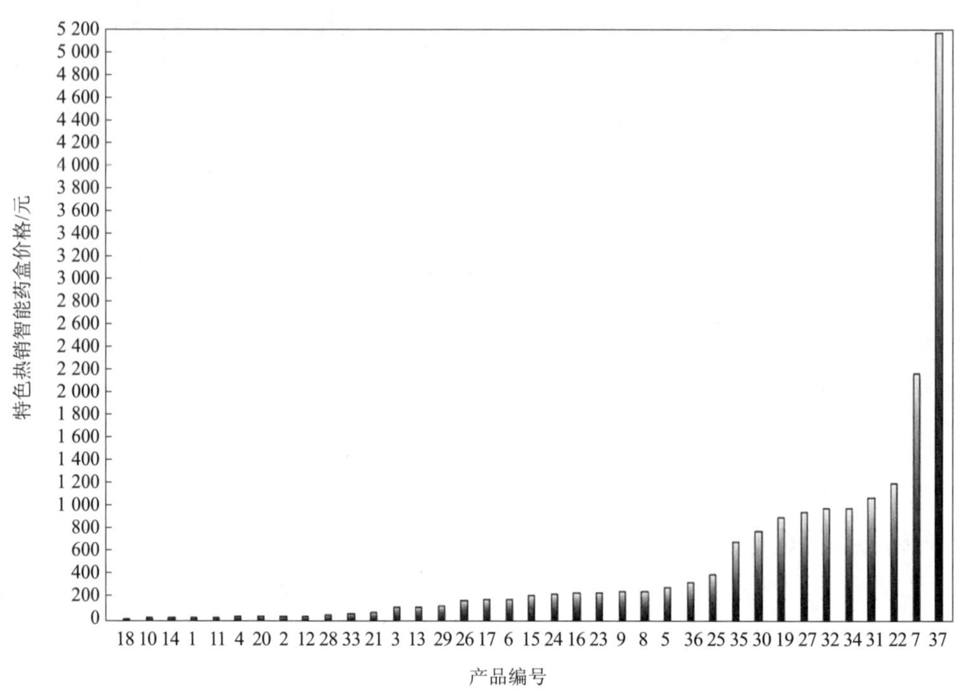

图 3.5　37 件特色热销智能药盒价格分布

通过综合分析得知：智能药盒价格因素与产品自身的软硬件交互功能存在直接关联度，软件或小程序用药提醒、亲人之间远程互动不受限、用药记录电子报告详细、药仓多且有闪灯提醒、USB 充电续航等智能化交互功能越先进，产品价格越高。反之，如仅有 LED 显示屏展示、蜂鸣器提示、药仓开启模式单一等基础性智能化功能，产品价格则相对低廉，但也容易让消费者接受，且市场销量良好。

基于此，针对未来新型智能药盒产品的价格如何定位，通过对空巢老人的深度访谈，得出一些较高价值的设计线索：

（1）针对需要短期服药的空巢老人群体，智能药盒产品定价不宜太高，不然会让空巢老人觉得使用起来不划算。

（2）针对需要长期服药的空巢老人群体，可以结合产品的智能化先进功能，来具体确定智能药盒的价格区间，最终设计趋势是使智能药盒这一智慧助老的新型产品，在满足空巢老人“用药健康”和“情感慰藉”双重需求下，变得真正“物有所值”，以最大限度地帮助空巢老人特殊群体老有所“医”。

3. 特色热销智能药盒色彩应用与空巢老人群体喜好的对比分析

基于智能药盒功能的独特性和服务对象的特殊性，从 37 件特色热销智能药盒的调研中发现，白色（指纯白色）的产品数量约占 35.1%，白色与其他颜色（如橙色、七彩色、蓝色、黑色、绿色、粉色、灰色、咖啡色等）混合搭配的产品数量约占 51.4%，其他数量相对较少的产品主流色彩包括蓝色、七彩色、透明色及黑色+灰色，合计仅约占 13.5%。37 件特色热销智能药盒色彩应用分析如图 3.6 所示。

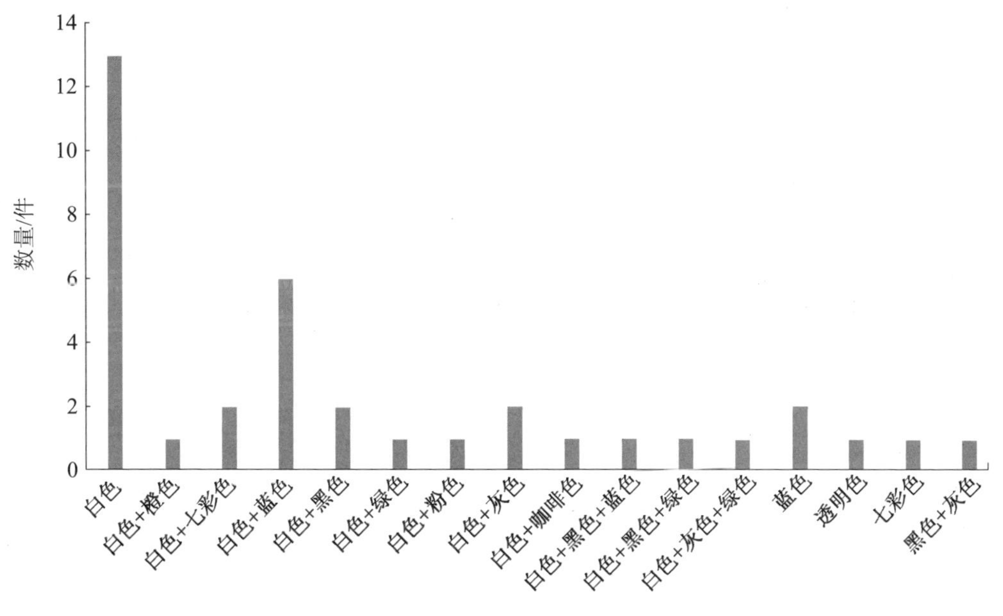

图 3.6　37 件特色热销智能药盒色彩应用分析

由此可以分析得知：

（1）市场上的特色热销智能药盒主流色为纯白色，其次是“白色+其他色”。

（2）随着用药群体的拓展，以及其使用心理和情感需求的变化，其他彩色系搭配的智能药盒，也逐渐具有较大销售空间。

而从对 60 位空巢老人群体的深度访谈调研中，又发现了与众不同的智能医药类产品色彩配色需求：50%以上空巢老人对智能化医用产品使用橙色、红色、蓝色等色彩更加心仪，而对纯白色的接受度不是很高。通过深度分析可得，空巢老人在生病时使用纯白色产品，会时常感到生命的脆弱、对用药的担忧、对身体难以康复的绝望、思念远方亲人以及渴望他人照顾自己用药等低落情绪。因此，如果设计彩色的智能药盒，将在一定程度上帮助空巢老人群体转移对病痛的注意力。

4. 现有智能药盒智能化功能对空巢老人群体情感的影响分析

通过对市场和公司的实证调研以及对空巢老人群体调研的综合分析发现，智能药盒产品的核心智能化功能对空巢老人的用药情感存在一定影响，比如出现害怕、担忧、难受、渴望、惊吓或不适、失落、焦虑、急躁等情感化反应。以上情感化反应，将对智能药盒产品未来设计趋势和发展趋势产生一定影响。现有智能药盒智能化功能与空巢老人群体情感的关联见表 3.3。

表 3.3　现有智能药盒智能化功能与空巢老人群体情感的关联

序号	智能化功能描述	与空巢老人群体的情感关联	智能药盒未来趋势
1	产品开启模式	如多盖开启后方能对产品进行开关机，则其会担心操作失误	简易自动开关机最佳，但需考虑制作成本等细节
2	药仓打开模式	常会因为药仓抽拉式功能而担忧小型药品的掉落或者受潮、受晒等	自动上锁、按压式、卡扣式结构将成为趋势
3	语音提示功能	用药过程难受时，内心渴望听到远方亲人的关怀提醒用药语音	小程序或软件的亲人语音设置将成为常态
4	灯光提示功能	空巢老人在智能药盒提醒用药的灯光强度过于刺眼，或者闪烁频率较高时，会受到惊吓或感到不适	设计护眼的环保级小型柔光灯灯源，并将闪烁频率设置在可接受范围内
5	闹钟提醒功能	当空巢老人听力不佳时，闹钟提醒将“失效”，若导致错过用药，空巢老人心情会失落，也会增加对自我状态的否定	当制作成本有限时，考虑适当提高闹钟发声器分贝，确保既不刺耳，也方便用户使用

续表 3.3

序号	智能化功能描述	与空巢老人群体的情感关联	智能药盒未来趋势
6	数字化显示功能	当空巢老人视力不佳、看不清显示屏上的数字化信息时，会变得比较焦虑，也会增加对自我状态的否定	设计大型 LED 显示屏，并将其信息放大显示，也可考虑融入语音播报功能
7	产品充电模式	当智能药盒蓄电时间较短且影响正常用药时，使用时会变得较为急躁，将无法再次接受不耐用、常要更换的纽扣电池和锂电池等充电耗材	考虑融入太阳能充电功能和 USB 充电功能的双重融合设计，方便空巢老人随时随地使用智能药盒

综合以上分析，重点围绕产品设计痛点、空巢老人群体的潜在消费需求和个体情感诉求，挖掘智能药盒的未来创新设计方向，初步敲定产品造型、结构、功能、色彩搭配、软硬件交互、产品价格区间等因子进行智能药盒的优化设计，具体如下。

（1）智能药盒的硬件设计方向。

智能药盒的硬件设计重点从产品造型设计方法、产品核心结构组成、产品功能创新应用、其他设计因素衡量等方面深度发散思维。

一是产品造型设计方法，涵盖几何造型设计法、形态仿生设计法。

二是产品核心结构组成，包括数字显示屏、醒目按钮、药仓结构等。

三是产品功能创新应用，包括充电方式、提示方式、安全性等。

四是其他设计因素衡量，比如产品色彩、产品价格等。

智能药盒的硬件设计思路见表 3.4。

表 3.4　智能药盒的硬件设计思路

序号	定位因子	具体内容	细节描述
1	产品造型设计方法	几何造型设计法	尝试利用产品几何造型设计法展开草案构思，并选择空巢老人容易接受的球体、正方体、长方体、不规则体等多类形体，进行智能药盒造型创新设计
		形态仿生设计法	从空巢老人怀念童真快乐的源头出发，利用形态仿生设计法，根据动物形态、植物形态、静态物体形态等不同类型素材，展开智能药盒的造型创新设计
2	产品核心结构组成	数字显示屏	实现一屏多用，具体包括查看具体时间、提醒按时用药的多重功效，目的在于帮助空巢老人用户群体养成良好的用药习惯，合理把控用药时间
		醒目按钮	包括产品的开关按钮、音量调节按钮、功能复位按钮等。所有按钮的结构大小设计合理，方便视力不好的空巢老人独立、准确地进行智能化操作，避免因按钮操作失误而影响空巢老人的准时用药
		药仓结构	不少于 3 格药仓结构，小药盖翻盖式、自动抽出式、电动弹出式等方式，均可尝试深度设计，目的在于能够方便短期服药和长期服药的空巢老人灵活设置药品的存储空间，且方便其用药操作
3	产品功能创新应用	充电方式	在锂电池供电的前提下，最好能够设计 USB 接口充电功能，保障产品实现充电自由。同时在此前提下，还可考虑引入太阳能板的蓄电功能，目的在于最大限度地帮助空巢老人不受时空限制地用药
		提示方式	通过灯光、音效、震动等多重提醒形式提醒用户按时用药，最好采用柔和性好的光源，声音在 76 dB 左右，药盒震动频率适当，目的在于避免惊吓到空巢老人
		安全性	严格使用食品级或医用级的环保材质，保障用药安全；增加自定义锁功能，防止空巢老人错误用药；以密封圈保障药盒密封性，防止药品受潮

续表 3.4

序号	定位因子	具体内容	细节描述
4	其他设计因素衡量	产品色彩	根据市场流行色彩及空巢老人喜好，蓝色、橙色、绿色、红色等产品色彩均可
		产品价格	在产品功能配套齐全的前提下，产品价格最好定位在 50～300 元之间，让空巢老人，特别是需要长期服药的空巢老人舍得用、用得起、放心用

（2）智能药盒产品相关联的软件设计方向。

智能药盒产品相关联的软件设计方向，主要包括微信扫码与绑定、用药参数设置、用药提醒功能、产品定位与记录等。

一是微信扫码与绑定，包括微信扫码、用户绑定。

二是用药参数设置，包括用药次数、药量及用药提醒设置等。

三是用药提醒功能，包括闹钟提醒时间、灯光提醒效果、用户远程提醒设置等。

四是产品定位与记录，包括 GPS 智能定位功能、用药记录报告等。

智能药盒产品相关联的软件设计方向详见表 3.5。

表 3.5 智能药盒产品相关联的软件设计方向

序号	定位因子	具体内容	细节描述
1	微信扫码与绑定	微信扫码	一是绑定指定的智能药盒信息，便于后期软硬件交互；二是添加不同名称、不同种类的药品信息，便于后期分类提醒空巢老人的用药
		用户绑定	能够实现 SOS 紧急呼救功能，目的在于向空巢老人的监护者发送远程消息通知（主要通过手机微信端、短信、电话、邮件等），提升安全系数

续表 3.5

序号	定位因子	具体内容	细节描述
2	用药参数设置	用药次数设置	使产品能够设置空巢老人的用药种类、每日用药次数、阶段性用药次数等相关参数，保证具有不同用药需求的老人根据此参数灵活用药
		药量设置	可以设置单次用药量、剩余用药量等，避免空巢老人在用药过程中因忘记用药量而产生沮丧、难受、负担等多种负面情绪
		用药提醒设置	需要考虑设计包括用户正确用药、错误用药、及时补药等相关操作的智能化提醒，且音效差异较大，以免听力欠佳的空巢老人用户群体混淆音频
3	用药提醒功能	闹钟提醒时间设置	不仅是时间节点，还需考虑闹钟的音频效果。可以包括基础提醒声音，以及自定义亲人提醒声音，可以极大地拉近空巢老人与远方亲人之间的时空联络
		灯光提醒效果设置	具体可以包括聚光灯、柔光灯、散光灯等不同类型的光源效果，根据空巢老人对光源的可接受度，实时调节提醒灯光的柔和度，避免刺激老人眼睛
		用户远程提醒设置	用户主要可以通过手机微信端、电话、短信、智能语音等，远程提醒空巢老人正确用药、按时服药以及及时补充药品进入药仓等
4	产品定位与记录	GPS 智能定位功能	为智能药盒设计 GPS 智能定位功能，实时定位该产品的具体位置，避免空巢老人因忘记产品存放点而错过用药的情况发生，提高“智慧助老”效率
		用药记录报告	将空巢老人用药次数、用药时间、用药种类等具体信息生成用药报告，帮助远方亲人实时查看并深度了解空巢老人的用药情况，缓解空巢老人用药期间的孤独情绪

第 4 章　智能药盒情感化设计方案输出

智能药盒情感化设计成果并非一蹴而就，而是要基于前期市场调研、实地考察、用户访谈的统计分析结论，经设计团队紧密协同作业，展开头脑风暴、概念创意、综合评估、技术定位、专利落地等一系列设计程序，方能在众多智能药盒创意方案中遴选出优秀的产品，并明确适合该产品后续生产制造的造型、结构、功能、交互等核心要素。

基于此，本章聚焦“情感化设计理念”，对智能药盒进行适老化的创意设计构思、十字交叉评估与方案定稿、三维虚拟模型设计、国家专利材料准备与申请，进而输出有效的智能药盒情感化设计成果。

本章内容思维导图如图 4.1 所示。

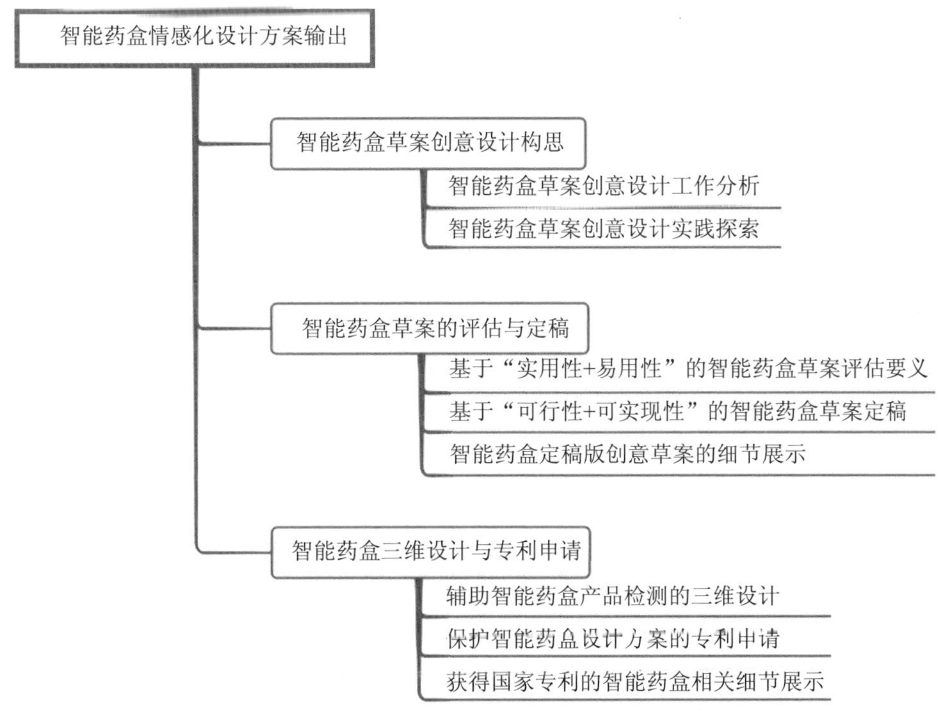

图 4.1　本章内容思维导图

4.1 智能药盒草案创意设计构思

1. 智能药盒草案创意设计工作分析

在进行智能药盒草案的情感化创意设计构思时，需要重点考虑如何提升空巢老人这一特殊群体的用户体验，目的在于增加产品的亲和力、实用性和便捷性。包括但不限于：

（1）适老化的造型与结构。

药盒结构采用柔和的边缘和曲线，避免尖锐的角度。药盒内部分格根据空巢老人需求定制，设计大字体提示文字和易开启的分格，或是使用不同颜色和纹理的药仓以区分不同的药品，增加药品的易识别性，减少医疗产品的“冰冷感”。

（2）温馨的交互界面。

设计温馨的交互界面，使用空巢老人喜好的色彩、图标、图案等，来表示不同的药品。或是提供互动游戏或挑战，鼓励空巢老人按时服药。也可考虑允许根据空巢老人习惯和偏好设置个性化的提醒语音，如家人的录音、轻松的音乐、幽默的笑话或鼓励的话语，减轻空巢老人在服药过程中的负担。

（3）情感化的支持。

允许家庭成员共享药盒信息，共同关注患者的服药情况，增加家庭的互动和关怀。或在空巢老人连续按时服药一段时间后，通过应用程序发送鼓励的消息；在错过服药时，提供提醒和安慰。也可考虑令药盒根据环境光线自动调整屏幕亮度，保护空巢老人的视力。同时，在不同天气或季节，改变药盒提醒声音或界面主题，以适应用户情绪。

（4）紧急联系功能。

在药盒中集成紧急联系按钮，当空巢老人感到不适或需要帮助时可以快速联系家人或医疗服务提供者。当检测到用户长时间未服药或药盒被意外打开时，自动发送警报给预设的紧急联系人。

（5）社交分享功能。

允许用户在社交媒体上分享他们的健康旅程和成就，以获得朋友和家人的支持。

设计排行榜和挑战，鼓励用户与朋友“竞争”，增加服药的趣味性。提供药品知识的互动学习模块，帮助用户了解他们的药品和健康状况。设计问答或测试，让用户在了解药品知识的同时获得乐趣。

2. 智能药盒草案创意设计实践探索

基于智能药盒草案创意设计工作分析，作者带领广东工贸职业技术学院工业设计、艺术设计学等专业教师团队成员，以及机电工程学院工业设计专业学生团队成员等，连续 5 年，利用几何造型设计法、具象形态仿生设计法、抽象形态仿生设计法等多种产品创意草案设计方法，借助智能数位板、马克笔、彩色铅笔、色粉、勾线笔等多种绘图工具（颜料）形式，以及 Adobe Photoshop（PS）、AI 软件等辅助性软件工具，从遵守法律法规、产品可视化造型、可拆卸结构、智能化功能、情感化色彩对比度、新材料的应用、软硬件交互的可行性、产品实体模型制作、生产制造成本、品牌商业推广等诸多因素出发，加以概念创意与空间思维发散，完成了多个造型各异、功能突出、色彩方案搭配不一、应用先进智能技术的智能药盒草案创意设计，以期探寻最适合空巢老人这一特殊群体用药需求和心理情感诉求的优质方案，并为相关成果商业转化奠定坚实基础。部分智能药盒创意草案展示如图 4.2 所示。

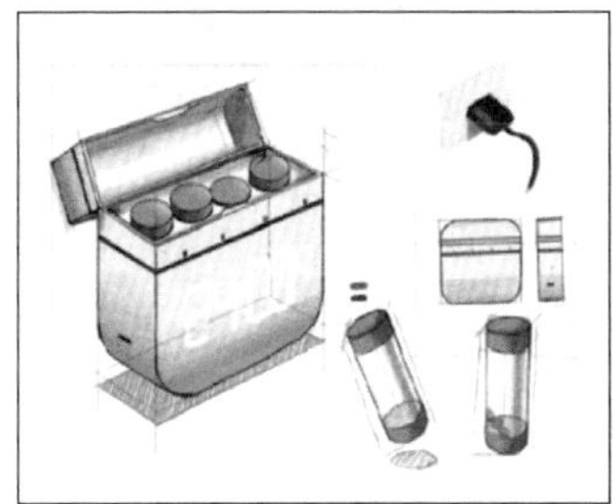
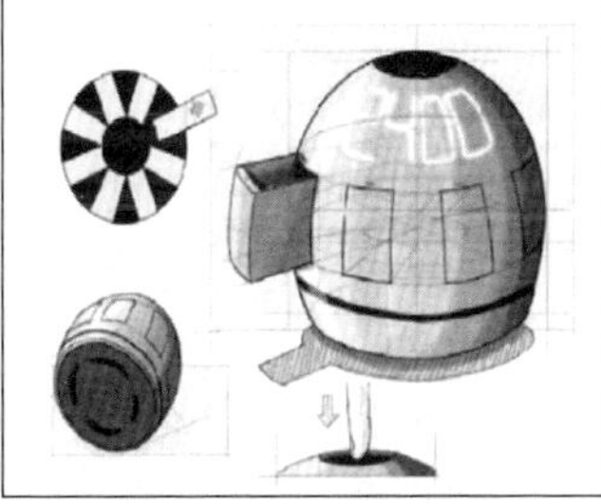
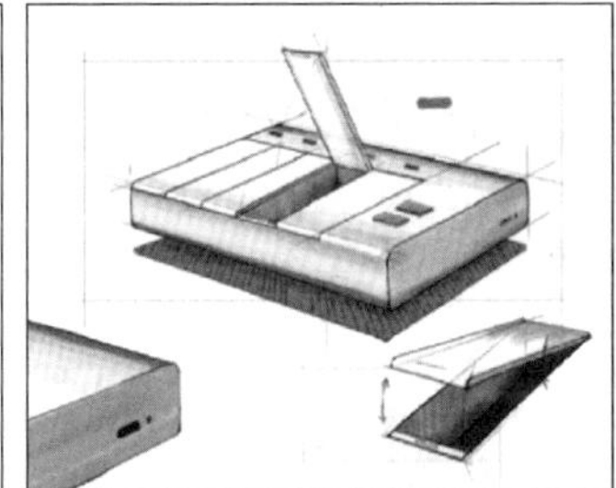
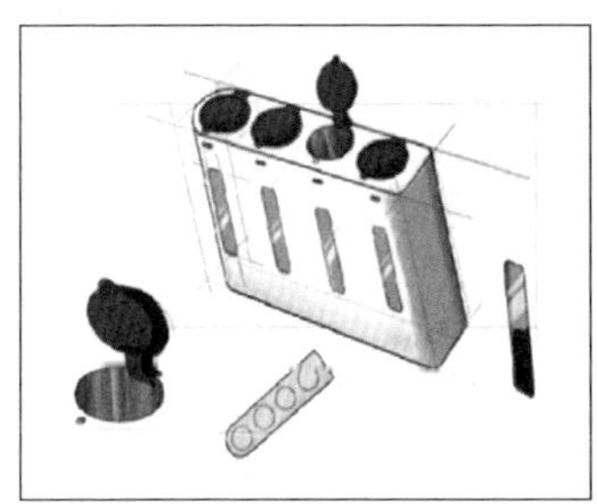
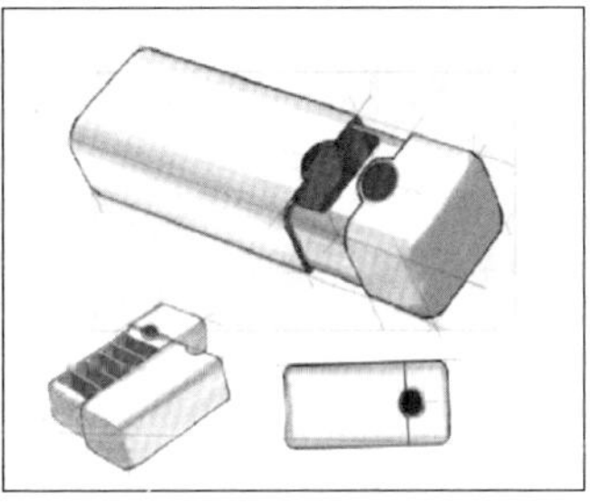
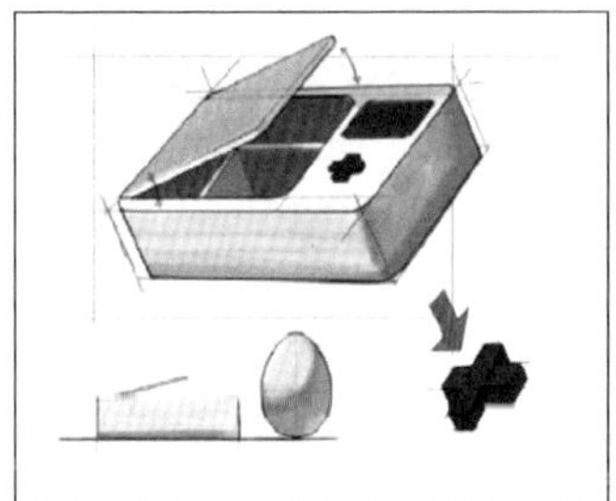

图 4.2 部分智能药盒创意草案展示

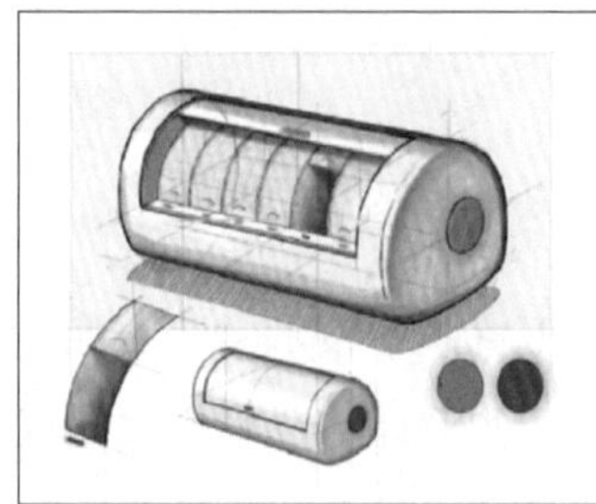
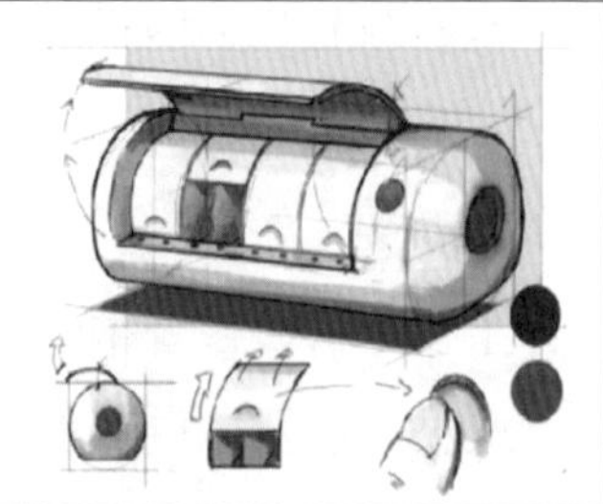
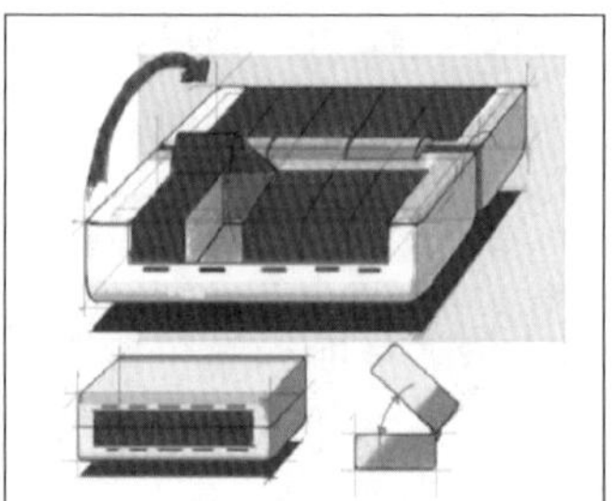
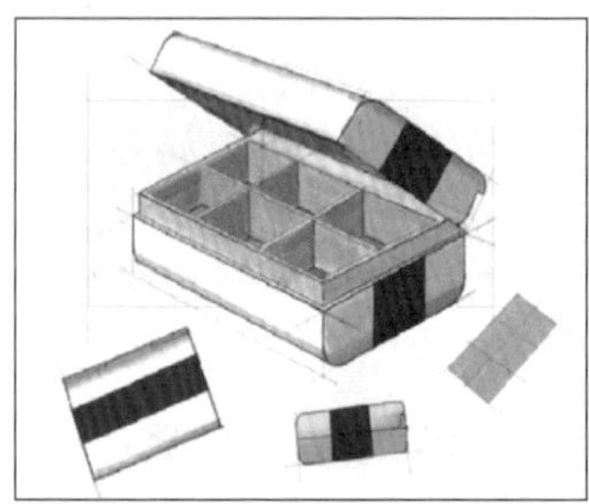
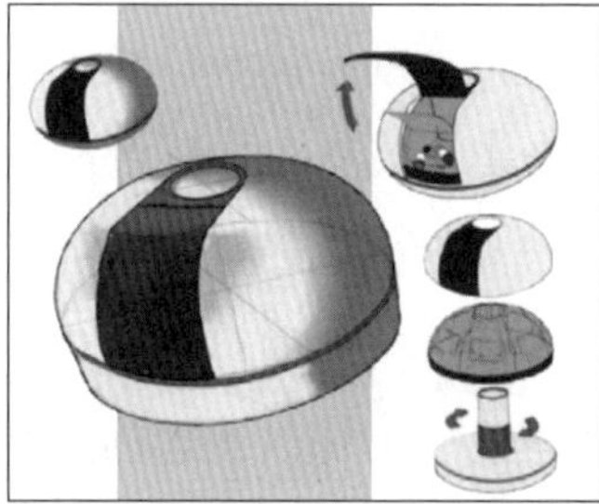
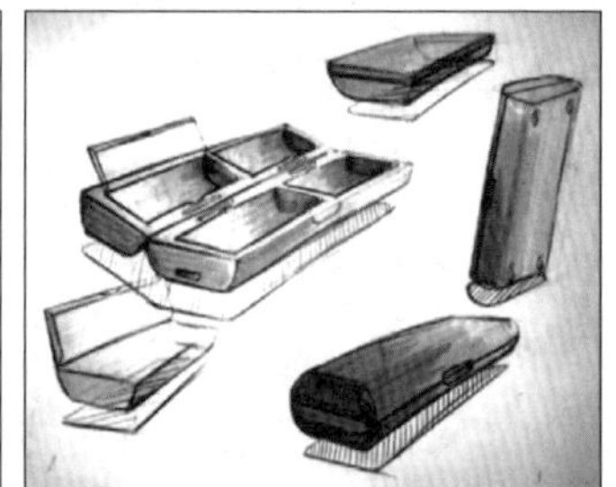

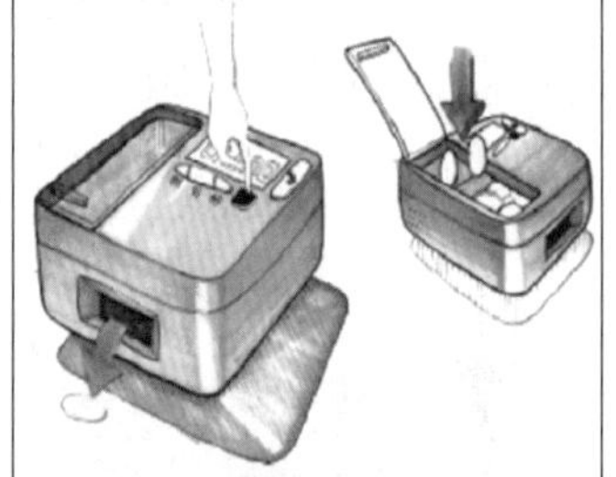
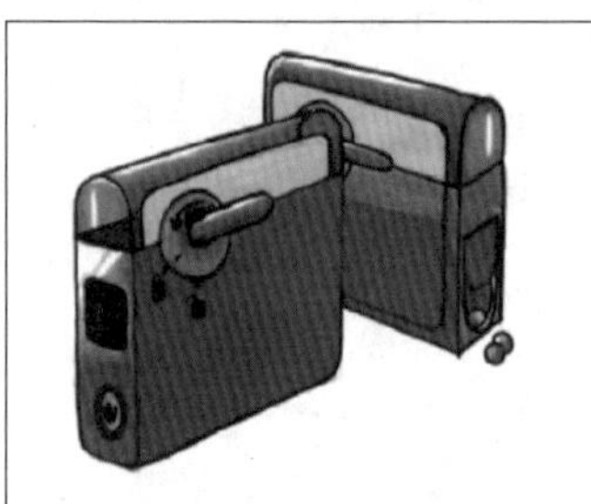

续图 4.2

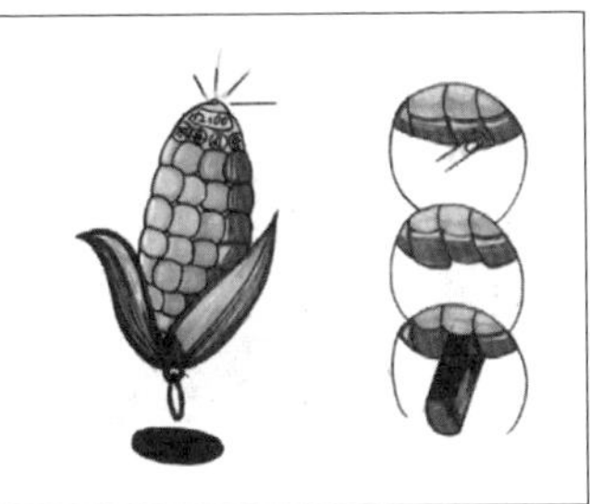

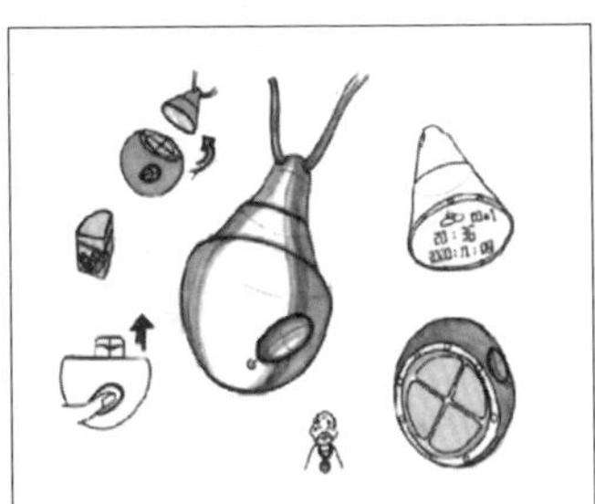

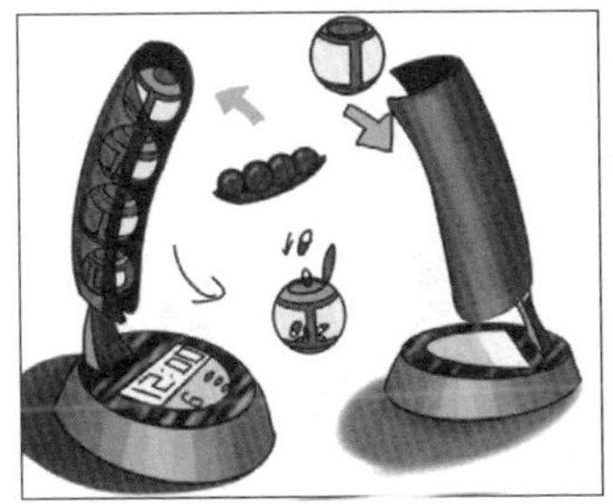

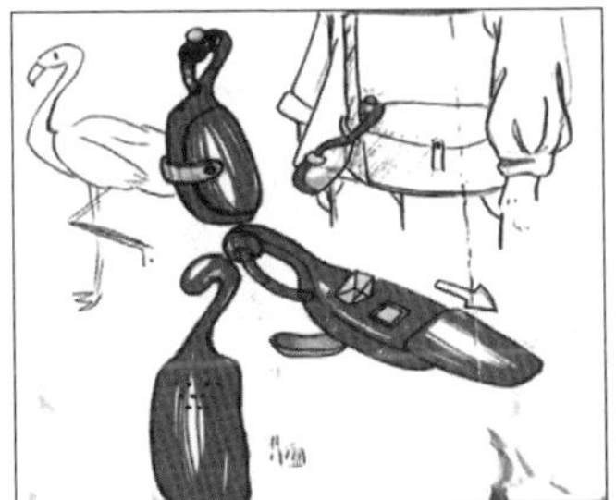

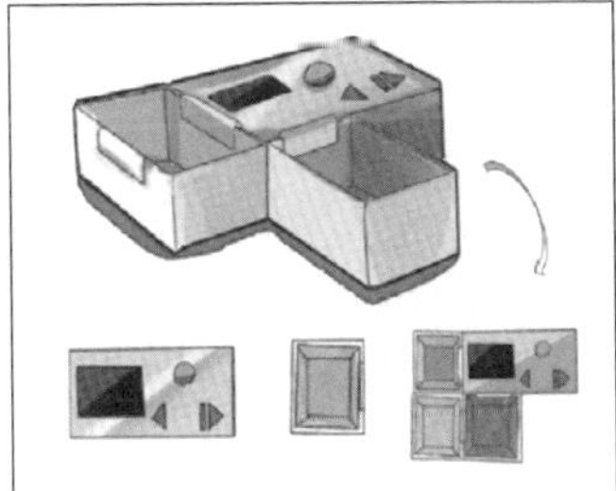

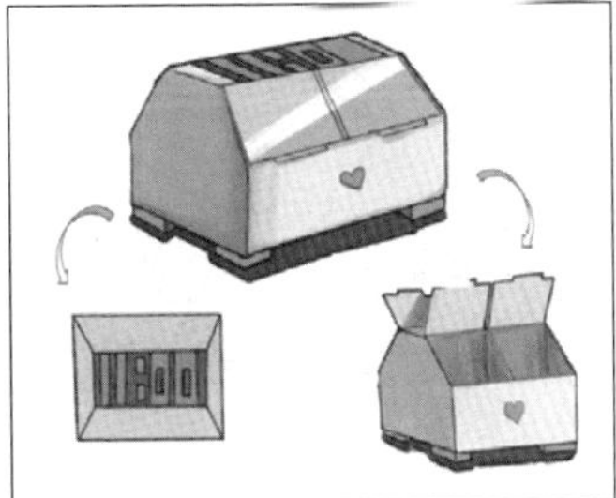

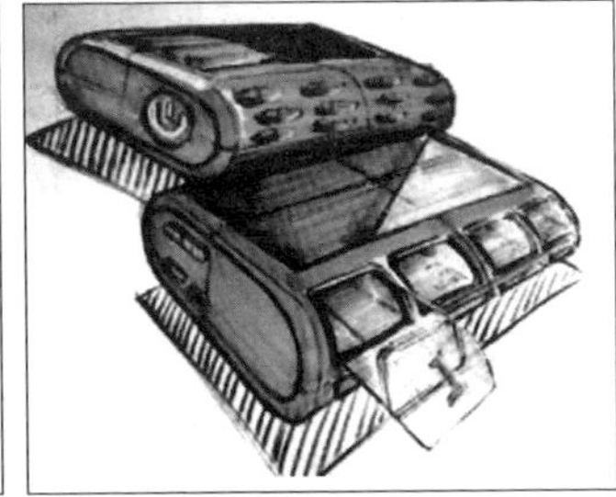

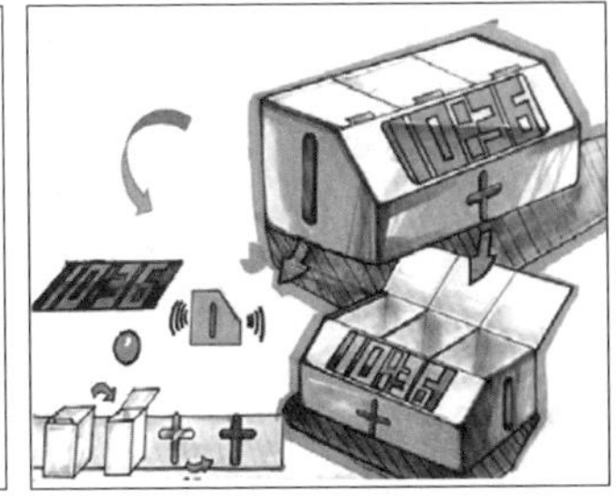

续图 4.2

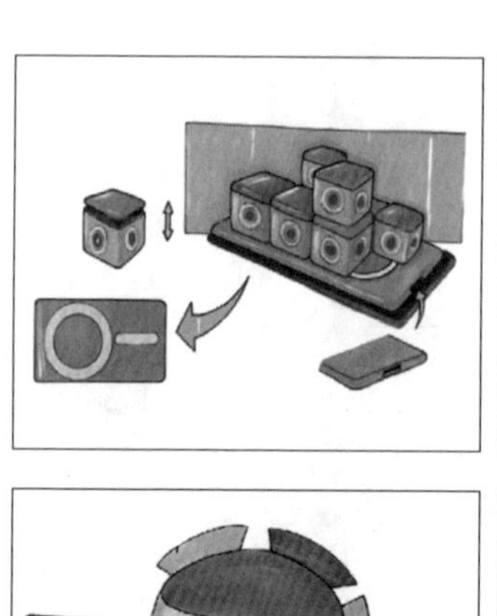
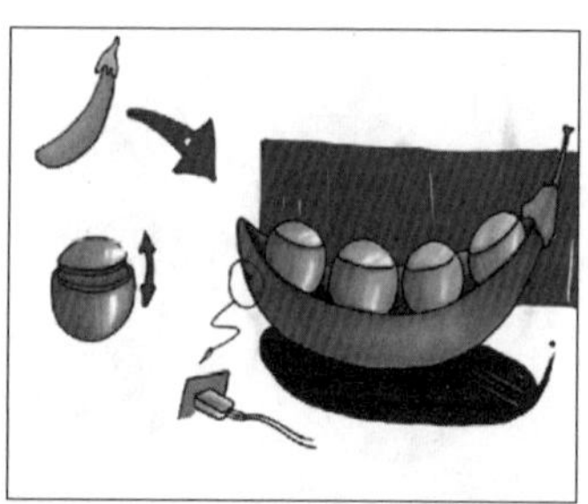
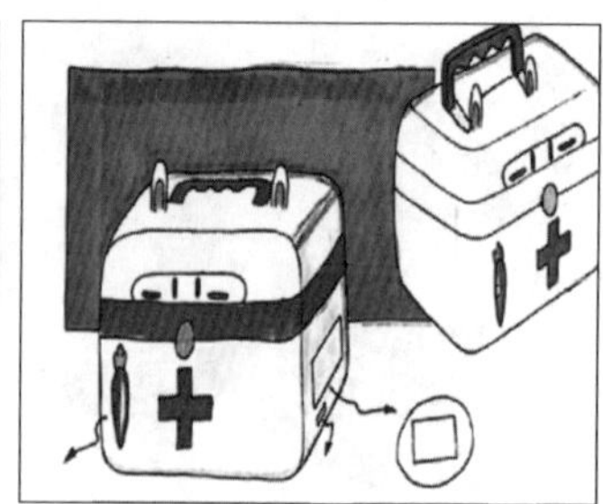
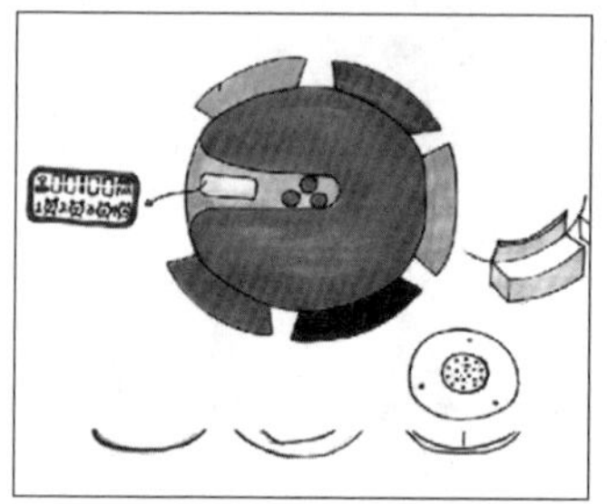
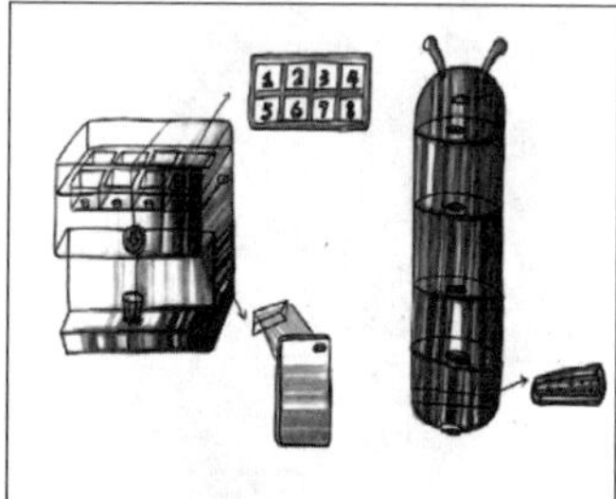

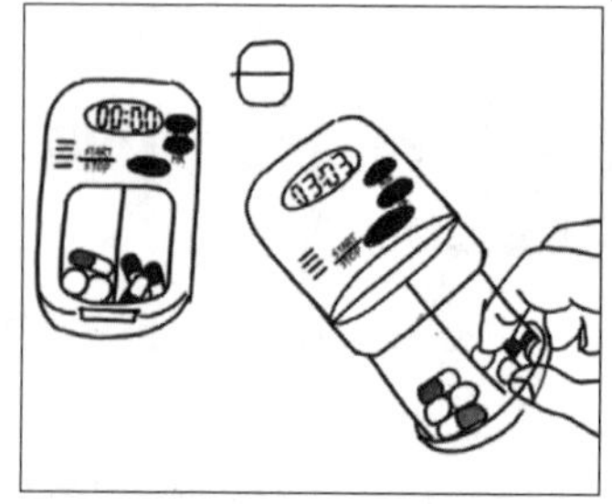

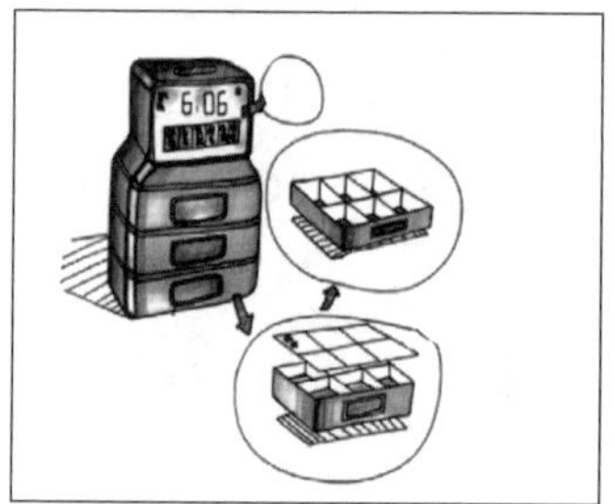

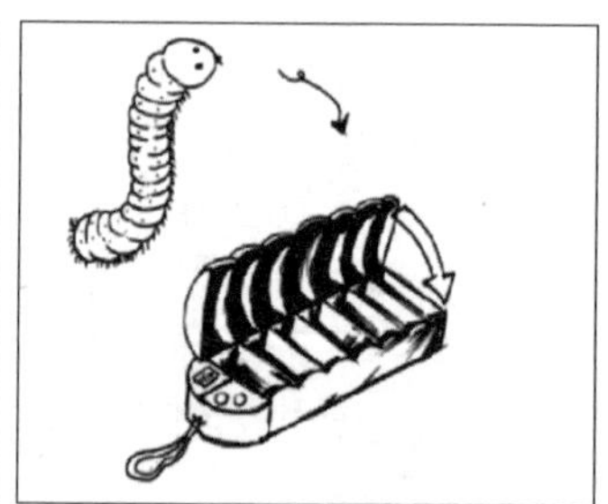

续图 4.2

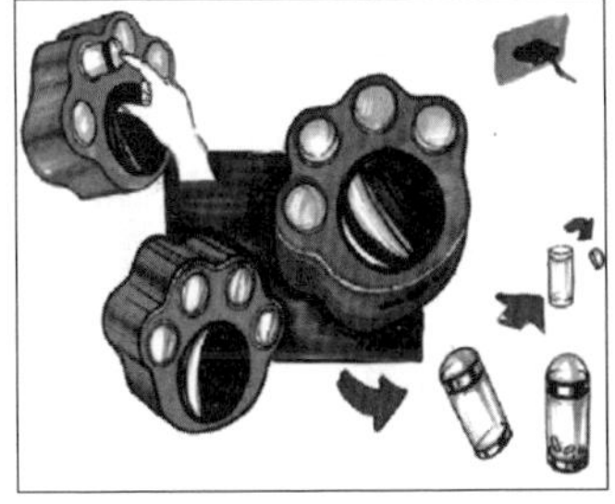
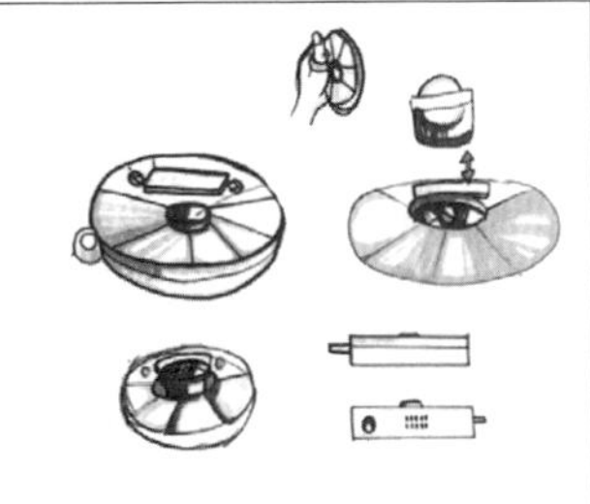
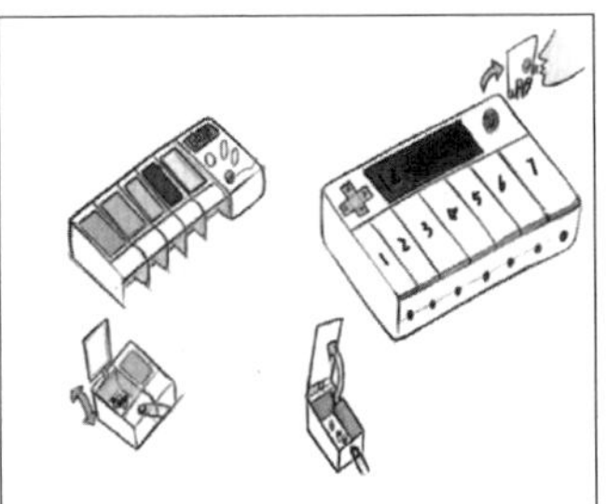
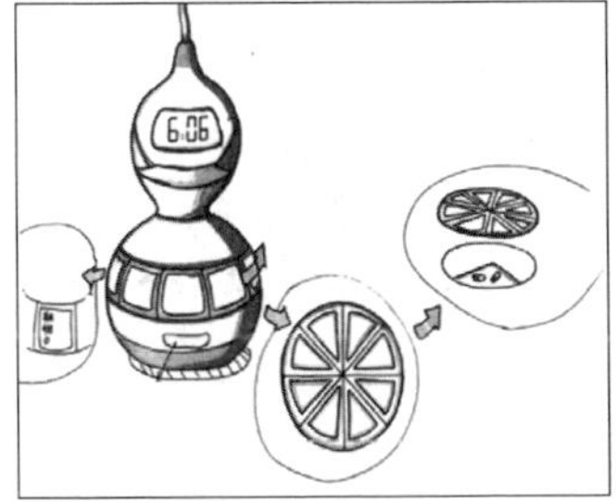

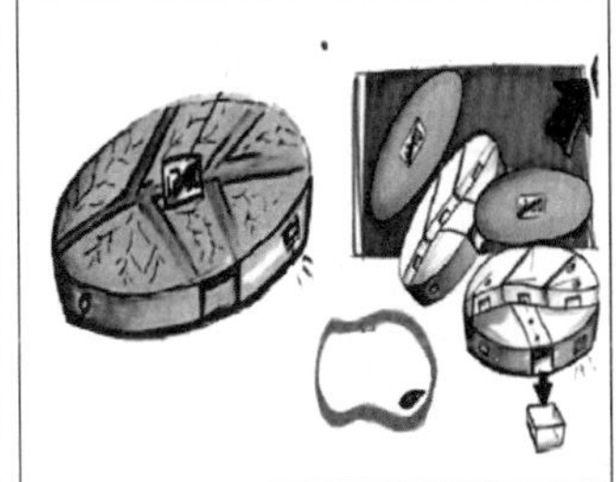

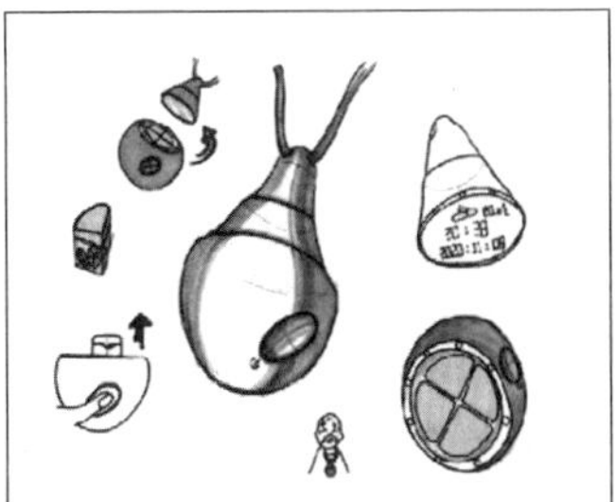
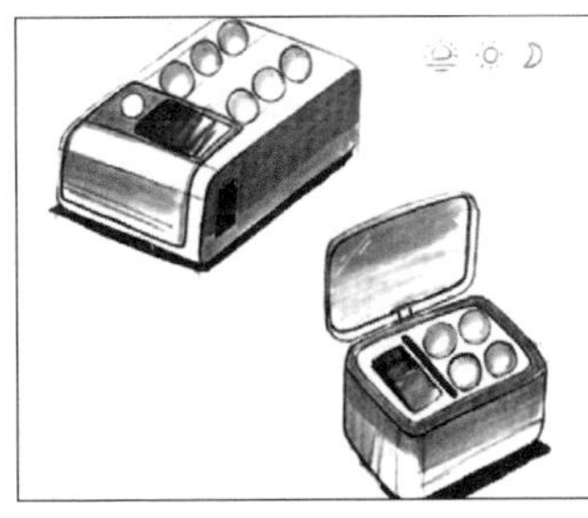
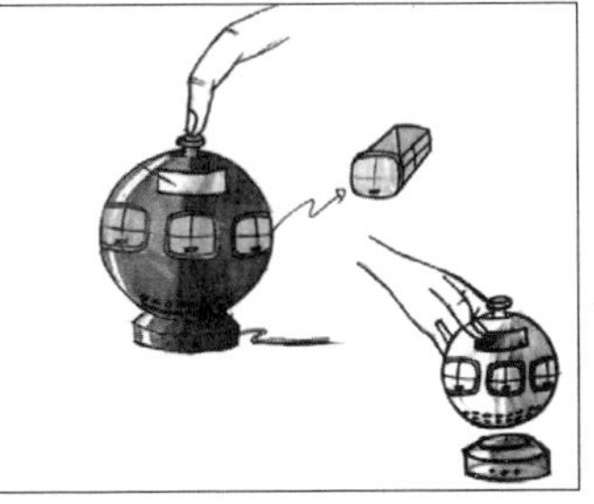
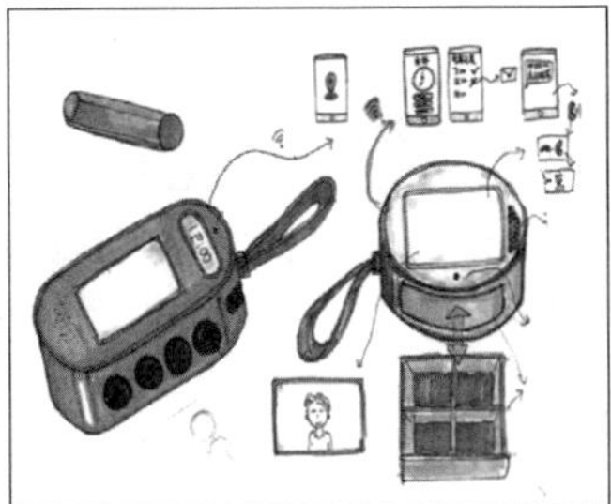

续图 4.2

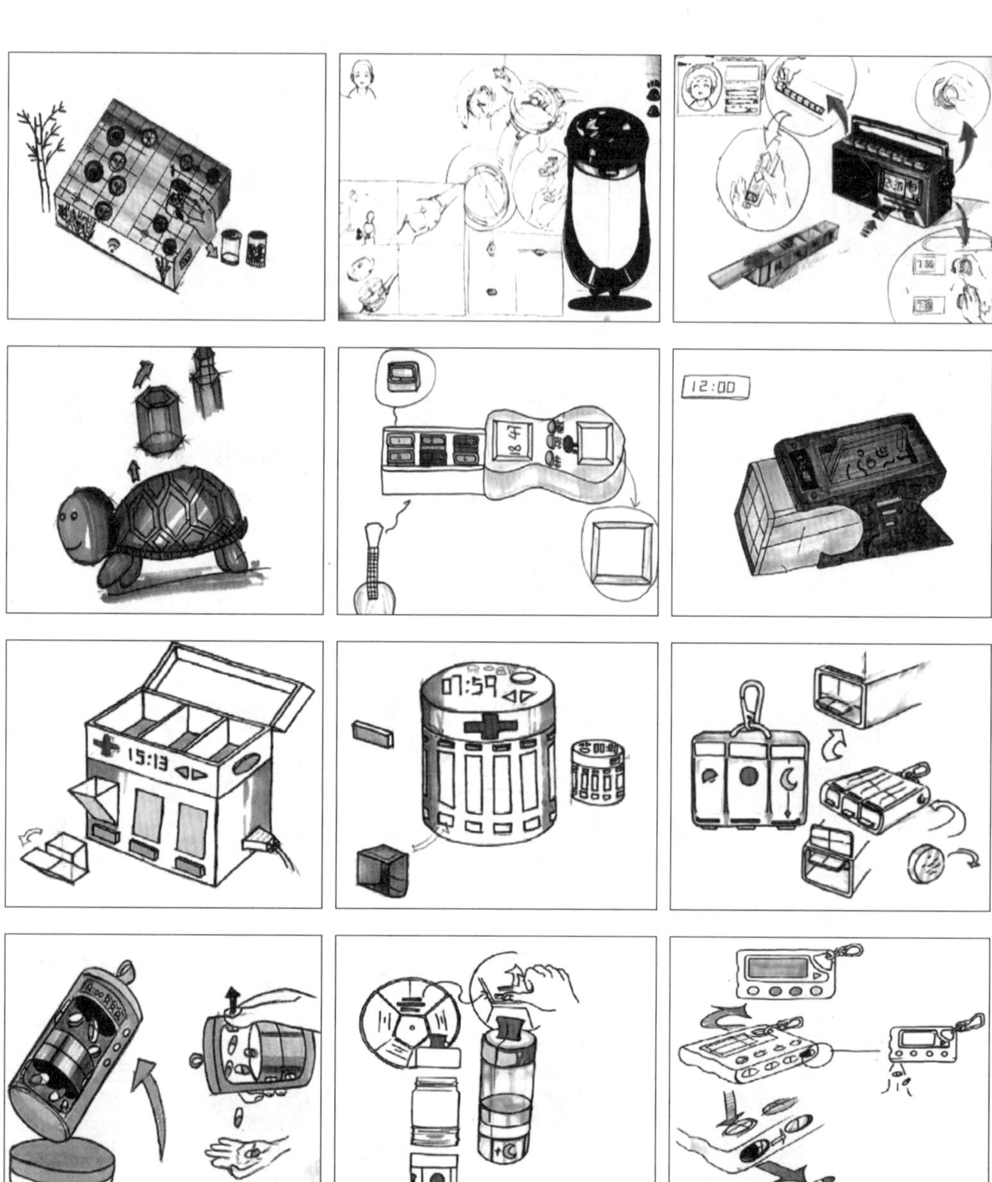

续图 4.2

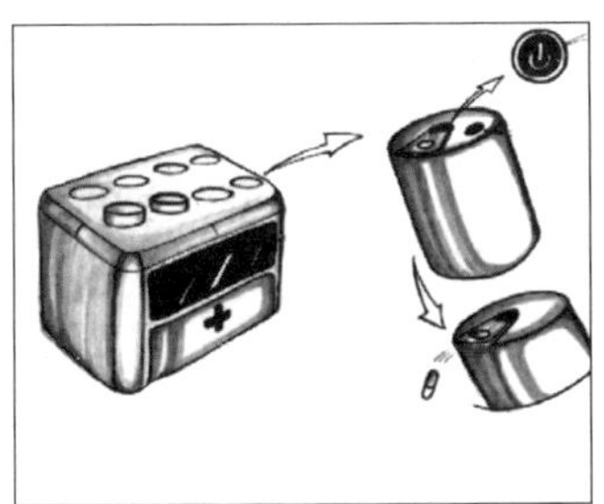

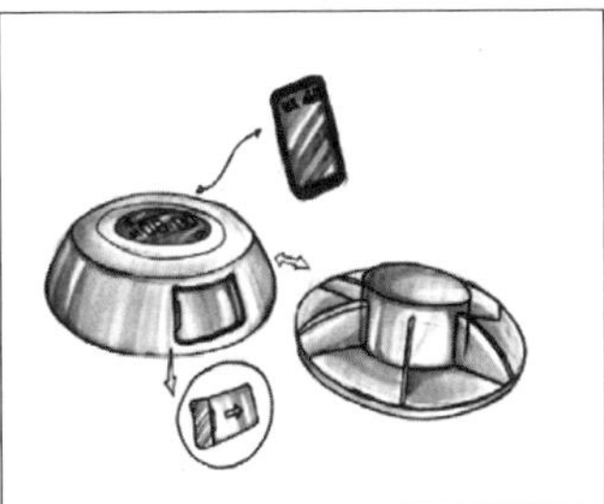

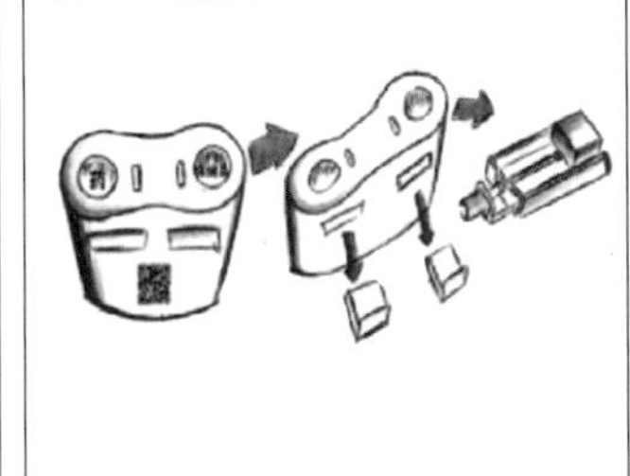

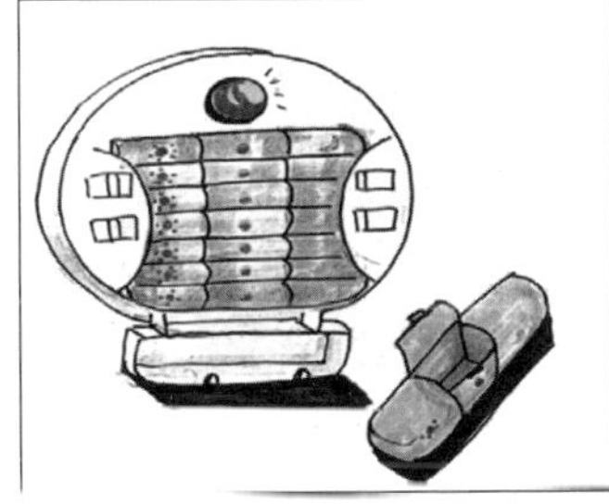

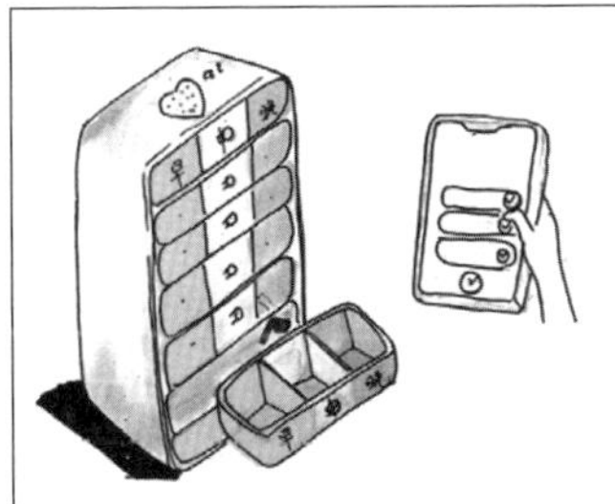

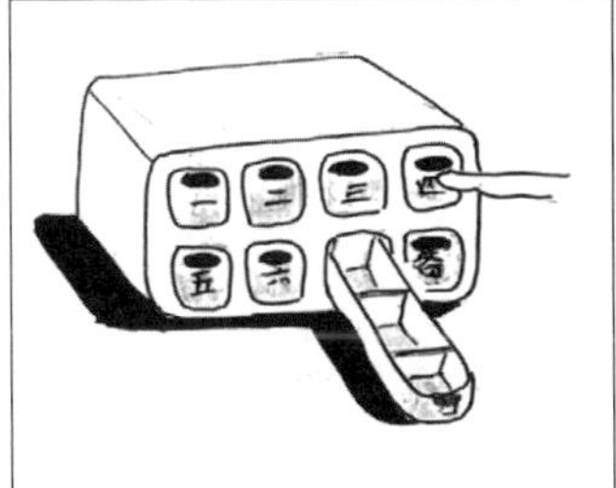

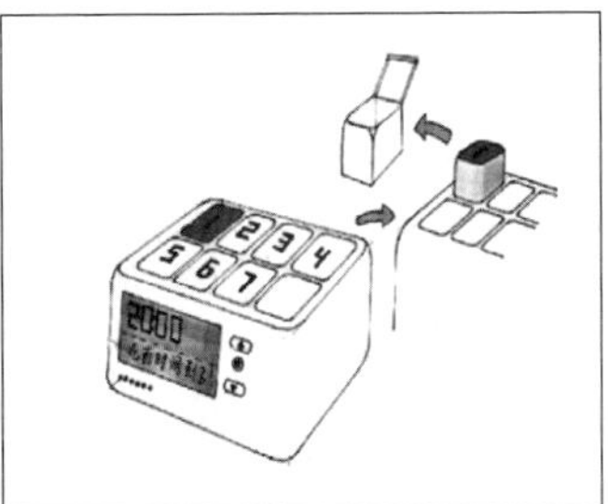

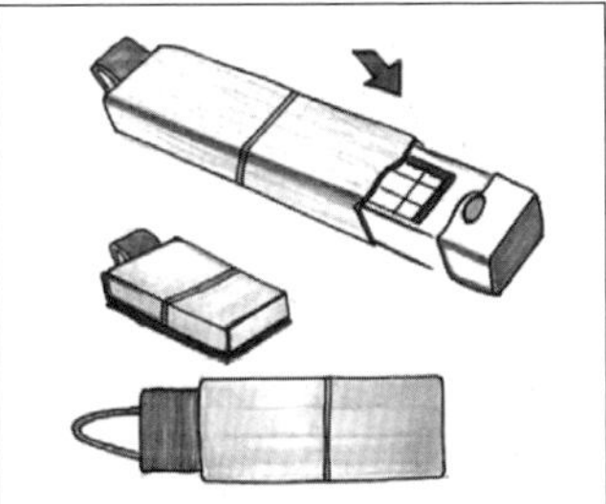

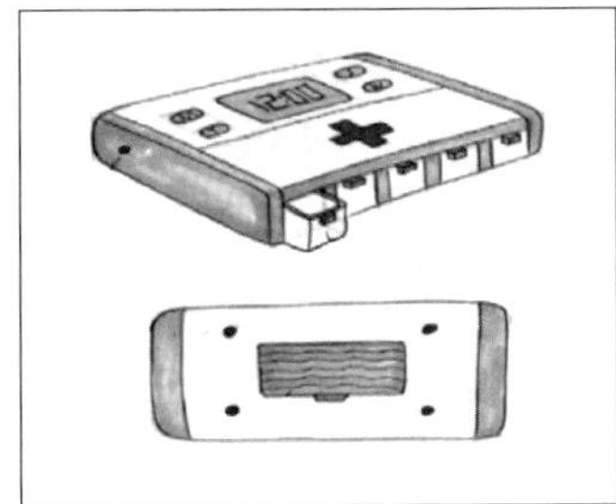

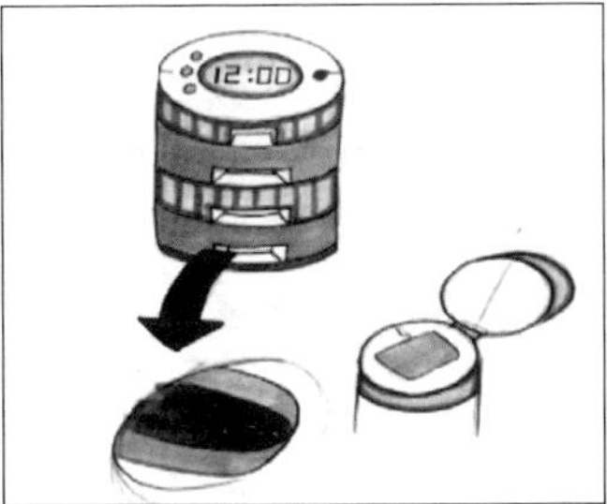

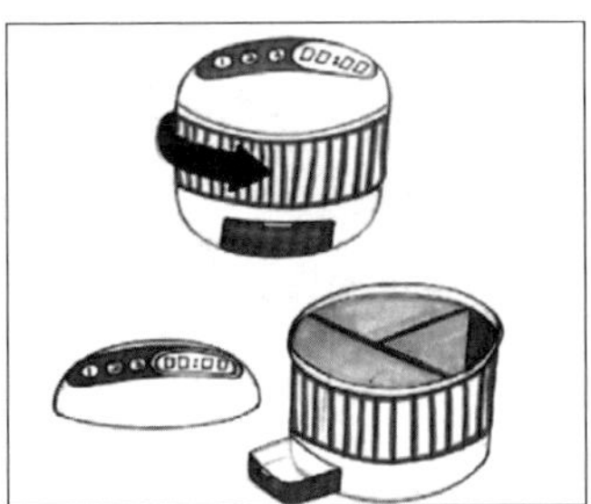

续图 4.2

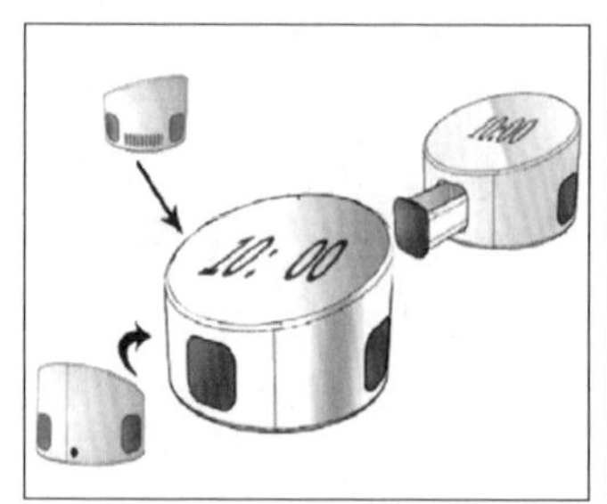

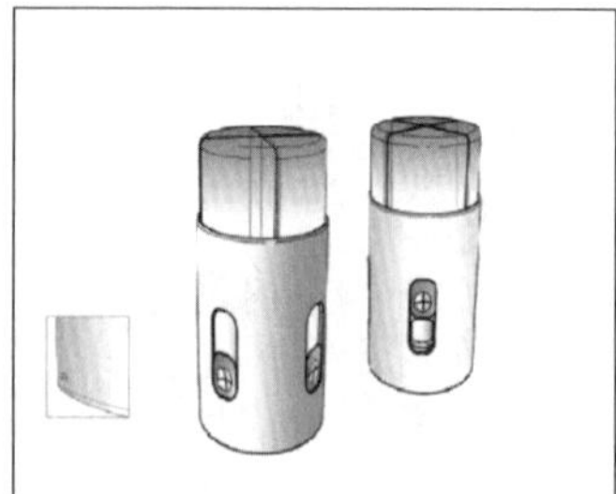
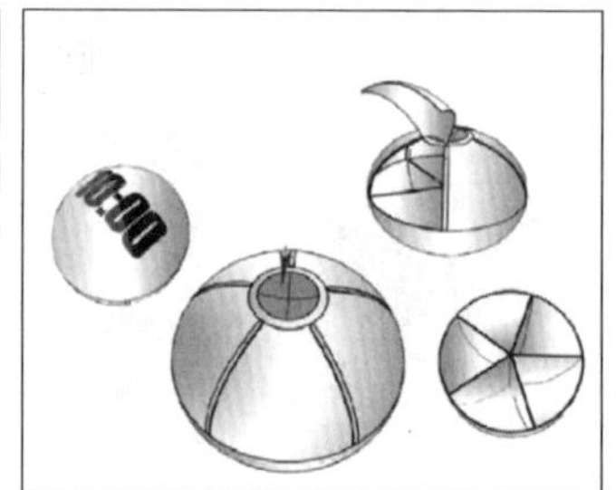

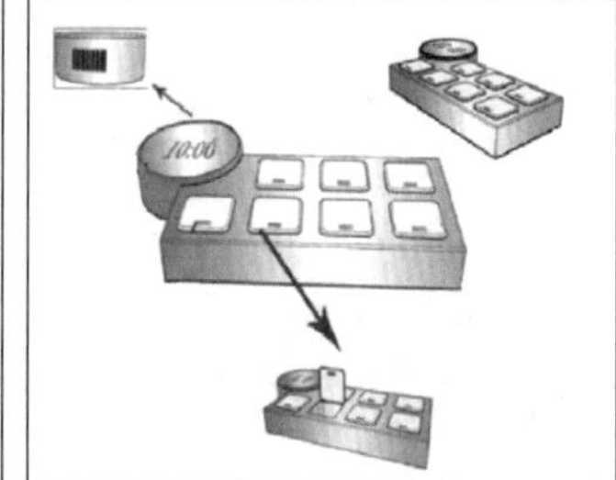

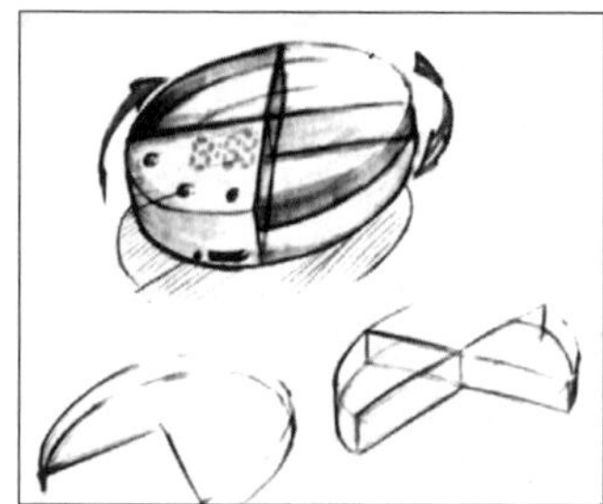
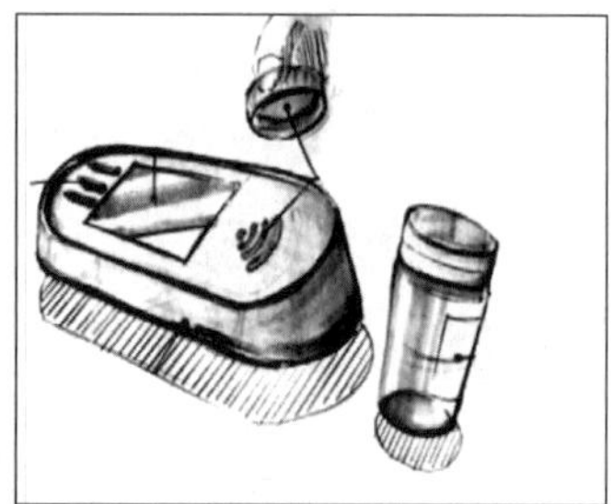
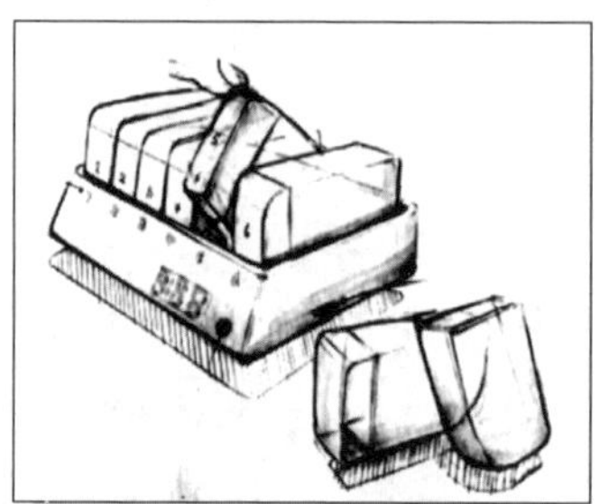
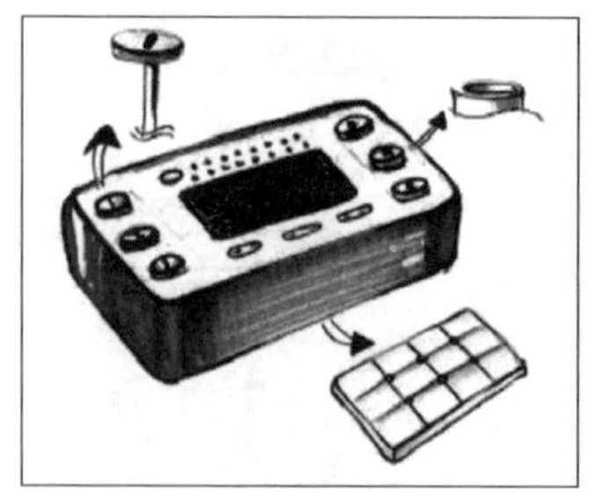
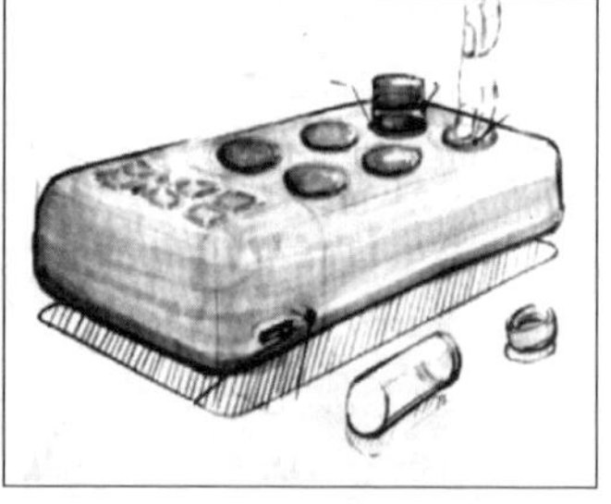

续图 4.2

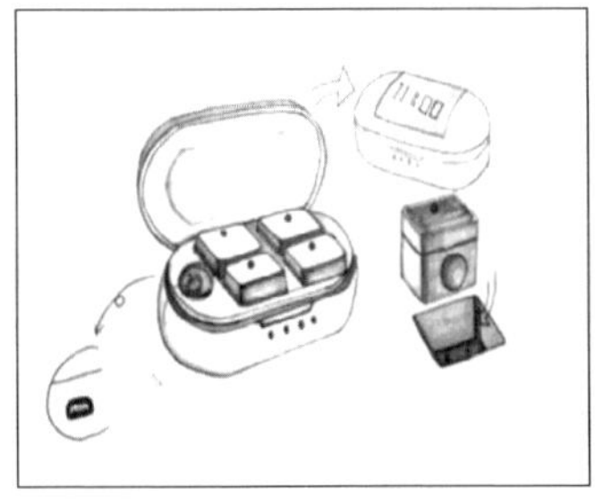

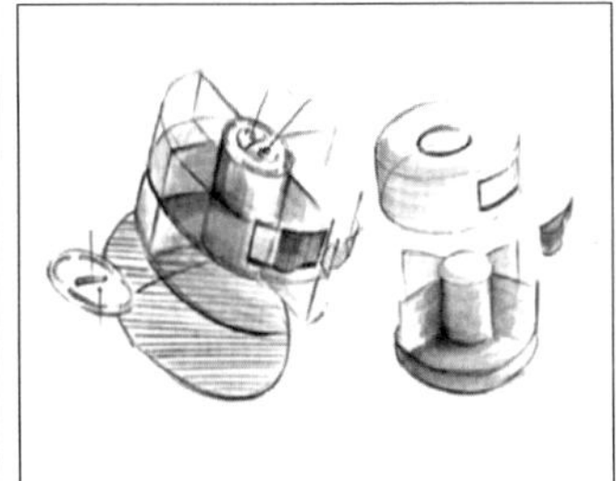

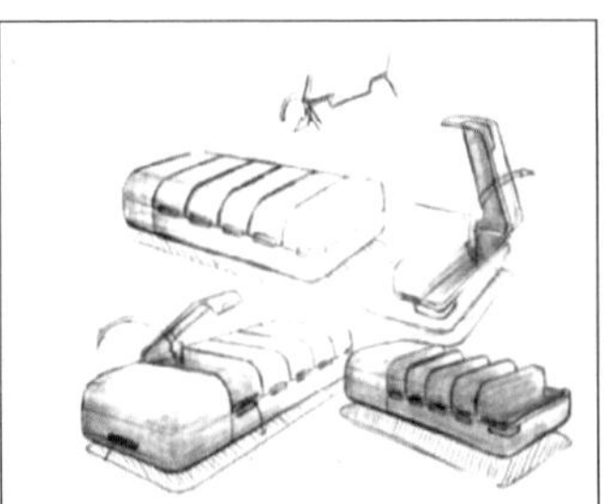

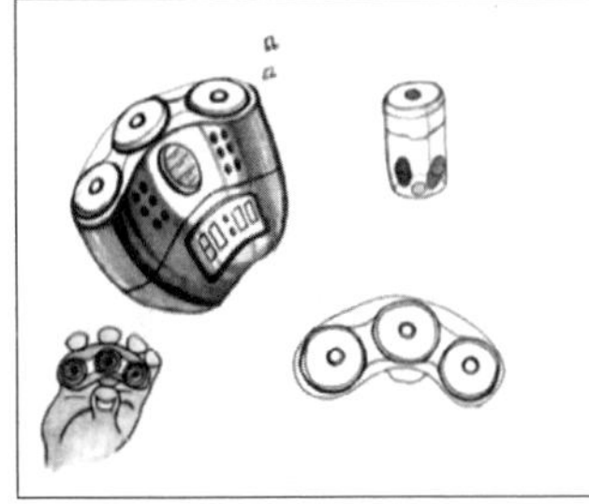

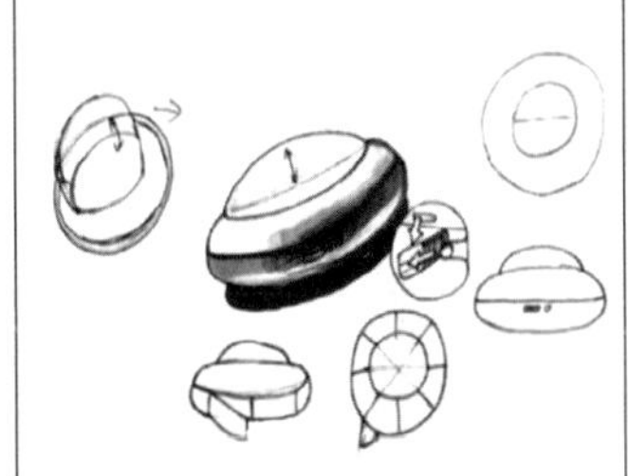

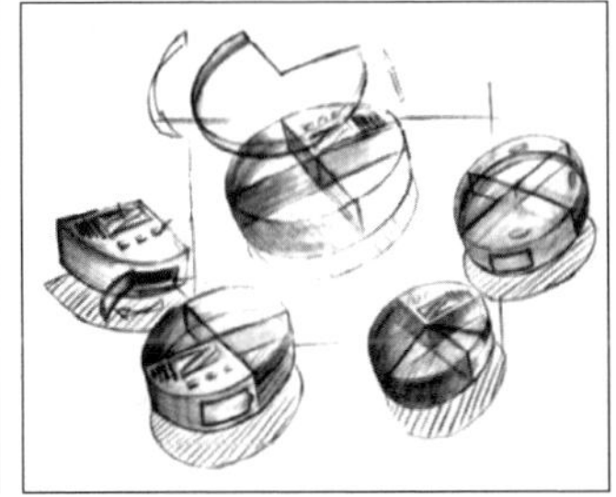

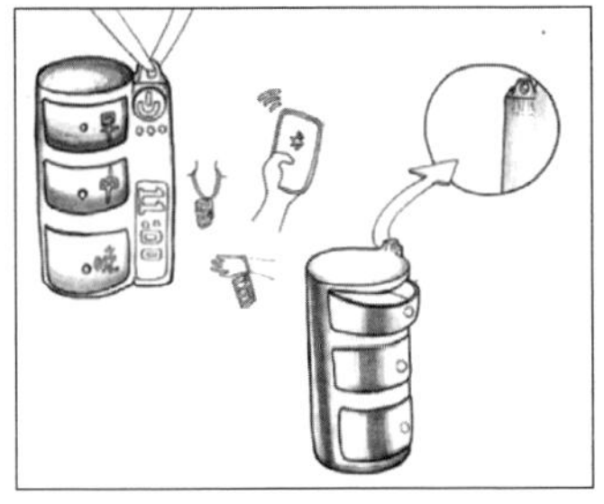

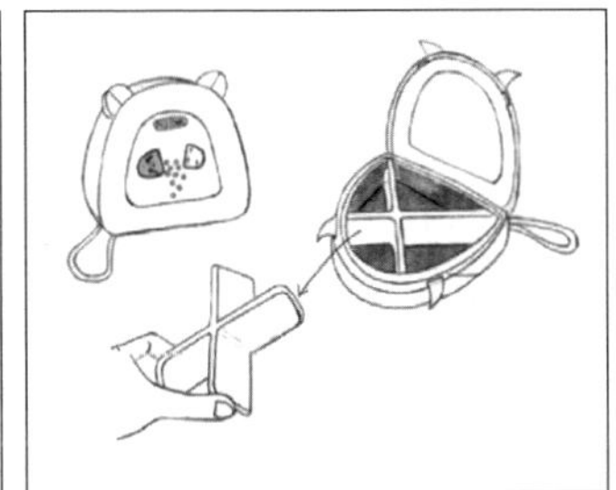

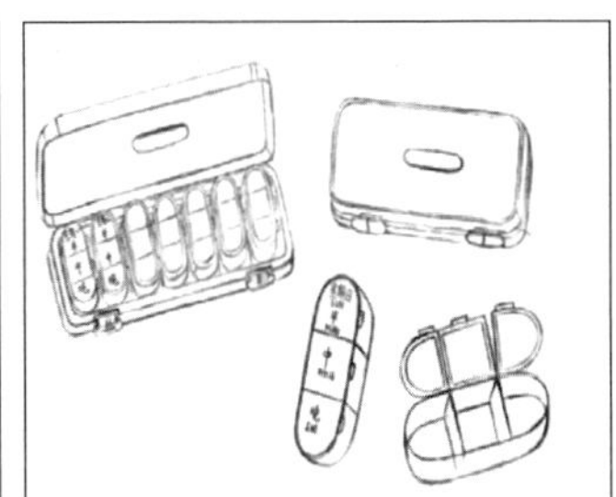

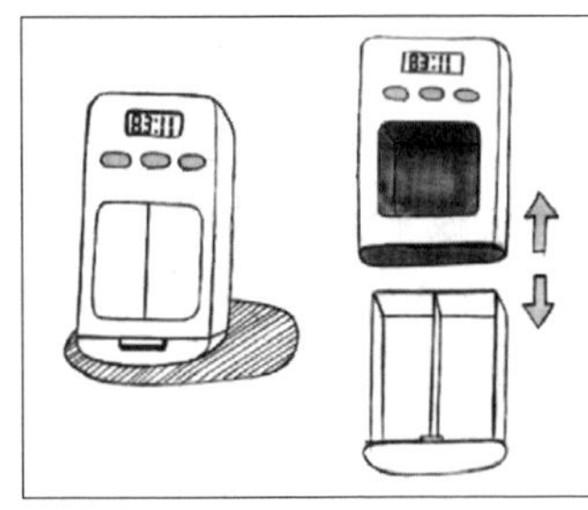

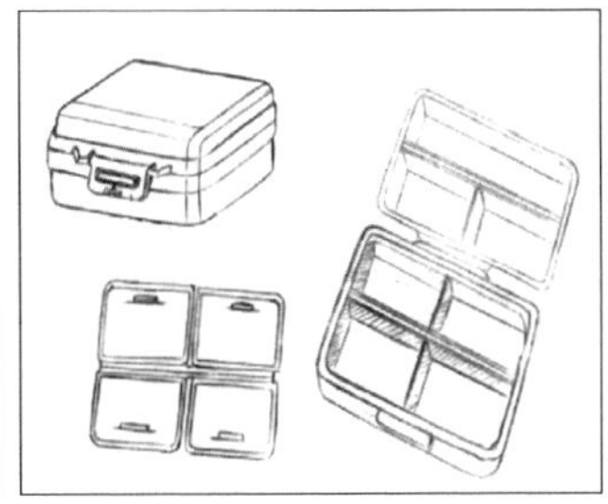

续图 4.2

4.2 智能药盒草案的评估与定稿

1. 基于“实用性+易用性”的智能药盒草案评估要义

智能药盒草案的评估与定稿是一项系统工程，涉及设计确认、功能验证、用户测试、迭代设计、文档完善和最终审查等多项流程。评估标准包括但不限于合法性、易用性、可访问性、情感满意度、商业价值等。在实际操作过程中，需要重点基于“实用性+易用性”，进行智能药盒草案的全面评估。

（1）法规的遵从性。

首先要评估的便是智能药盒草案的设计和功能是否符合医疗设备相关法规和标准要求。比如，智能药盒包含的软件组件，是否符合医疗器械软件的相关规定和标准的要求；该方案涉及的后续生产，是否符合《医疗器械生产质量管理规范》的要求；病人健康数据的收集和处理，是否符合《信息安全技术　网络安全等级保护基本要求》（GB/T 22239—2019）等相关法规的要求，可否保护用户隐私和数据安全。如不符合，草案将在第一轮评估中被淘汰。

（2）情感化设计应用。

是否应用以空巢老人为中心的设计方法，进行智能药盒的功能架构、交互流程和用户界面的概念优化；是否有适合空巢老人喜好的色彩、形态、材质，以及是否简化了操作流程等；是否符合空巢老人的使用习惯和情感需求等；是否具有独特的提醒系统、数据记录、远程监控、安全锁定以及多重提醒方式等。

（3）成本效益分析。

特别需要评估智能药盒从概念草案转化为真实产品的过程中涉及的多项成本，比如研发成本（设计、原型制作、编程和初步测试费用）、材料成本（所有硬件组件，如传感器、显示器、电池、蓝牙模块等的成本）、制造成本（劳动力、设备折旧、工厂租金等费用）、运营成本（运输、仓储、客户服务和支持等费用）、营销和销售成本（广告、促销、销售团队薪酬及渠道合作伙伴佣金等费用），目的在于确保所设计的智能药盒在市场上具有竞争力。

（4）环境的适应性。

重点评估智能药盒草案创意在不同环境下的适应性，如温度、湿度等环境因素

对产品性能的真正影响。这就需要设计师在创作设计草案过程中，充分查阅资料，了解新材料、新工艺，并将之有针对性地融入智能药盒草案中。

2. 基于“可行性+可实现性”的智能药盒草案定稿

针对智能药盒草案的初次评估结果，设计者需再次投入时间和精力，进行方案的迭代创意设计，针对较为优秀的可行性草案，深入优化其细节内容，包括但不限于功能突破、结构创新等。通过改进设计方案，解决可用性问题，使其在有效时间内得到认可、定稿，最终得出可实现的最佳智能药盒方案。

基于以上先决条件，参考智能药盒产品市场调研与空巢老人用户访谈研究结论，邀请广州市大业产品设计有限公司设计总监、广东省机械研究所有限公司项目经理、广州众为科技有限公司设计主管等多位企业资深专家，共同参与智能药盒草案的评估工作。通过利用十字交叉评估方法，重点围绕“和谐、实用、加工、成本”等产品指标因子，对部分智能药盒草案进行深度评估与评价，并有针对性地选择较为突出、具备商业转化价值的优质草案。

后期将分批进行智能药盒草案设计与评估，为的是能够深入挖掘该类产品的情感化设计因子。严谨务实的评估工作，既保证了评估过程的公平公正，也大大提高了智能药盒草案的适用性和价值转化的可实现性。

3. 智能药盒定稿版创意草案的细节展示

针对校企协同评估选出的智能药盒草案，进行相关细节打磨。8 个定稿的智能药盒创意草案如图 4.3 所示。

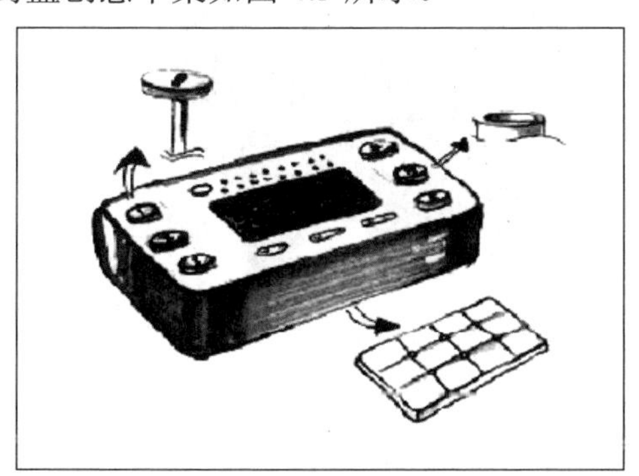
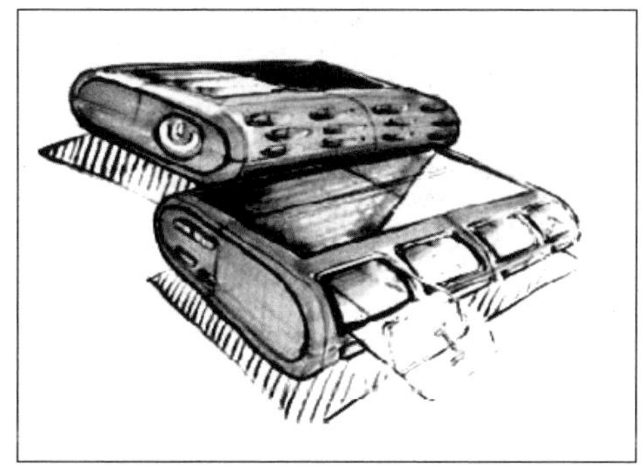

图 4.3　8 个定稿的智能药盒创意草案

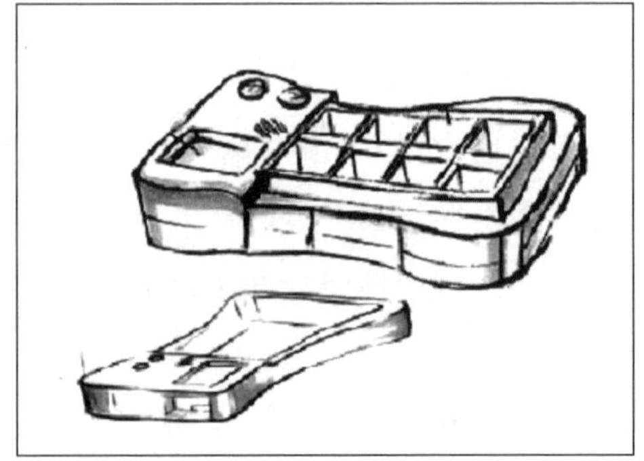

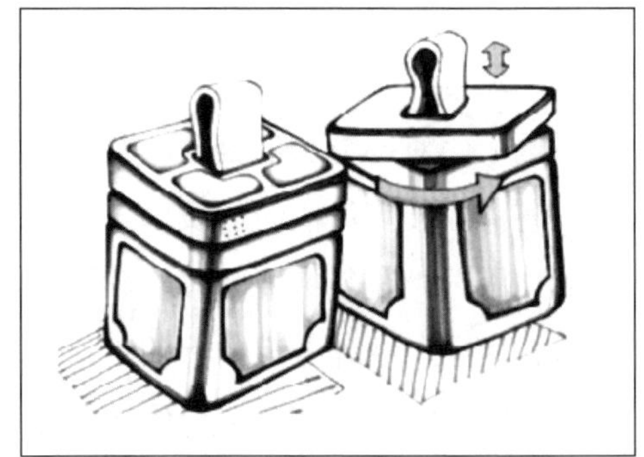

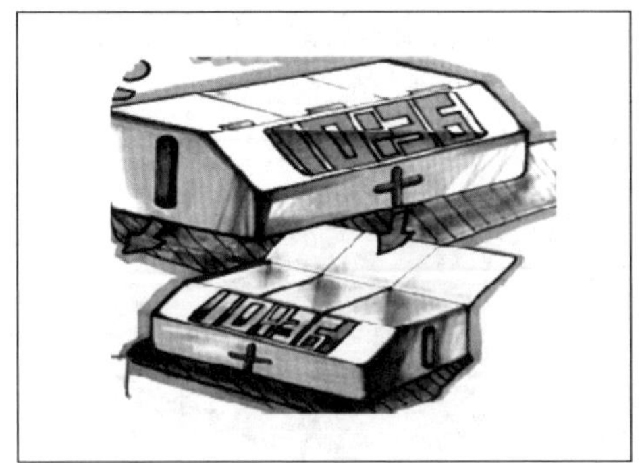

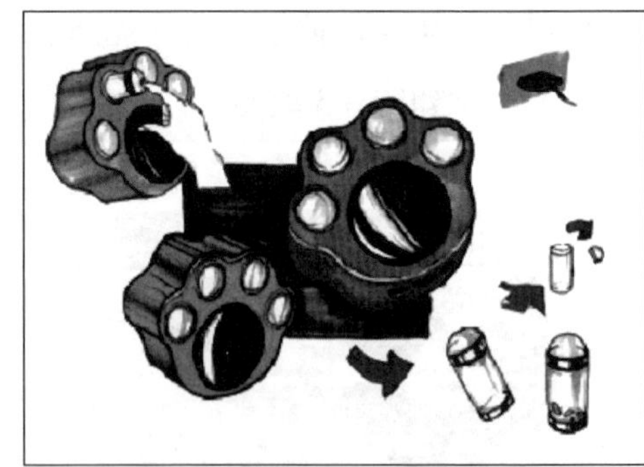

续图 4.3

4.3　智能药盒三维设计与专利申请

智能药盒的三维设计与专利申请，与草案评估和定稿一样，是一项较为复杂而又重要的过程，涉及创意的三维实现、技术的敲定以及知识产权的保护，目的在于确保智能药盒设计的创新性和专利的可执行性。

1. 辅助智能药盒产品检测的三维设计

智能药盒三维模型作为质量控制的标准，能够确保每个生产环节都符合设计要求。一是确保智能药盒的各个部件精确配合，提高药品分拣的准确性；二是在生产前须预测和测试用户体验，确保智能药盒各项指标的合理性；三是减少实际生产中的材料浪费和返工，从而降低成本；四是帮助潜在消费群体更好地理解产品功能和优势。

因此，在该项工作实施过程中，需要综合考虑用户体验以及智能药盒的功能性、美观性、安全性和可制造性，并基于企业结构设计师、材料工艺设计帅的深度指导，利用专业的三维建模软件，如 Rhino、SolidWorks、Fusion 360 等，确保智能药盒的各个组件结构准确配合，然后进行必要的模拟分析，如装配干涉检查、应力分析等，确保设计的可靠性和实用性。同时，还需考虑智能药盒产品不同结构的材料选择、生产工艺和成本控制技巧等。

与此同时，为了实现产品的软硬件匹配，还需要向交互设计工程师虚心请教，对硬件（如传感器、微控制器等）和软件（如嵌入式系统、手机端移动应用等）的相关零部件进行虚拟设计，以使产品整体能在三维软件中协同工作。

2. 保护智能药盒设计方案的专利申请

对智能药盒进行专利申请的核心目的，一是保护智能药盒的设计理念、技术方案和产品结构等创新成果不被他人抄袭或仿冒；二是增强自身在市场中的竞争力，通过法律手段防止竞争对手的侵权行为，确保所研发的智能药盒的市场份额和利润；三是将专利作为技术合作、技术转让的依据，有助于技术的实施和转化，推动科技成果的产业化。

在进行智能药盒专利申请时，也需咨询相关律师，结合产品的技术复杂程度，使用国家知识产权局的专利检索系统或其他在线专利数据库，进行相关技术的全面检索，明确申请类型（比如发明专利、实用新型专利或外观设计专利），并有针对性地准备详细的智能药盒设计说明书、设计图纸和技术申请书，目的在于确保智能药盒设计的独创性和专利保护范围，避免与现有技术冲突。

综上所述，基于 8 个选中的智能药盒优质草案，在企业资深设计师、工程师的指导和帮助下，完成了对应产品的三维虚拟模型构建任务，并进行了材质渲染，输出了产品图片素材，包括透视及前、后、顶、底、左、右等视图；撰写并完善了产品技术说明，成功获得 2 项实用新型专利和 8 项外观设计专利授权。通过智能药盒三维设计与专利申请，及时保护了研究成果，为推动专利技术商业转化奠定了坚实基础。

3. 获得国家专利的智能药盒相关细节展示

智能药盒选中草案、三维虚拟模型、细节展示、设计说明和知识产权等细节见表 4.1。

表 4.1　智能药盒选中草案等细节

<table>
<tr><th rowspan="2">序号</th><th colspan="3">设计情况</th></tr>
<tr><th>选中草案</th><th>三维虚拟模型</th><th>细节展示</th></tr>
<tr><td rowspan="3">1</td><td>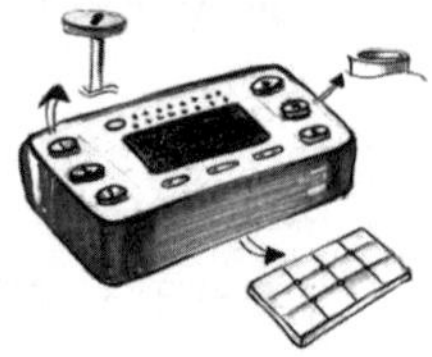</td><td></td><td>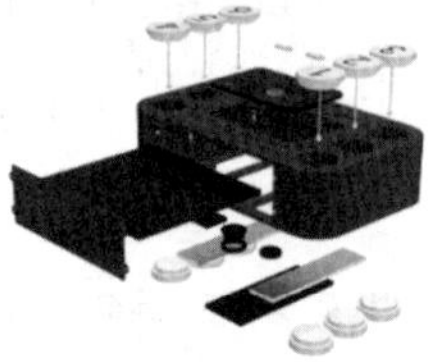</td></tr>
<tr><td colspan="3">实用新型专利授权：ZL 2023 2 0328673.4
外观设计专利授权：ZL 2023 3 0459594.2</td></tr>
<tr><td colspan="3">设计说明：药盒顶面配有大屏幕液晶显示屏、大号数字按钮、大面积发声孔，消除视听障碍病人的用药困扰；具音量调节按钮、显示屏开关按钮、柔光灯开关按钮，辅助用户白天/黑夜高效用药。6 格药仓与药盒连为一体，且上下端分别设计凸起的双磁性盖，封住药仓口，保障药盒 180° 自由吸附。顶端磁性盖结构为螺旋式，与药勺融为一体，节约结构空间并使药品不受污染。底面设计太阳能板，与药盒 USB 充电电池交互使用，保障底面两盏柔光灯的照明以及智能药盒的正常作业，最大限度地满足空巢老人 24 h 用药需求以及情感慰藉诉求</td></tr>
</table>

续表 4.1

<table>
<tr><th rowspan="2">序号</th><th colspan="3">设计情况</th></tr>
<tr><th>选中草案</th><th>三维虚拟模型</th><th>细节展示</th></tr>
<tr><td rowspan="3">2</td><td colspan="3">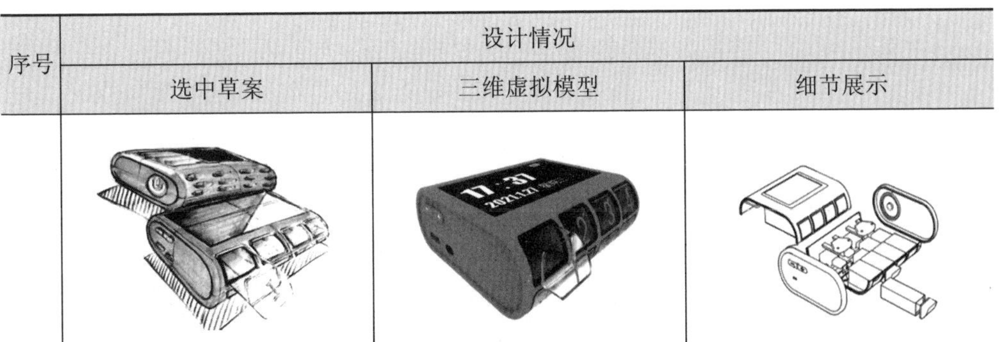</td></tr>
<tr><td colspan="3">实用新型专利授权：ZL 2021 2 1582092.0
外观设计专利授权：ZL 2021 3 0079095.1</td></tr>
<tr><td colspan="3">设计说明：该产品应用医药级高密聚合物材质，包括大型数字显示屏、指示灯、开关按钮、USB 充电口、药盒盒体、4 格独立药仓和卡扣装置等结构细节。同时，设计小程序提供智能化功能，支持用药记录、亲人远程设置、视/听/触觉三重用药提示、蜂鸣器发声、小程序配套记录相关参数。其中，盒体侧边设置多个空腔和多个与空腔相通的第一开口，药仓穿过第一开口置于空腔内并可相对第一开口进出移动，卡扣装置安装在盒体内，在外力作用下与药仓卸离，可以将药仓从空腔内完全取出，方便空巢老人存取药品。外观采用橙色，满足空巢老人群体的色彩喜好，寓意健康、暖心</td></tr>
<tr><td rowspan="3">3</td><td></td><td></td><td>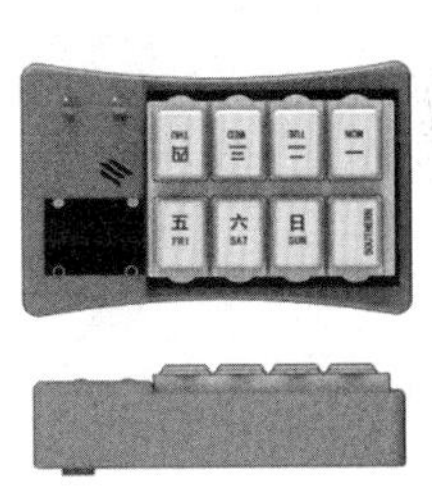</td></tr>
<tr><td colspan="3">外观设计专利授权：ZL 2022 3 0470713.X</td></tr>
<tr><td colspan="3">设计说明：该产品应用医药级高密聚合物材质，配套微信小程序，具数字显示屏，8 格翻盖式小药仓结构，具有用药信息反馈、SOS 紧急呼救及自主排气等特色功能，保障药品不受潮与空巢老人用药健康。同时设计 USB 接口充电模式，保障智能药盒长时间蓄电，方便随时随地用药</td></tr>
</table>

续表 4.1

序号	设计情况		
	选中草案	三维虚拟模型	细节展示
4			
	外观设计专利授权：ZL 2022 3 0048775.1		
	设计说明：该产品应用医药级高密聚合物材质，具 LED 数字显示屏，6 格药仓空间，同时将药仓设计为磁吸式可抽拉式，防止药仓被误打开。具语音/震动/灯光三重提醒功能，方便空巢老人查看记录、灵活取药和存药操作，适用于家居环境。右侧设计水杯底座，将药品、水杯归类放置，体现情感化设计的人文关怀		
5			
	外观设计专利授权：ZL 2022 3 0347988.4		
	设计说明：该产品应用医药级高密聚合物材质，配套智能软件使用，数字显示屏提供智能提醒，3 格药仓，具有时间显示、用药语音播报、亮灯照明等智能化功能，蜂鸣器发声。产品颜色方面，大胆尝试绿色环保色，象征生命活力，寓意恢复健康。产品体积小巧，方便空巢老人外出携带		

续表 4.1

<table>
<tr><th rowspan="2">序号</th><th colspan="3">设计情况</th></tr>
<tr><th>选中草案</th><th>三维虚拟模型</th><th>细节展示</th></tr>
<tr><td rowspan="3">6</td><td></td><td></td><td></td></tr>
<tr><td colspan="3">外观设计专利授权：ZL 2022 3 0348508.6</td></tr>
<tr><td colspan="3">设计说明：该产品将电子闹钟、提醒服药、紧急呼救、语音通话、水杯功能融为一体。顶端由 4 块小型显示屏组成，具有电话联络、服药邮件推送、闹钟提醒等智能化功能，中间区域设计为储药空间，最下方为水杯，空巢老人喝水和服药两不误。顶端设有提手，不仅方便携带，且使空巢老人用药更加便捷</td></tr>
<tr><td rowspan="3">7</td><td>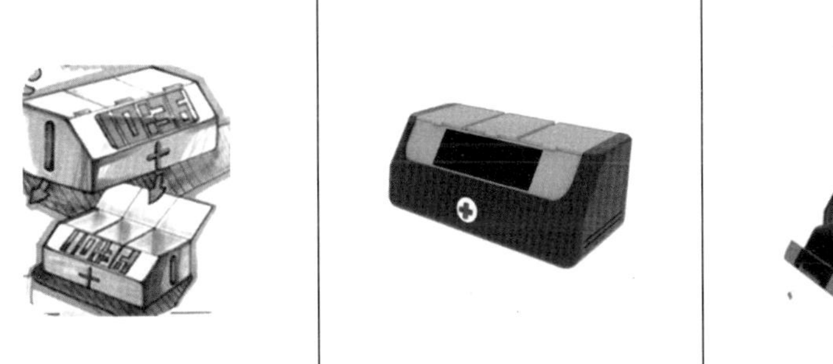</td><td></td><td></td></tr>
<tr><td colspan="3">外观设计专利授权：ZL 2022 3 0348507.1</td></tr>
<tr><td colspan="3">设计说明：该产品应用医药级高密聚合物材质，突破传统智能药盒小型体积结构，将内部药仓设置为大型空间，方便存储多类药品，同时该产品配套家用版药盒功能，可用手机软件智能化操作控制，具备远程编辑和提醒用药功能。USB 充电续航，使得空巢老人用药方便快捷，减轻病痛感，抚慰悲伤情绪</td></tr>
</table>

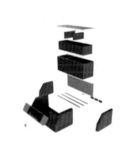

续表 4.1

序号	设计情况		
	选中草案	三维虚拟模型	细节展示
8	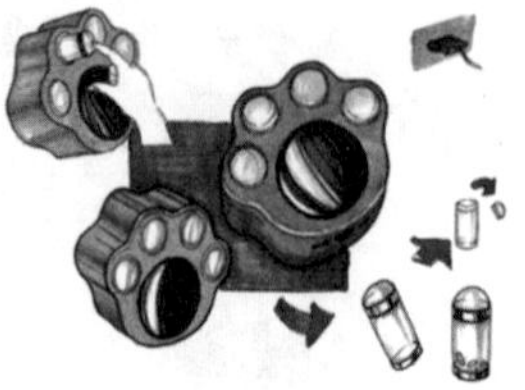		
	外观设计专利授权：ZL 2022 3 0347990.1		
	设计说明：该产品应用医药级高密聚合物材质，打破传统的几何造型，利用形态仿生设计方法，选取造型独特的卡通形象进行智能药盒的创新设计实践，舒缓空巢老人用药过程的难受、孤独、失落、思念亲人等负面情绪。数字显示屏智能提醒用药，具备时间显示。USB 接口充电保持 24 h 蓄电。语音/震动/灯光三重提醒功能，最大限度地保障空巢老人随时随地用药		

第5章　智能药盒情感化交互设计与验证

智能药盒的情感化设计方案能否从概念创意走向真正的商业市场，“交互设计与验证”至关重要。一方面需要完成相应的软硬件交互设计，并应用虚拟仿真等相关技术对智能药盒交互功能的实现进行测试；另一方面则是要完成药盒实体模型的加工制作，通过语义差异法、用户体验法等方法，进行情感化与可用性测试。

本章重点围绕智能药盒关联小程序设计、硬件开发与调试、3D实体模型加工制作、3D成品验证与用户反馈等展开，确保最终产品真正满足空巢老人的用药需求和心理情感诉求，缩短产品开发周期，并提高产品后期投入市场成功率。

本章内容思维导图如图5.1所示。

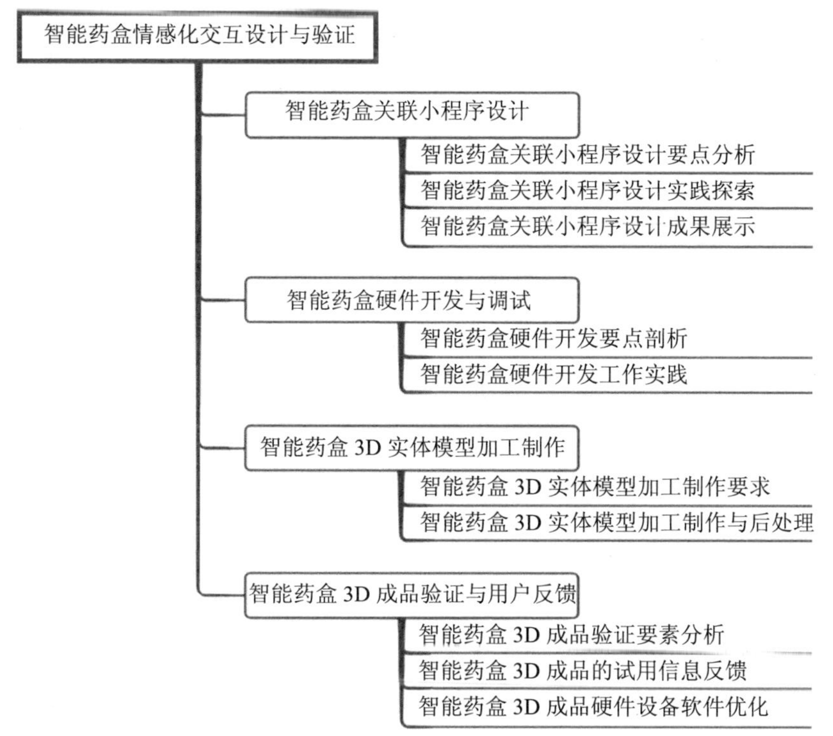

图5.1　本章内容思维导图

5.1　智能药盒关联小程序设计

1. 智能药盒关联小程序设计要点分析

在设计开发智能药盒的关联小程序时，需要基于空巢老人的友好体验，重点关注该类关联小程序的功能、安全、便捷等保障因素。

（1）智能药盒关联小程序的功能保障。

设计师首先要考虑的便是智能药盒关联小程序的功能保障。在小程序语言设计过程中，一是保证智能药盒能够记录药品名称、规格、剂量和用法等核心信息；二是具备向病人发送服药实时提醒信息的功能，并精确计时以确保病人按时服药，不会漏服或错服药品；三是能与智能手机连接，通过小程序进行远程控制和数据同步，确保用户在小程序中的操作能够及时反馈到药盒。

（2）智能药盒关联小程序的安全保障。

智能药盒关联小程序的安全保障，对空巢老人而言是至关重要的，其将直接保障空巢老人独立用药过程的安全。一要考虑提供清晰的隐私政策和用户协议，明确告知直接用户或间接用户小程序在数据安全方面的使用情况，并获取用户同意；二要考虑设计安全的用户认证机制，加密用户数据，确保隐私安全；三要考虑设置密码锁或指纹识别功能，避免儿童或宠物误触或误服药品等。

（3）智能药盒关联小程序的便捷保障。

智能药盒关联小程序的便捷保障体现在用户界面的操作便利、语音提示的便利、配送药品的便利。一是直观的用户界面，简化添加药品、设置提醒等操作流程，保证空巢老人通过几个简单的步骤便能完成药品录入和服药时间设置；二是针对视力不佳或操作智能手机有困难的空巢老人，需提供语音提示，利用文字转语音（text to speech，TTS）等类似技术将服药信息转化为语音输出，使用户无须查看屏幕即可获取服药提醒；三是探索小程序与药品配送服务相结合，帮助空巢老人或子女直接通过小程序订购药品，药品直接配送到家，减少空巢老人外出购药的不便。

2. 智能药盒关联小程序设计实践探索

为解决传统智能药盒在关键软硬件交互功能模式中存在的问题，使产品在空巢老人与远方亲人之间架起一座关爱之桥，解决空巢老人情感缺失的源头问题，本书尝试利用类比 web 语言（HTML+CSS+JS）、Spring boot 框架及 MySQL 数据库等市场主流软件编程技术，完成智能药盒新产品的前端设计和后端开发（图 5.2）。基于手机微信移动端，自主开发智能医疗药盒管理小程序，尝试转变传统智能化操作中的用户角色，实现“用药设置”“提醒用药”“用药记录”等软硬件智能化交互的可行性与有效性。

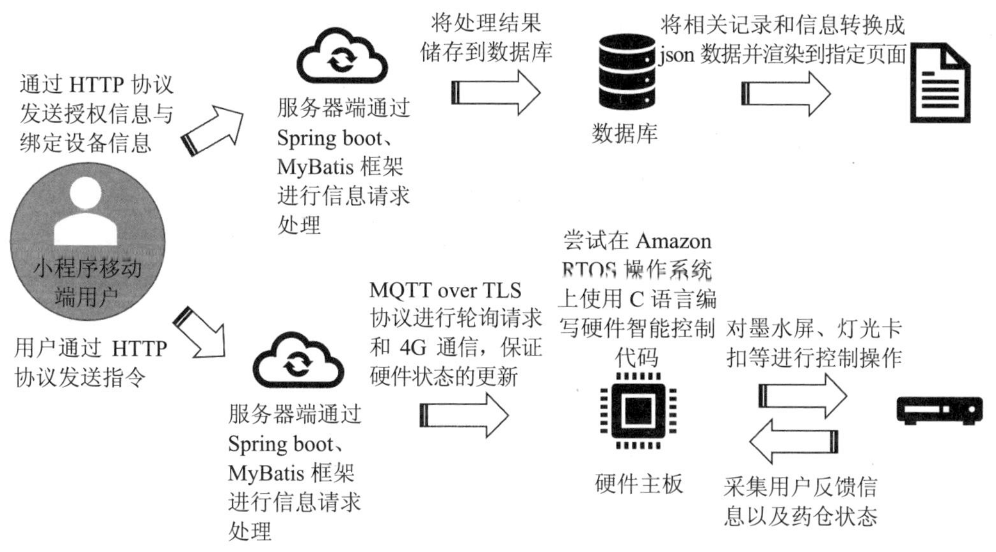

图 5.2　智能药盒被选中方案之一的软硬件交互核心技术原理图

（1）信息的存储。

通过 HTTP 协议发送授权信息与绑定设备信息，由服务器端通过 Spring boot、MyBatis 框架进行信息请求处理，并将处理结果储存到数据库，最后将相关记录和信息转换成 json 数据并渲染到指定页面。

（2）信息的采集。

用户通过 HTTP 协议发送指令，服务器端通过 Spring boot、MyBatis 框架进行信息请求处理，MQTT over TLS 协议进行轮询请求和 4G 通信，保证硬件状态的更新，尝试在 Amazon RTOS 操作系统上使用 C 语言编写硬件智能控制代码，对墨水屏、灯光卡扣等进行控制操作，最后采集用户反馈信息以及药仓状态至硬件主板。

通过多轮测试与完善，所开发的智能药盒关联小程序实现了低功耗蓝牙设备与智能设备通信，向设备传输用户控制指令，并收集设备当前运行情况，将处理数据传输到远程服务器并在服务器完成分析，便于数据基于手机移动终端设备的可视化呈现。

3. 智能药盒关联小程序设计成果展示

基于所开发的智能药盒关联小程序，作者带领团队成功申请 6 项计算机软件著作权，比如智能医疗药物管理小程序软件[简称：智能药盒]V1.0（计算机软件著作权证书号：2022SR0888710）、智能医疗药物管理设备软件[简称：智能药物]V1.0（计算机软件著作权证书号：2022SR0839230）等。其中，智能医疗药物管理小程序软件[简称：智能药盒]V1.0 使用简介见表 5.1。

表 5.1　智能医疗药物管理小程序软件[简称：智能药盒]V1.0 使用简介

项目	使用简介			
图示	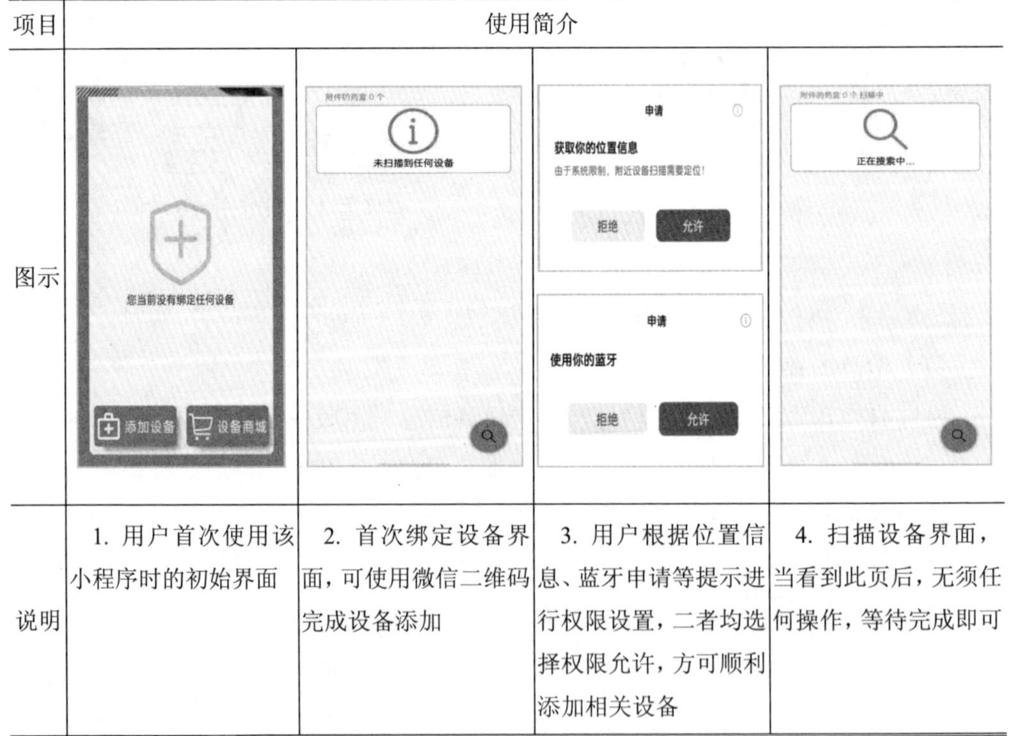			
说明	1. 用户首次使用该小程序时的初始界面	2. 首次绑定设备界面，可使用微信二维码完成设备添加	3. 用户根据位置信息、蓝牙申请等提示进行权限设置，二者均选择权限允许，方可顺利添加相关设备	4. 扫描设备界面，当看到此页后，无须任何操作，等待完成即可

续表 5.1

项目	使用简介			
图示				
说明	5 手机扫描完成后，用户根据显示结果，与需要相连接的设备进行确认	6. 当相关设备连接完成后，将显示主界面，等待用户进一步完成相应操作	7. 设备绑定后，显示“计划设定”按钮，点击后，将出现引导式新增计划页界面	8. 以“单次计划”设置为例，用户可以按步骤选择指定任务时间和指令完成动作
图示		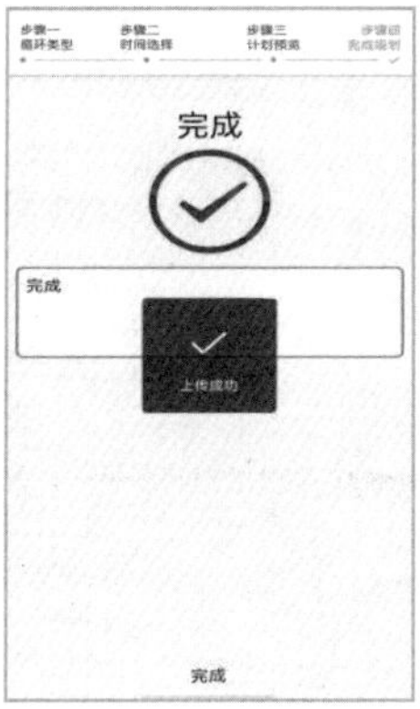		
说明	9. 完成相关指令编辑后，点击“下一步”，将看到初步的计划预览界面	10. 在计划预览检查无误后，点击“下一步”，将任务直接上传至云端存储即可	11. 在绑定设备后，可以在主页面点击“设备管理”查看此页，也可通过此界面进行相关信息修改	12. “周期计划”设置与“单次计划”设置类似，完成“单次计划”设置后，可继续设置“周期计划”内容

智能医疗药物管理小程序软件[简称：智能药盒]V1.0（计算机软件著作权证书号：2022SR0888710）的源代码如下：

```
const dayjs = require('dayjs')

const CycleType = {
  Single: 0,
  Day: 1,
  Week: 2,
  Month: 3,
  Season: 4,
  Year: 5,
}

const OverCycleType = {
  TargetDate: 0,
  Times: 1,
  DayTimes: 2,
  WeekTimes: 3,
  MonthTimes: 4,
  SeasonTimes: 5,
  YearTimes: 6,
}

/**
 * 通过循环类型获取可读文字
 * @param {Number} cycleType 循环类型
 */
function getCycleTypeString(cycleType) {
  switch (cycleType) {
```

```
    case CycleType.Single:
      return '次';
    case CycleType.Day:
      return '天';
    case CycleType.Week:
      return '周';
    case CycleType.Month:
      return '月';
    case CycleType.Season:
      return '季度';
    case CycleType.Year:
      return '年';
  }
}

function getOffsetTime(cycleType, cycleOffset, enumCurrentOffset) {
  let offset
  switch (cycleType) {
    case CycleType.Day:
      offset = 86400000
      break;
    case CycleType.Week:
      offset = 604800000
      break;
    case CycleType.Month:
      offset = 2419200000
      break;
    case CycleType.Season:
      offset = 7257600000
```

```
            break;
        case CycleType.Year:
            offset = 29030400000
            brcak;
    }
    return (offset * cycleOffset) * enumCurrentOffset
}

/**
 * 获取结束时间戳
 * @param {Number} overCycleType 结束周期类型(2 按天数、3 按周数、4 按月数、5 按季度数、6 按年数)
 * @param {Number} overCycleData 结束周期次数
 * @returns {Number} 结束时间戳
 */
function getOverDateLimit(startTime, overCycleType, overCycleData) {
    let Types = ''
    switch (overCycleType) {
        case OverCycleType.DayTimes:
            Types = 'd'
            break;
        case OverCycleType.WeekTimes:
            Types = 'w'
            break;
        case OverCycleType.MonthTimes:
            Types = 'M'
            break;
        case OverCycleType.SeasonTimes:
            Types = 'M'
```

```
            overCycleData *= 3
            break;
        case OverCycleType.YearTimes:
            Types = 'y'
            break;
    }
    return dayjs(startTime).add(overCycleData, Types).valueOf()
}

/**
 * 获取偏移后时间戳
 * @param {Number} cycleType 偏移时间类型(2 按天数、3 按周数、4 按月数、5 按季度数、6 按年数)
 * @param {Number} cycleData 偏移时间数量
 * @returns {Number} 偏移后时间戳
 */
function getCycleTypeOffsetTime(startTime, cycleType, cycleTimes, enumCurrentOffset) {
    let Types = ''
    switch (cycleType) {
        case CycleType.Day:
            Types = 'd'
            break;
        case CycleType.Week:
            Types = 'w'
            break;
        case CycleType.Month:
            Types = 'M'
            break;
        case CycleType.Season:
```

```
        Types = 'M'
        cycleTimes *= 3
        break;
      case CycleType.Year:
        Types = 'y'
        break;
    }
    return dayjs(startTime).add(cycleTimes * enumCurrentOffset, Types).valueOf()
  }

  /**
   * 预览周期计划
   * @param {Date} startDate 计划开始日期
   * @param {Number} startTime 计划开始时间(s)
   * @param {Number} cycleType 周期类型(0 按单次、1 按每日、2 按每周、3 按每月、4 按每季度、5 按每年)
   * @param {Number} cycleTimes 周期间隔数量
   * @param {Array} cycleOffset 周期内间隔时间(s)
   * @param {Number} overCycleType 结束周期类型(0 按指定日期、1 按次数、2 按天数、3 按周数、4 按月数、5 按季度数、6 按年数)
   * @param {Number} overCycleData 结束周期数字、时间戳
   * @param {Number} targetStartTime 目标开始时间
   */
  function schedule(startDate, startTime, cycleType, cycleTimes, cycleOffset, overCycleType, overCycleData, targetStartTime) {
    if (targetStartTime === null || targetStartTime === undefined) {
      targetStartTime = new Date().getTime()
    }
```

```
let scheduleResult = []
let minTimeLimit = startDate.getTime() + startTime * 1000
let maxTimeLimit = null

// 计算最终时间(未包含记次)
if (cycleType === CycleType.Single) {
  if (targetStartTime < minTimeLimit) {
    return [minTimeLimit]
  } else {
    return []
  }
} else if (overCycleType === OverCycleType.TargetDate) {
  if (overCycleData !== 0) {
    maxTimeLimit = overCycleData
  }
} else if (overCycleType !== OverCycleType.Times) {
  maxTimeLimit = getOverDateLimit(minTimeLimit, overCycleType, overCycleData);
} else if (overCycleType === OverCycleType.Times) {
  maxTimeLimit = Number.MAX_SAFE_INTEGER
}
console.log('最小时间' + new Date(minTimeLimit).toLocaleString())
console.log('目标时间' + new Date(targetStartTime).toLocaleString())
console.log('最大时间' + new Date(maxTimeLimit).toLocaleString())

// 循环周期计算
let currentOffset = 0,
  enumCurrentOffset = 0,
  limitTimes = null
```

```
if (overCycleType === OverCycleType.Times) {
  limitTimes = overCycleData
} else {
  limitTimcs = Number.MAX_SAFE_INTEGER
}

for (let t = 0; t < Number.MAX_SAFE_INTEGER; ++t) {
  if (t % cycleOffset.length === 0) {
    currentOffset = getCycleTypeOffsetTime(minTimeLimit, cycleType, cycleTimes, enumCurrentOffset++)
  }
  let point = currentOffset + (cycleOffset[t % cycleOffset.length] * 1000)
  limitTimes--
  if (point > maxTimeLimit) {
    // 达到时间终点
    break;
  } else if (point < targetStartTime) {
    // 小于开始时间
    continue;
  } else if (overCycleType === OverCycleType.Times && limitTimes < 0) {
    // 次数达到限制
    break;
  } else {
    scheduleResult.push(point);
  }
}
console.groupCollapsed('计算结果')
scheduleResult.forEach((e) => {
  console.log(new Date(e).toLocaleString())
```

```
  })
  console.groupEnd()
  console.log('数据长度' + scheduleResult.length)
  return scheduleResult
};

module.exports = {
  CycleType: CycleType,
  OverCycleType: OverCycleType,
  schedule: schedule,
  getOverDateLimit: getOverDateLimit,
  getCycleTypeString: getCycleTypeString,
}
const PlanSteps = [{
    text: '步骤一',
    desc: '循环类型'
  },
  {
    text: '步骤二',
    desc: '时间选择'
  },
  {
    text: '步骤三',
    desc: '计划预览'
  },
  {
    text: '步骤四',
    desc: '完成规划'
  },
```

```
]

const CycleTypeCols = [{
    values: [1, 2, 3, 4, 5, 6, 7, 8, 9, 10, 11, 12, 13, 14, 15, 16, 17, 18, 19, 20, 21, 22, 23, 24, 25, 26, 27, 28, 29, 30, 31]
  },
  {
    values: ['天', '周', '月', '季度', '年']
  },
]

const OverCycleTypeCols = [{
    values: [1, 2, 3, 4, 5, 6, 7, 8, 9, 10, 11, 12, 13, 14, 15, 16, 17, 18, 19, 20, 21, 22, 23, 24, 25, 26, 27, 28, 29, 30, 31]
  },
  {
    values: ['次', '天', '周', '月', '季度', '年']
  },
]

const SelectBox = ['一号药仓', '二号药仓', '三号药仓', '四号药仓', '五号药仓', '六号药仓', '七号药仓', '八号药仓']

module.exports = {
  SelectBox,
  PlanSteps,
  CycleTypeCols,
  OverCycleTypeCols,
}
```

```
var bleInitialized = false
var bleConnectDeviceId = null
var bleConnectStatus = false
var bleScanStatus = false
var bleAvailable = false
var bleDeviceConnectionFunc = null

function userDefineError(msg) {
  return {
    'userDefine': true,
    'msg': msg
  }
}

function initAdpter(success, error) {
  if (!bleInitialized) {
    wx.openBluetoothAdapter({
      success(res) {
        bleAvailable = true
        success()
      },
      fail: error,
      complete() {
        wx.onBluetoothAdapterStateChange(onListenBluetoothStateChange)
        bleInitialized = true
      }
    })
  } else {
    success()
```

```
    }
  }

  function onListenBluetoothStateChange(res) {
    bleAvailable = res.available
  }

  function bleScanDevice(seconds, onScanResult, onScanStatus, error) {
    initAdpter(() => {
      if (bleAvailable) {
        // 收集蓝牙结果
        wx.onBluetoothDeviceFound(onScanResult)

        // 开始蓝牙扫描
        wx.startBluetoothDevicesDiscovery({
          allowDuplicatesKey: false,
          success: () => {
            onScanStatus({
              scanShutdown: false
            })
            // 扫描超时时间
            setTimeout(() => {
              stopScanDevice()
              onScanStatus({
                scanShutdown: true
              })
            }, seconds * 1000)
          }
        })
```

```
        }
    }, error)
}

function stopScanDevice() {
    wx.stopBluetoothDevicesDiscovery({
        success: (res) => {
            bleScanStatus = true
        },
    })
}

function onBLEConnectionStateChange(res) {
    if (bleDeviceConnectionFunc !== null) {
        bleDeviceConnectionFunc(res.connected)
    }
    bleConnectStatus = res.connected
    if (bleConnectDeviceId !== null && !res.connected) {
        bleConnect(bleConnectDeviceId, () => {
            bleConnectStatus = true
        }, () => {})
    }
}

function bleConnect(deviceId, success, error) {
    bleConnectDeviceId = deviceId
    initAdpter(() => {
        if (!bleAvailable) {
```

```
            error(userDefineError('设备不可用'))
            return;
        }
        if (bleConnectStatus) {
            success()
        } else {
            wx.createBLEConnection({
                deviceId: deviceId,
                timeout: 5000,
                success: (res) => {
                    bleConnectStatus = true
                    wx.onBLEConnectionStateChange(onBLEConnectionStateChange)
                    success()
                },
                fail: error
            })
        }
    }, error)
}

function bleDisconnect(success, error) {
    wx.closeBLEConnection({
        deviceId: bleConnectDeviceId,
        success,
        fail: error,
        complete: () => {
            bleConnectDeviceId = null
            bleConnectStatus = false
        }
```

```
  })
}

function bleWriteToDevice(deviceId, sevriceId, characteristice, arrayBuffer, suceess, error) {
  bleConnect(deviceId, () => {
    wx.getBLEDeviceServices({
      deviceId: deviceId,
      success: () => {
        wx.getBLEDeviceCharacteristics({
          deviceId: deviceId,
          serviceId: sevriceId,
          success: () => {
            wx.writeBLECharacteristicValue({
              deviceId: deviceId,
              serviceId: sevriceId,
              characteristicId: characteristice,
              writeType: 'write',
              value: arrayBuffer,
              success: suceess,
              fail: error
            })
          },
          fail: error
        })
      },
      fail: error
    })
  })
}
```

```
function bleUnload() {
  if (bleInitialized) {
    wx.offBluetoothAdapterStateChange(() => {
      if (bleScanStatus) {
        stopScanDevice()
        wx.offBLEConnectionStateChange()
      } else if (bleConnectStatus) {
        wx.closeBLEConnection({
          deviceId: bleConnectDeviceId,
          complete: () => {
            wx.offBLEConnectionStateChange()
            wx.closeBluetoothAdapter()
          }
        })
      }
    })
  }
}

function listenConnectionChange(callback) {
  bleDeviceConnectionFunc = callback
}

module.exports = {
  bleScanDevice,
  stopScanDevice,
  bleDisconnect,
  bleWriteToDevice,
```

```
  bleUnload,
  listenConnectionChange,
}
page {
  --main-color: #1cdeab;
  --background-color: #1cdeab;
  --background-gray: #f5f5f5;
  --font-gray: #4e4949;
}
function authorize(pctx, scope, tipsTitle, tipsContent) {
  return new Promise((resolve, reject) => {
    var ctx = {
      scope,
      tipsTitle,
      tipsContent,
      resolve,
      reject
    }
    checkUserSetting(pctx, ctx)
  })
}

function checkUserSetting(pctx, ctx) {
  wx.getSetting({
    success(res) {
      if (res.authSetting[ctx.scope]) {
        ctx.resolve({success:   true, scope: ctx.scope})
        return;
      }
```

```
        // 用户权限设置里，没有授权该权限
        openAuthorizeDialog(pctx, ctx)
      }
    })
  }

  /**
   * 拉起用户首次授权窗口(微信自带授权窗口)
   */
  function openAuthorizeDialog(pctx, ctx) {
    wx.authorize({
      scope: ctx.scope,
      success(res) {
        // 微信首次授权窗口拉起成功
        ctx.resolve({success:   true, scope: ctx.scope})
      },
      fail(err) {
        // 用户曾点击拒绝，进一步引导用户
        showTipsModal(pctx, ctx)
      }
    })
  }

  // 显示提示窗口(如用户首次点击拒绝，将用此函数引导用户开启权限)
  function showTipsModal(pctx, ctx) {
    wx.showModal({
      title: ctx.tipsTitle,
      content: ctx.tipsContent,
      success(res) {
```

```
        if (res.confirm) {
          openUserSetting(pctx, ctx)
        } else {
          ctx.resolve({success:   false, scope: ctx.scope})
        }
      },
    })
}

// 打开用户微信小程序权限设置
function openUserSetting(pctx, ctx) {
  wx.openSetting({
    success(res) {
      if (res.authSetting[ctx.scope]) {
        ctx.resolve({success:   true, scope: ctx.scope})
      } else {
        ctx.resolve({success:   false, scope: ctx.scope})
      }
    },
  })
}

module.exports = {
  authorize: authorize
}
// app.js
App({
  onLaunch: function () {
    if (!wx.cloud) {
```

```
        console.error('请使用 2.2.3 或以上版本的基础库以使用云能力');
      } else {
        wx.cloud.init({
          traceUser: true,
        });
      }

      this.globalData = {
        deviceCloud: { // 云端信息
          id: null, // 设备 id
          nickname: null, // 设备备注
        },
        // deviceSync: { // 同步信息
        //     power: 0, // 设备电量
        //     state: false, // 同步状态
        // },
        deviceQueue: [] // 任务队列
      };
    },
    setDeviceCloud(obj) {
      this.globalData.deviceCloud = obj
    },
    setDeviceQueue(arr) {
      this.globalData.deviceQueue = arr
    }
  });
  @import 'colors.wxss';

  .cell-group {
```

```
  border: var(--main-color) 1rpx solid !important;
}

.cell-group-list {
  min-height: 264rpx;
  background-color: #fff;
}
{
"pages": [
"pages/index/index",
"pages/devices/devices",
"pages/plan/plan",
"pages/record/record",
"pages/blue/blue"
  ],
"window": {
"backgroundColor": "#f5f5f5",
"backgroundTextStyle": "light",
"navigationBarBackgroundColor": "#f5f5f5",
"navigationBarTitleText": "“心连心”智能药盒",
"navigationBarTextStyle": "black"
  },
"sitemapLocation": "sitemap.json",
"lazyCodeLoading": "requiredComponents",
"permission": {
"scope.userLocation": {
"desc": "由于系统限制，附近设备扫描需要定位！"
    },
"scope.bluetooth": {
```

```
"desc": "需要通过蓝牙，与设备进行数据同步！"
    }
  }
}
const app = getApp()
const dayjs = require('dayjs')
const ble = require('../../bluetooth')

import permission from '../../authroize';

Page({
  data: {
    showBindDeviceDialog: false,
    selectBindDeviceId: '',
    selectBindPair: '',
    scanDevice: {
      scan: false,
      quickResult: [],
      result: [],
      size: 0,
    },
    inputNewNickname: '',
    showNicknameDialog: false,
    deviceCloud: { // 云端信息
      id: null, // 设备 id
      nickname: null, // 设备备注
    },
    deviceCloudQueue: [],
  },
```

```
onLoad: function (options) {},
onReady: function () {
  var queue = []
  for (let idx = 0; idx < app.globalData.deviceQueue.length; idx++) {
    const element = app.globalData.deviceQueue[idx];
    console.log(element)
    queue.push({
      id: element._id,
      dateTimeKey: element.plan.startDate + element.plan.startTime * 1000,
      dateString: dayjs(new Date(element.plan.startDate).getTime() + element.plan.startTime *
1000).format('YYYY/MM/DD HH:mm 的计划'),
    })
  }
  this.setData({
    deviceCloud: app.globalData.deviceCloud,
    deviceCloudQueueFriendly: queue,
    deviceCloudQueue: app.globalData.deviceQueue,
  })
},
onShow: function () {},
// 绑定设备
bindDevice() {
  let that = this
  wx.cloud.callFunction({
    name: 'medicineFunctions',
    data: {
      type: 'bindDevice',
      deviceId: that.data.selectBindDeviceId,
    }
```

```
    }).then(res => {
      wx.showToast({
        title: '绑定成功',
      })
      setTimeout(() => {
        wx.navigateBack()
      }, 1500)
    }).catch(err => {
      wx.showToast({
        title: '绑定失败，请重试',
      })
    })
  },
  // 删除设备
  clickRemoveDevice() {
    let that = this
    wx.showModal({
      title: '是否要删除当前药盒',
      success: function (res) {
        if (res.confirm) {
          wx.cloud.callFunction({
            name: 'medicineFunctions',
            data: {
              type: 'removeDevice',
            }
          }).then(res => {
            wx.showToast({
              title: '删除成功',
            })
```

```
          setTimeout(() => {
            wx.navigateBack()
          }, 1500)
        }).catch(err => {
          wx.showToast({
            title: '删除失败，请重试',
          })
        })
      }
    }
  })
},
// 删除计划
clickRemovePlan(e) {
  let that = this
  wx.showModal({
    title: '是否要删除当前计划',
    success: function (res) {
      if (res.confirm) {
        wx.cloud.callFunction({
          name: 'medicineFunctions',
          data: {
            type: 'removePlan',
            planId: e.currentTarget.dataset.id
          }
        }).then(res => {
          wx.showToast({
            title: '计划删除成功',
          })
```

```
            }).catch(err => {})
          }
        }
      })
    },
    // 确认修改名称
    onConfirmNicknameDialog() {
      let that = this
      let nickname = that.data.inputNewNickname
      wx.cloud.callFunction({
        name: 'medicineFunctions',
        data: {
          type: 'renameDevice',
          nickname: nickname
        }
      }).then(res => {
        that.setData({
          inputNewNickname: '',
          'deviceCloud.nickname': nickname
        })
        wx.showToast({
          title: '名称修改成功',
        })
      }).catch(err => {
        wx.showToast({
          title: '修改失败，请重试',
        })
      })
    },
```

```
// 打开修改名称对话框
openChangeNicknameDialog() {
  this.setData({
    showNicknameDialog: true
  })
},
////////////////////////////////////////////////////////////
// 搜索设备
onClickFloatButton() {
  var that = this
  permission.authorize(that, 'scope.userLocation', '请允许手机权限', '在设置里打开 GPS 定位
开关')
      .then(res0 => {
        if (!res0.success) {
          wx.showToast({
            title: '定位授权失败',
          })
        } else {
          permission.authorize(this, 'scope.bluetooth', '请允许手机权限', '在设置里打开蓝牙
开关')
            .then(res1 => {
              if (!res1.success) {
                wx.showToast({
                  title: '蓝牙授权失败',
                })
                return;
              }
              if (!that.data.scanDevice.scan) {
                that.data.scanDevice.quickResult = []
```

```
                        that.setData({
                            'scanDevice.size': 0,
                            'scanDevice.result': [],
                            'scanDevice.scan': true,
                        })
                        ble.bleScanDevice(30, that.onBluetoothDeviceFound, that.onBluetoothScanStatusChange,
() => {})
                    }
                })
            }
        });
    },
    // 蓝牙搜索状态变化事件
    onBluetoothScanStatusChange(res) {
        this.setData({
            'scanDevice.scan': !res.scanShutdown
        })
    },
    // 搜索结果处理
    onBluetoothDeviceFound(res) {
        let that = this
        res.devices.forEach((device) => {
            if (device.name === 'MedicineKit GdGm') {
                let sarray = device.deviceId.split(':')
                let pairCode = sarray[3] + sarray[4] + sarray[5]
                that.data.scanDevice.quickResult.push({
                    deviceId: device.deviceId,
                    pairCode: pairCode,
                    RSSI: Math.abs(device.RSSI)
```

```
            })
            that.setData({
              'scanDevice.result': that.data.scanDevice.quickResult,
              'scanDevice.size': that.data.scanDevice.quickResult.length
            })
          }
        })
      },
      showBindDialog(res) {
        let that = this
        let deviceId = res.target.dataset.id
        let sarray = deviceId.split(':')
        let pairCode = sarray[3] + sarray[4] + sarray[5]
        that.setData({
          selectBindDeviceId: deviceId,
          selectBindPair: pairCode,
          showBindDeviceDialog: true,
        })
      },
      onHide() {
        ble.stopScanDevice()
      },
      onUnload() {
        ble.bleUnload()
      }
    })
    <van-cell-group custom-class="cell-group cell-group-list" title="附近的药盒 {{scanDevice.size}}个 {{scanDevice.scan ? '扫描中' : ''}}" style="{{deviceCloud.id === null ? '' : 'display: none;'}}" inset>
    <view wx:if="{{scanDevice.size}}">
```

```
<view wx:for="{{scanDevice.result}}" wx:key="RSSI">
<van-cell data-id="{{ item.deviceId }}" title="绑定码: {{ item.pairCode }}" value="信号: {{ item.RSSI }}" catchtap="showBindDialog" is-link />
</view>
</view>
<view wx:else="{{scanDevice.size}}">
<view class="empty-info">
<van-icon name="{{scanDevice.scan ? 'search' : 'info-o'}}" color="#1cdeab" size="200rpx" />
<view class="empty-info-text">{{scanDevice.scan ? '正在搜索中...' : '未扫描到任何设备'}}</view>
</view>
</view>
</van-cell-group>

<van-cell-group custom-class="cell-group cell-group-list" title="药盒设置" style="{{deviceCloud.id === null ? 'display: none;' : ''}}" inset>
<van-cell title="药盒编号" title-width="120rpx" value="{{deviceCloud.id}}" />
<van-cell title="药盒名称" value="{{deviceCloud.nickname}}" is-link catchtap="openChangeNicknameDialog" />
<van-cell title-class="danger-title" title="解绑药盒" catchtap="clickRemoveDevice" is-link />
</van-cell-group>

<van-cell-group custom-class="cell-group cell-group-list" title="计划规划" style="{{deviceCloud.id === null ? 'display: none;' : ''}}" inset>
<view wx:for="{{deviceCloudQueueFriendly}}" wx:key="dateTimeKey">
<van-cell title="{{item.dateString}}" data-id="{{item.id}}" catchtap="clickRemovePlan" is-link />
</view>
</van-cell-group>
```

```
<float-button catchtap="onClickFloatButton" style="{{deviceCloud.id === null ? '' : 'display: none;'}}">
<van-icon name="search" class="custom-icon" size="64rpx" />
</float-button>

<van-dialog use-slot confirm-button-color="#1cdeab" title="输入新的名称" class-name="nickname-dialog" show="{{ showNicknameDialog }}" show-cancel-button bind:confirm="onConfirmNicknameDialog">
<van-field model:value="{{ inputNewNickname }}" placeholder="{{deviceCloud.nickname}}" />
</van-dialog>

<van-dialog confirm-button-color="#1cdeab" title="是否绑定当前设备" message="绑定码为: {{ selectBindPair }}" class-name="nickname-dialog" show="{{ showBindDeviceDialog }}" show-cancel-button bind:confirm="bindDevice" />
@import '/colors.wxss';

page {
  background-color: var(--background-gray);
}

.empty-info {
  width: 100%;
  height: auto;
  display: flex;
  flex-flow: column;
  justify-content: center;
}
```

```
.empty-info-text {
  font-size: 36rpx;
  text-align: center;
}

.danger-title {
  color: red;
}

/* dialog stylesheet bug */
.nickname-dialog {
  width: 300rpx;
  height: 300rpx;
  border-radius: 30rpx;
}
const app = getApp()

const CURRENT_TIME_SERVICE_UUID = "00001805-0000-1000-8000-00805F9B34FB";
const CURRENT_TIME_CHARACTERISTIC_UUID = "39CDB000-169E-5909-8B86-0CDB6BEAA131";
const DATA_SERVICE_UUID = "A4C1B0D0-6724-9199-5639-5C8AABA6BA5A";
const SCHEDULE_SERVICE_CHARACTERISTIC_UUID = "573308DB-2EE8-7E6F-DF37-
11804C0ED2FA";
const REMOVE_SCHEDULE_SERVICE_CHARACTERISTIC_UUID = "C3AA7EFA-3F7D-6D4A-
1A5E-C1DEF36D43FD";

const ble = require('../../bluetooth')
import permission from '../../authroize';
import Schedule from '../../schedule';
```

```
Page({
  data: {
    loadState: 'load', // load | reg | vip
    deviceCloud: {
      id: null,
      nickname: null,
    },
    onlineState: false,
  },
  onLoad() {},
  onShow() {
    wx.showLoading({
      title: '等待加载完成',
    })
    this.getDeviceInfoFromCloud(true)
    ble.listenConnectionChange(this.onDeviceConnectionStateChange)
  },
  onShareAppMessage() {
    return {
      title: "“心连心”智能药盒",
      path: "/pages/index/index",
      imageUrl: "/image/banner.jpg",
    }
  },
  jump2Page(e) {
    wx.navigateTo({
      url: e.currentTarget.dataset.url,
    })
  },
```

```
getDeviceInfoFromCloud(cloudOnly) {
  let that = this
  wx.cloud.callFunction({
    name: 'medicineFunctions',
    data: {
      type: 'getUserData',
    }
  }).then(res => {
    const {
      deviceInfo,
      userPlan
    } = res.result
    app.setDeviceCloud(deviceInfo)
    app.setDeviceQueue(userPlan)
    that.firstUpdatePageState(cloudOnly)
  }).catch(err => {
    console.log(err)
    wx.showToast({
      title: '操作失败',
      icon: 'error',
    })
  })
},
firstUpdatePageState(cloudOnly) {
  let loadState
  let deviceCloud = app.globalData.deviceCloud
  let deviceQueue = app.globalData.deviceQueue
  if (cloudOnly) {
    wx.hideLoading()
```

```
        } else {
            this.updateDeviceInfo()
        }
        if (deviceCloud.id === null) {
            loadState = 'reg'
        } else {
            loadState = 'vip'
        }
        this.setData({
            loadState: loadState,
            deviceCloud: deviceCloud,
            deviceQueue: deviceQueue,
        })
    },
    btnUpdateDeviceInfo() {
        wx.showLoading({
            title: '设备正在同步',
        })
        var that = this
        permission.authorize(that, 'scope.userLocation', '请允许手机权限', '在设置里打开 GPS 定位
开关')
            .then(res0 => {
                if (!res0.success) {
                    wx.showToast({
                        title: '定位授权失败',
                    })
                } else {
                    permission.authorize(this, 'scope.bluetooth', '请允许手机权限', '在设置里打开蓝牙
开关')
```

```
                .then(res1 => {
                  if (!res1.success) {
                    wx.showToast({
                      title: '蓝牙授权失败',
                    })
                    return;
                  }
                  this.getDeviceInfoFromCloud(false)
                })
            }
          });
      },
      updateDeviceInfo() {
        let that = this
        let planQueue = []
        // 制作计划数据包
        app.globalData.deviceQueue.forEach((item) => {
          planQueue.push(that.makePlanDataset(item.plan))
        })
        console.log('等待写入' + planQueue.length + '个任务')

        // 制作时间数据
        let timeByteArray = new ArrayBuffer(4)
        let a1 = new Uint32Array(timeByteArray)
        a1[0] = (new Date().getTime() / 1000)

        // 制作清空指令
        let resetCommand = new ArrayBuffer(1)
        resetCommand[0] = 0
```

```
      // 设备同步事件
      ble.bleWriteToDevice(that.data.deviceCloud.id, CURRENT_TIME_SERVICE_UUID, CURRENT_
TIME_CHARACTERISTIC_UUID, timeByteArray, () => {
        // 设备清除计划指令
        ble.bleWriteToDevice(that.data.deviceCloud.id,   DATA_SERVICE_UUID,   REMOVE_
SCHEDULE_SERVICE_CHARACTERISTIC_UUID, resetCommand, () => {
          // 推送计划到设备
          that.loopSyncPlan(planQueue, 0)
        }, that.syncFailed)
      }, that.syncFailed)
    },
    // 任务循环写入设备
    loopSyncPlan(planQueue, idx) {
      let that = this
      if (planQueue.length === idx) {
        wx.hideLoading()
        return;
      }
      ble.bleWriteToDevice(that.data.deviceCloud.id,   DATA_SERVICE_UUID,   SCHEDULE_
SERVICE_CHARACTERISTIC_UUID, planQueue[idx], () => {
        console.log('完成写入' + (idx + 1) + '个任务')
        that.loopSyncPlan(planQueue, ++idx)
      }, that.syncFailed)
    },
    // 设备同步失败
    syncFailed(res) {
      console.log(res)
      wx.hideLoading({
```

```
        success: (res) => {
          wx.showToast({
            title: '同步失败'
          })
        },
      })
    },
    ////////////////////////////////////////////////////
    onClickShoppingMall() {
      wx.showToast({
        icon: 'error',
        title: '当前商城未开放',
      })
    },
    onClickUserRecord() {
      wx.showToast({
        icon: 'error',
        title: '当前功能未开放',
      })
    },
    makePlanDataset(plan) {
      let cycleType = plan.cycleType
      let overCycleType = plan.overCycleType
      let boxId = plan.selectBox
      let cycleTimes = plan.cycleTimes
      let startTime = (new Date(new Date(plan.startDate).getTime() + plan.startTime * 1000).get
Time())
      if (overCycleType !== 1) {
        plan.overCycleData = Schedule.getOverDateLimit(startTime, plan.overCycleData, over
```

```
CycleType)
            }
            let overCycleData = ((overCycleType === 1) ? plan.overCycleData : (plan.overCycleData /
1000))
            var result = new ArrayBuffer(12);
            let a1 = new Uint8Array(result)
            a1[0] = cycleType
            a1[1] = overCycleType === 1 ? 1 : 0
            a1[2] = boxId
            a1[3] = cycleTimes
            let a2 = new Uint32Array(result)
            a2[1] = (startTime / 1000)
            a2[2] = overCycleData
            return result
        },
        onDeviceConnectionStateChange(res) {
            this.setData({
                onlineState: res
            })
        }
    });
    <view class="outer">
    <image mode="widthFix" style="width: 100%;" src="/images/banner.jpg"></image>
    <view class="container" style="{{loadState === 'vip' ? '' : 'display: none;'}}">
    <view class="device-info">
    <view class="device-banner">
    <view class="device-image">
    <van-icon name="question-o" color="#1cdeab55" size="300rpx" />
    </view>
```

```
<view class="device-nickname">{{deviceCloud.nickname}}</view>
<view class="online-status">
<view class="{{onlineState ? 'online' : 'offline'}}">{{onlineState ? '已连接' : '未连接'}}</view>
</view>
</view>
</view>
<view class="index-action">
<view data-url="../devices/devices" catchtap="jump2Page" class="action-button">
<van-icon class="action-button-image" name="setting-o" size="100rpx" color="white" />
<view class="action-button-text">设备管理</view>
</view>
<view catchtap="btnUpdateDeviceInfo" class="action-button">
<van-icon class="action-button-image" name="cluster-o" size="100rpx" color="white" />
<view class="action-button-text">设备同步</view>
</view>
<view data-url="../plan/plan" catchtap="jump2Page" class="action-button">
<van-icon class="action-button-image" name="add-o" size="100rpx" color="white" />
<view class="action-button-text">计划设定</view>
</view>
<!--  功能屏蔽  -->
<!-- <view data-url="../record/record" catchtap="jump2Page" class="action-button"> -->
<view catchtap="onClickUserRecord" class="action-button">
<van-icon class="action-button-image" name="records" size="100rpx" color="white" />
<view class="action-button-text">服药记录</view>
</view>
</view>
</view>

<view class="container" style="{{loadState === 'reg' ? '' : 'display: none;'}}">
```

```
<view class="device-info">
<view class="device-banner">
<view class="device-image">
<van-icon name="shield-o" color="#1cdeab55" size="300rpx" />
</view>
<view class="device-nickname">您当前没有绑定任何设备</view>
</view>
</view>
<view class="index-action">
<view data-url="../devices/devices" catchtap="jump2Page" class="action-button">
<image src="/images/medical_services_white_24dp.svg" mode="heightFix" class="action-button-image" />
<view class="action-button-text">添加设备</view>
</view>
<view catchtap="onClickShoppingMall" class="action-button">
<van-icon class="action-button-image" name="shopping-cart-o" size="100rpx" color="white" />
<view class="action-button-text">设备商城</view>
</view>
</view>
</view>
</view>
@import '../../colors.wxss';

.outer {
  width: 100%;
  height: 100vh;
  overflow: hidden;
  background-color: var(--background-color);
  display: flex;
```

```
  flex-flow: column;
}

.container {
  flex: 1 0;
  margin: 40rpx;
  margin-top: 0;
  border-radius: 0 0 20rpx 20rpx;
  background-color: var(--background-gray);

  display: flex;
  flex-flow: column;
}

.index-action {
  display: flex;
  justify-content: space-around;
  align-items: center;
  flex-wrap: wrap;
}

.action-button {
  height: 128rpx;
  width: 300rpx;
  border-radius: 15rpx;
  display: flex;
  align-items: center;
  justify-content: space-around;
  background-color: var(--main-color);
```

```
  box-shadow: 10px 10px 10px -8px #979797;
  margin-bottom: 25rpx;
}

.action-button-image {
  width: 100rpx;
  height: 100rpx;
}

.action-button-text {
  font-weight: bolder;
  font-size: 44rpx;
  letter-spacing: 3rpx;
  color: whitesmoke;
}

.device-info {
  flex: 1 0;
  width: 100%;
  display: flex;
  flex-flow: column;
  align-items: center;
}

.device-banner {
  flex: 2 0;
  width: 500rpx;
  padding: 20rpx;
  display: flex;
```

```
  flex-flow: column;
  align-items: center;
  justify-content: center;
}

.device-image {
  width: 100%;
  height: 300rpx;
  text-align: center;
}

.device-nickname {
  width: 90%;
  height: 36rpx;
  font-size: 36rpx;
  line-height: 36rpx;
  text-align: center;
  padding: 10rpx;
  overflow: hidden;
  color: var(--font-gray);
  white-space: nowrap;
  text-overflow: ellipsis;
}

.device-action-bar {
  flex: 1 0;
  width: 100%;
  background-color: aqua;
}
```

```
.online-status {
  position: relative;
  color: #979797;
  font-size: 30rpx;
}

.online::before {
  content: '';
  position: absolute;
  display: block;
  top: 15rpx;
  left: -20rpx;
  width: 15rpx;
  height: 15rpx;
  border-radius: 50%;
  background-color: var(--main-color);
}

.offline::before {
  content: '';
  position: absolute;
  display: block;
  top: 15rpx;
  left: -20rpx;
  width: 15rpx;
  height: 15rpx;
  border-radius: 50%;
  background-color: lightcoral;
```

```
}
import Schedule from '../../schedule';
import Constant from '../../const';
import Toast from '../../miniprogram_npm/@vant/weapp/toast/toast';
import dayjs from 'dayjs';

Page({
  data: {
    btnRateLimit: 0,
    scheduleModel: {
      selectBox: null,
      startDate: null,
      startTime: null,
      cycleType: null,
      cycleTimes: null,
      cycleOffset: null,
      overCycleType: null,
      overCycleData: null,
      overCycleTempData: {
        date: null,
        time: 0,
      }
    },
    uiModel: {
      // 时间选择(可读显示)
      friendlySelectModel: {
        selectBoxString: '',
        startDateString: '',
        startTimeString: '',
```

```
    cycleTypeString: '',
    overCycleMethodString: '',
    overDateString: '',
    overTimeString: ''
  },
  // 计划预览(可读显示)
  friendlyScheduleModel: {
    selectBoxString: '',
    cycleTypeString: '', // 循环类型
    startDateTimeString: '', // 开始时间
    stopDateTimeString: '', // 最后时间
    cycleMethodString: '', // 循环方式
    dateTime: {
      firstDateTimeString: '', // 当前下一次提醒时间
      dateTimeArray: [], // 计划时间数组 (ms)
    }
  },
  state: {
    singleType: true,
  },
  steps: {
    planSteps: Constant.PlanSteps,
    currentStep: 0,
  },
  picker: {
    dataColumns: Constant.CycleTypeCols,
    showDialog: false,
    title: '',
    dataKey: '',
```

```
        },
        calendar: {
          showDialog: false,
          title: '',
          dataKey: '',
        },
        timePicker: {
          showDialog: false,
          currentDate: null,
          dataKey: '',
        },
        finishScreen: {
          type: 'wait', // wait | pass | err
          loading: false,
        },
        fixedDateButton: false
      }
    },
    onLoad: function (options) {},
    onShow: function () {},
    nextBtn(e) {
      let that = this
      // 速度限制
      if (that.btnRateLimit(that.data, 'btnRateLimit', 500)) return

      // 控件数据传递
      let dataset = e.currentTarget.dataset

      if (that.data.uiModel.steps.currentStep === 0) {
```

```
        // 首页逻辑
        if (dataset.type === 'single') {
          that.setData({
            'uiModel.state.singleType': true
          })
        } else if (dataset.type === 'loop') {
          that.setData({
            'uiModel.state.singleType': false
          })
        }
        that.resetScheduleModel()
      } else if (that.data.uiModel.steps.currentStep === 1) {
        // 更新用户设置数据
        if (!that.updateFriendlyScheduleModel()) return
      } else if (that.data.uiModel.steps.currentStep === 2) {
        // 上传数据到云端
        that.retryUpload()
      }
      // 换页
      that.nextPage()
    },
    retryUpload() {
      let that = this
      that.setData({
        'uiModel.finishScreen.loading': true
      })
      wx.cloud.callFunction({
        name: 'medicineFunctions',
        data: {
```

```
        type: 'createPlan',
        plan: {
          selectBox: that.data.scheduleModel.selectBox,
          startDate: that.data.scheduleModel.startDate,
          startTime: that.data.scheduleModel.startTime,
          cycleType: that.data.scheduleModel.cycleType,
          cycleTimes: that.data.scheduleModel.cycleTimes,
          cycleOffset: that.data.scheduleModel.cycleOffset,
          overCycleType: that.data.scheduleModel.overCycleType,
          overCycleData: that.data.scheduleModel.overCycleData,
        }
      }
    }).then(res => {
      that.setData({
        'uiModel.finishScreen.loading': false,
        'uiModel.finishScreen.type': 'pass',
      })
      wx.showToast({
        title: '上传成功',
      })
      setTimeout(() => {
        wx.navigateBack()
      }, 1500)
    }).catch(err => {
      that.setData({
        'uiModel.finishScreen.loading': false,
        'uiModel.finishScreen.type': 'err',
      })
      wx.showToast({
```

```
          title: '上传失败，请重试',
        })
      })
    },
    prevBtn() {
      let that = this
      let currentStep = that.data.uiModel.steps.currentStep;
      if (currentStep-- !== 0) {
        that.setData({
          'uiModel.steps.currentStep': currentStep
        })
      }
    },
    nextPage() {
      let that = this
      let maxSteps = that.data.uiModel.steps.planSteps.length;
      let currentStep = that.data.uiModel.steps.currentStep;
      if (currentStep === maxSteps - 1) {
        wx.navigateBack()
      } else {
        that.setData({
          'uiModel.steps.currentStep': ++currentStep
        })
      }
    },
    resetScheduleModel() {
      this.setData({
        scheduleModel: {
          selectBox: null,
```

```
            startDate: null,
            startTime: null,
            cycleType: null,
            cycleTimes: null,
            cycleOffset: null,
            overCycleType: null,
            overCycleData: null,
            overCycleTempData: {
               date: null,
               time: 0,
            }
         },
         'uiModel.friendlySelectModel': {
            selectBoxString: '',
            startDateString: '',
            startTimeString: '',
            cycleTypeString: '',
            overDateString: '',
            overTimeString: '',
         }
      })
   },
   fixedScheduleModel() {
      let that = this
      let sm = that.data.scheduleModel
      // 数据模型默认值
      let m = {
         selectBox: null,
         startDate: null,
```

```
        startTime: null,
        cycleType: 0,
        cycleTimes: 0,
        cycleOffset: [0],
        overCycleType: 0,
        overCycleData: null,
        overCycleTempData: {
          date: null,
          time: 0,
        }
      }
      m.selectBox = sm.selectBox
      m.startDate = sm.startDate
      m.startTime = sm.startTime
      if (!that.data.uiModel.state.singleType) {
        m.cycleType = sm.cycleType
        m.cycleTimes = sm.cycleTimes
        // todo 新功能数据接口
        // m.cycleOffset = sm.cycleOffset
        m.cycleOffset = [0]
        m.overCycleType = sm.overCycleType
        m.overCycleData = sm.overCycleData
      } else {
        let overCycleData = new Date(new Date(sm.startDate).getTime() + sm.startTime).
getTime()
        m.overCycleData = overCycleData
      }

      that.setData({
```

```
        scheduleModel: m
      })
    },
    checkScheduleModel() {
      let that = this
      let sm = that.data.scheduleModel
      if (sm.selectBox === null) {
        Toast('请选择药仓')
        return false
      } else if (sm.startDate === null) {
        Toast('请选择开始日期')
        return false
      } else if (sm.startTime === null) {
        Toast('请选择开始时间')
        return false
      }

      if (!that.data.uiModel.state.singleType) {
        if (sm.cycleTimes === null) {
          Toast('请选择重复时间')
          return false
        } else if (sm.overCycleType === null) {
          Toast('请选择循环类型')
          return false
        } else if (sm.overCycleData === null) {
          Toast('请选择结束时间')
          return false
        }
      }
```

```
    return true
  },
  updateFriendlyScheduleModel() {
    let that = this
    // 用户错误纠正
    if (!that.checkScheduleModel()) return false
    // 修复数据模型
    that.fixedScheduleModel()
    // 用户界面显示模型
    let modelData = {
      selectBoxString: '', // 药仓号码
      cycleTypeString: '', // 循环类型
      startDateTimeString: '', // 开始时间
      stopDateTimeString: '', // 最后时间
      cycleMethodString: '', // 循环方式
      dateTime: {
        firstDateTimeString: '', // 当前下一次提醒时间
        dateTimeArray: [], // 计划时间数组 (ms)
      }
    }
    let sm = that.data.scheduleModel

    let rarray = []
    rarray = Schedule.schedule(sm.startDate, sm.startTime, sm.cycleType, sm.cycleTimes,
sm.cycleOffset, sm.overCycleType, sm.overCycleData)

    // 药仓号码
    let boxId = sm.startDate + 1
    modelData.selectBoxString = '第 ${boxId} 号药仓'
```

```
// 循环类型
modelData.cycleTypeString = that.data.uiModel.state.singleType ? '单次' : '周期'

// 开始时间
modelData.startDateTimeString = dayjs(sm.startDate.getTime() + sm.startTime * 1000).
format('YYYY/MM/DD HH:mm')

// 最后时间
if (rarray.length === 0) {
  modelData.stopDateTimeString = '未来没有提醒任务'
} else {
  modelData.stopDateTimeString = dayjs(rarray[rarray.length - 1]).format('YYYY/MM/DD
HH:mm')
}

// 提醒方式
if (that.data.uiModel.state.singleType) {
  modelData.cycleMethodString = '单次提醒'
} else {
  let cycleTypeUnitString = Schedule.getCycleTypeString(sm.cycleType)
  modelData.cycleMethodString = '每 ${sm.cycleTimes} ${cycleTypeUnitString}，提醒
${sm.cycleOffset.length} 次'
}

// 下一次提醒时间
if (rarray.length === 0) {
  modelData.dateTime.nextDateTimeString = '未来没有提醒任务'
} else {
```

```
        modelData.dateTime.nextDateTimeString = dayjs(rarray[0]).format('YYYY/MM/DD HH:
mm')
      }
      // 计划时间数组
      modelData.dateTime.dateTimeArray = rarray

      that.setData({
        'uiModel.friendlyScheduleModel': modelData
      })

      return true
    },
    btnRateLimit(data, key, ms) {
      let now = new Date().getTime()
      if (data[key] > now - ms) {
        return true
      }
      data[key] = now
      return false
    },
    openCellPopup(e) {
      let that = this
      let data = e.currentTarget.dataset
      switch (data.popupType) {
        case 'selectBox':
          that.setData({
            'uiModel.picker.showDialog': true,
            'uiModel.picker.title': '选择药仓',
            'uiModel.picker.dataColumns': Constant.SelectBox,
```

```
        'uiModel.picker.dataKey': 'selectBox',
    })
    break;
case 'startDate':
    that.setData({
        'uiModel.calendar.showDialog': true,
        'uiModel.calendar.title': '开始日期',
        'uiModel.calendar.dataKey': 'startDate',
    })
    break;
case 'startTime':
    that.setData({
        'uiModel.timePicker.showDialog': true,
        'uiModel.timePicker.currentDate': that.data.scheduleModel.startTime,
        'uiModel.timePicker.title': '开始时间',
        'uiModel.timePicker.dataKey': 'startTime',
    })
    break;
case 'repeatPicker':
    that.setData({
        'uiModel.picker.showDialog': true,
        'uiModel.picker.title': '重复时间',
        'uiModel.picker.dataColumns': Constant.CycleTypeCols,
        'uiModel.picker.dataKey': 'repeatPicker',
    })
    break;
case 'extenEepeat':
    // that.setData({
    // todo
```

```
        // })
        break;
      case 'overPicker':
        that.setData({
          'uiModel.picker.showDialog': true,
          'uiModel.picker.title': '循环类型',
          'uiModel.picker.dataColumns': Constant.OverCycleTypeCols,
          'uiModel.picker.dataKey': 'overPicker',
        })
        break;
      case 'overDatePicker':
        that.setData({
          'uiModel.calendar.showDialog': true,
          'uiModel.calendar.title': '结束日期',
          'uiModel.calendar.dataKey': 'overDatePicker',
        })
        break;
      case 'overTimePicker':
        that.setData({
          'uiModel.timePicker.showDialog': true,
          'uiModel.timePicker.currentDate': 0,
          'uiModel.timePicker.title': '结束时间',
          'uiModel.timePicker.dataKey': 'overTimePicker',
        })
        break;
    }
  },
onfixedDateButtonChange() {
  let i = !this.data.uiModel.fixedDateButton
```

```
    this.setData({
      // 按钮状态
      'uiModel.fixedDateButton': i,
      // 结束重复类型
      'scheduleModel.overCycleType': i ? Schedule.OverCycleType.TargetDate : null,
      // 显示数据重置
      'uiModel.friendlySelectModel.overCycleMethodString': '',
      'uiModel.friendlySelectModel.overDateString': '',
      'uiModel.friendlySelectModel.overTimeString': '',
      // 数据重置
      'scheduleModel.overCycleData': null,
      'scheduleModel.overCycleTempData.date': null,
      'scheduleModel.overCycleTempData.time': 0,
    })
  },
  onClosePopup() {
    this.setData({
      'uiModel.picker.showDialog': false,
      'uiModel.calendar.showDialog': false,
      'uiModel.timePicker.showDialog': false,
    })
  },
  getPickerFriendlyString(value, index) {
    let title = ''
    if (this.data.uiModel.picker.dataKey === 'repeatPicker') {
      title = '每 ${value[0]} ${value[1]}将重复提醒'
    } else if (this.data.uiModel.picker.dataKey === 'overPicker') {
      title = '将在 ${value[0]} ${value[1]}后结束'
    } else if (this.data.uiModel.picker.dataKey === 'selectBox') {
```

```
            let boxId = index + 1
            title = '选择 ${boxId} 号药仓'
        }
        return title
    },
    onChangePicker(e) {
        let title = this.getPickerFriendlyString(e.detail.value, e.detail.index)
        this.setData({
            'uiModel.picker.title': title,
        })
    },
    onConfirmPicker(e) {
        let that = this

        if (that.data.uiModel.picker.dataKey === 'repeatPicker') {
            let num = e.detail.index[0] + 1
            let type = e.detail.index[1] + 1
            that.setData({
                'scheduleModel.cycleTimes': num,
                'scheduleModel.cycleType': type,
                'uiModel.friendlySelectModel.cycleTypeString':
that.getPickerFriendlyString(e.detail.value, e.detail.index)
            })
        } else if (that.data.uiModel.picker.dataKey === 'overPicker') {
            let num = e.detail.index[0] + 1
            let type = e.detail.index[1] + 1
            that.setData({
                'scheduleModel.overCycleData': num,
                'scheduleModel.overCycleType': type,
```

```
                'uiModel.friendlySelectModel.overCycleMethodString':
that.getPickerFriendlyString(e.detail.value, e.detail.index)
            })
        } else if (that.data.uiModel.picker.dataKey === 'selectBox') {
            that.setData({
                'scheduleModel.selectBox': e.detail.index,
                'uiModel.friendlySelectModel.selectBoxString':
that.getPickerFriendlyString(e.detail.value, e.detail.index)
            })
        }
        this.onClosePopup()
    },
    onConfirmCalendar(e) {
        let localeDate = dayjs(e.detail).format('YYYY/MM/DD')
        if (this.data.uiModel.calendar.dataKey === 'startDate') {
            this.setData({
                'scheduleModel.startDate': e.detail,
                'uiModel.friendlySelectModel.startDateString': localeDate,
            })
        } else if (this.data.uiModel.calendar.dataKey === 'overDatePicker') {
            this.setData({
                'scheduleModel.overCycleTempData.date': e.detail,
                'uiModel.friendlySelectModel.overDateString': localeDate,
            })
            this.updateOverCycleData()
        }
        this.onClosePopup()
    },
    onConfirmTimePicker(e) {
```

```
    let array = e.detail.split(':')
    let time = (array[0] * 3600 + array[1] * 60)
    if (this.data.uiModel.timePicker.dataKey === 'startTime') {
      this.setData({
        'scheduleModel.startTime': time,
        'uiModel.friendlySelectModel.startTimeString': e.detail,
      })
    } else if (this.data.uiModel.timePicker.dataKey === 'overTimePicker') {
      this.setData({
        'scheduleModel.overCycleTempData.time': time,
        'uiModel.friendlySelectModel.overTimeString': e.detail,
      })
      this.updateOverCycleData()
    }
    this.onClosePopup()
  },
  updateOverCycleData() {
    let data = this.data.scheduleModel.overCycleTempData
    if (data.date !== null) {
      this.setData({
        'scheduleModel.overCycleData': (data.date.getTime() + data.time)
      })
    }
  }
})
<view class="container">
<view class="step-bar">
<van-steps steps="{{ uiModel.steps.planSteps }}" active="{{ uiModel.steps.currentStep }}" active-icon="success" active-color="#1cdeab" />
```

```
</view>

<!-- 循环类型 -->
<view class="steps-page fixed-steps-page first-step-page" style="{{uiModel.steps.currentStep === 0 ? '' : 'display: none;'}}">
<view class="quick-button" catchtap="nextBtn" data-type='single'>
<image src="/images/history_white_24dp.svg" mode="widthFix" class="quick-button-image"></image>
<view class="quick-button-text">单次计划</view>
</view>
<view class="quick-button" catchtap="nextBtn" data-type='loop'>
<image src="/images/history_white_24dp.svg" mode="widthFix" class="quick-button-image"></image>
<view class="quick-button-text">周期计划</view>
</view>
</view>

<!-- 时间选择 -->
<view class="steps-page" style="{{uiModel.steps.currentStep === 1 ? '' : 'display: none;'}}">
<van-cell-group custom-class="cell-group" title="药仓选择" inset>
<van-cell title="药仓选择" value="{{uiModel.friendlySelectModel.selectBoxString}}" is-link catchtap="openCellPopup" data-popup-type="selectBox" />
</van-cell-group>

<van-cell-group custom-class="cell-group" title="时间选择" inset>
<van-cell title="开始日期" value="{{uiModel.friendlySelectModel.startDateString}}" is-link catchtap="openCellPopup" data-popup-type="startDate" />
<van-cell title="开始时间" value="{{uiModel.friendlySelectModel.startTimeString}}" is-link catchtap="openCellPopup" data-popup-type="startTime" />
```

```
</van-cell-group>

<van-cell-group custom-class="cell-group" title="周期设置" inset style="{{uiModel.state.singleType ? 'display: none;' : ''}}">
<van-cell title="重复时间" value="{{uiModel.friendlySelectModel.cycleTypeString}}" is-link catchtap="openCellPopup" data-popup-type="repeatPicker" />
<van-cell title="扩展重复" value="(可选)" is-link catchtap="openCellPopup" data-popup-type="extenEepeat" />
</van-cell-group>

<van-cell-group custom-class="cell-group" title="结束重复" inset style="{{uiModel.state.singleType ? 'display: none;' : ''}}">
<van-cell title="日期结束">
<van-switch custom-class="calendar-switch" checked="{{ uiModel.fixedDateButton }}" bind:change="onfixedDateButtonChange" size="48rpx" active-color="#1cdeab" />
</van-cell>

<van-cell title="循环类型" value="{{uiModel.friendlySelectModel.overCycleMethodString}}" is-link catchtap="openCellPopup" data-popup-type="overPicker" style="{{uiModel.fixedDateButton ? 'display: none;' : ''}}" />
<van-cell title="结束日期" value="{{uiModel.friendlySelectModel.overDateString}}" is-link catchtap="openCellPopup" data-popup-type="overDatePicker" style="{{uiModel.fixedDateButton ? '': 'display: none;'}}" />
<van-cell title="结束时间" value="{{uiModel.friendlySelectModel.overTimeString}}" is-link catchtap="openCellPopup" data-popup-type="overTimePicker" style="{{uiModel.fixedDateButton ? '': 'display: none;'}}" />
</van-cell-group>

<view class="btn-action">
```

```
<view class="bottom-btn prev-btn" catchtap="prevBtn">
<text>上一步</text>
</view>
<view class="bottom-btn next-btn" catchtap="nextBtn">
<text>下一步</text>
</view>
</view>
</view>

<!-- 计划预览 -->
<view class="steps-page bottom-btn-page" style="{{uiModel.steps.currentStep === 2 ? '' : 'display:
none;'}}">
<van-cell-group custom-class="cell-group" title="计划设置" inset>
<van-cell title="循环类型" value="{{ uiModel.friendlyScheduleModel.cycleTypeString }}" />
<van-cell title="开始时间" value="{{ uiModel.friendlyScheduleModel.startDateTimeString }}" />
<van-cell title="结束时间" value="{{ uiModel.friendlyScheduleModel.stopDateTimeString }}" />
<van-cell title="提醒方式" value="{{ uiModel.friendlyScheduleModel.cycleMethodString }}" />
</van-cell-group>

<van-cell-group custom-class="cell-group" title="计划预览" inset>
<van-cell title="下次提醒" value="{{ uiModel.friendlyScheduleModel.dateTime.nextDateTime
String }}" />
<van-cell title="查看更多计划" is-link />
</van-cell-group>

<view class="btn-action">
<view class="bottom-btn prev-btn" catchtap="prevBtn">
<text>上一步</text>
</view>
```

```
<view class="bottom-btn next-btn" catchtap="nextBtn">
<text>下一步</text>
</view>
</view>
</view>

<!-- 完成计划 -->
<view class="fixed-steps-page steps-page" style="{{uiModel.steps.currentStep === 3 ? '' : 'display: none;'}}">
<finish-model title="等待" icon="clock-o" color="#38f" style="{{uiModel.finishScreen.type === 'wait' ? '' : 'display: none;'}}">
<view>等待手机与设备完成同步</view>
</finish-model>

<finish-model title="完成" icon="passed" color="green" style="{{uiModel.finishScreen.type === 'pass' ? '' : 'display: none;'}}">
<view>完成</view>
</finish-model>

<finish-model title="异常" icon="warning-o" color="gold" style="{{uiModel.finishScreen.type === 'err' ? '' : 'display: none;'}}">
<view>当前网络不可用</view>
<view>确保手机网络正常可用</view>
<van-button type="warning" loading="{{uiModel.finishScreen.loading}}" loading-text="重试中..." catchtap="retryUpload">重试</van-button>
</finish-model>

<view class="btn-action" style="{{uiModel.finishScreen.type === 'pass' ? '' : 'display: none;'}}">
<view class="bottom-btn prev-btn" catchtap="prevBtn">
```

```
<text>完成</text>
</view>
</view>
</view>

<!-- 通知提示 -->
<van-toast style="z-index: 99999;" id="van-toast" />

<!-- 日期选项卡 -->
<van-calendar style="z-index: 9999;" title="{{ uiModel.calendar.title }}" show=
"{{ uiModel.calendar.showDialog }}" color="#1cdeab" bind:close="onClosePopup" bind:confirm =
"onConfirmCalendar" />

<!-- 时间选项卡 -->
<van-popup style="z-index: 9999;" position="bottom" round show="{{ uiModel.timePicker.show
Dialog }}" bind:close="onClosePopup">
<van-datetime-picker custom-style="height: 100%;" type="time" title="{{ uiModel.timePicker.
title }}" value="{{ uiModel.timePicker.currentDate }}" bind:cancel="onClosePopup" bind:confirm="on
ConfirmTimePicker" />
</van-popup>

<!-- 列表选项卡 -->
<van-popup style="z-index: 9999;" position="bottom" round show="{{ uiModel.picker.
showDialog }}" bind:close="onClosePopup">
<van-picker show-toolbar title="{{ uiModel.picker.title }}" columns="{{ uiModel.picker.data
Columns }}" bind:cancel="onClosePopup" bind:confirm="onConfirmPicker" bind:change="onChange
Picker" />
</van-popup>
```

```
</view>
@import '/colors.wxss';

page {
   background-color: var(--background-gray);
}

.container {
   width: 100%;
   height: 100vh;
   display: flex;
   flex-flow: column;
}

.step-bar {
   width: 100%;
   height: auto;
   box-sizing: border-box;
   border-bottom: var(--main-color) 3rpx solid;
}

.quick-button {
   height: 400rpx;
   width: 300rpx;
   border-radius: 15rpx;
   display: flex;
   flex-flow: column;
   align-items: center;
   justify-content: space-around;
```

```
    background-color: var(--main-color);
    box-shadow: 10px 10px 10px -8px #979797;
}

.quick-button-image {
    width: 80%;
    height: 80%;
}

.quick-button-text {
    font-weight: bolder;
    font-size: 1.2em;
    letter-spacing: 3rpx;
    color: whitesmoke;
}

.steps-page {
    flex: 1 0;
    width: 100%;
    padding-bottom: 120rpx;
}

.fixed-steps-page {
    overflow: hidden;
}

.first-step-page {
    display: flex;
    justify-content: space-around;
```

```
  align-items: center;
}

.btn-action {
  bottom: 0;
  width: 100%;
  display: flex;
  position: fixed;
  z-index: 999;
}

.bottom-btn {
  width: 100%;
  text-align: center;
  padding: 30rpx 0rpx calc(30rpx + env(safe-area-inset-bottom)) 0rpx !important;
  padding: 30rpx 0rpx calc(30rpx + constant(safe-area-inset-bottom)) 0rpx !important;
  padding: 30rpx 0rpx 30rpx 0rpx;
}

.next-btn {
  background-color: var(--main-color);
}

.prev-btn {
  background-color: var(--background-gray);
}

.calendar-switch {
  border-color: var(--main-color) !important;
```

```
}
Component({
  properties: {
    customStyle: String
  },
  data: {
    click: false
  },
  methods: {
    onClick() {
      let that = this
      that.setData({
        click: true
      })
      setTimeout(function(){
        that.setData({
          click: false
        })
      }, 200)
    }
  }
})
<view class="float-button {{click ? 'click-float-button' : ''}}" style="{{ customStyle }}" bindtap=
"onClick">
<slot></slot>
</view>
.float-button {
  width: 128rpx;
  height: 128rpx;
```

```
  position: fixed;
  bottom: calc(50rpx + constant(safe-area-inset-bottom));
  bottom: calc(50rpx + env(safe-area-inset-bottom));
  right: calc(50rpx + constant(safe-area-inset-right));
  right: calc(50rpx + env(safe-area-inset-right));
  border-radius: 50%;
  background-color: #1cdeab;

  display: flex;
  justify-content: center;
  align-items: center;

  transition: all .1s linear;
  transform: scale(1);
  box-shadow: 0rpx 0rpx 10rpx 4rpx #979797;
}

.click-float-button {
  transform: scale(.92);
  box-shadow: 0rpx 0rpx 10rpx 0rpx #979797;
}
// components/finish-model/finish-model.js
Component({
  /**
   * 组件的属性列表
   */
  properties: {
    title: String,
    icon: String,
```

```
    color: String,
  },

  /**
   * 组件的初始数据
   */
  data: {

  },

  /**
   * 组件的方法列表
   */
  methods: {

  }
})
<view class="finish-screen">
<text class="finish-title">{{title}}</text>
<van-icon name="{{icon}}" size="256rpx" color="{{color}}" />
<view class="finish-details-zone">
<slot></slot>
</view>
</view>
.finish-screen {
  display: flex;
  flex-flow: column;
  justify-content: center;
  align-items: center;
```

```
}

.finish-title {
  font-size: 64rpx;
  margin-top: 64rpx;
}

.finish-details-zone {
  width: calc(100% - 30rpx);
  min-height: 200rpx;
  border: gray 5rpx solid;
  border-radius: 15rpx;
  box-sizing: border-box;
  padding: 15rpx;
  margin: 15rpx;
  background-color: honeydew;
}
```

5.2　智能药盒硬件开发与调试

1. 智能药盒硬件开发要点剖析

智能药盒硬件开发与调试是一个涉及多个步骤的、较为复杂的过程，包括硬件系统架构设计、硬件设计开发、硬件系统测试与结果分析等程序，每个程序需完成的任务各不相同。

（1）智能药盒的硬件系统架构设计。

为了便于空巢老人携带使用，智能药盒硬件主体须采用轻薄设计，并系统规划数字显示模块、主控模块、Wi-Fi 与蓝牙模块、语音合成模块、传感器模块、USB/电池充电模块、数据存储模块等不同模块的突出功能，目的在于保障在用户使用产品期间，数字显示模块能准确提示用药数量，主控模块能完成逻辑控制和数据处理，Wi-Fi 与蓝牙模块能实现远程控制和数据同步，语音合成模块能通过人声提醒用户用药，传感器模块能监测药盒内部环境，USB/电池充电模块能保证药盒的长时间使用，数据存储模块能记录药品信息和用药记录等。

（2）智能药盒的硬件设计开发。

一是要选择合适的微控制器作为系统的核心，高性能、低功耗、丰富的外设接口最佳。二是根据需要监测的参数（如温湿度、药品状态等）选取合适的传感器，并分别对提醒模块、通信模块进行独立设计，最大限度地保障为空巢老人用户群体设定的服药时间和药品状态信息的准确性，生成提醒信号，实现智能药盒与手机等移动终端之间数据的顺利传输和通信。

（3）智能药盒的硬件系统测试与结果分析。

首先搭建测试环境，进行功能测试、性能测试和稳定性测试，确保系统满足设计要求并具有良好的性能和稳定性。然后使用示波器、逻辑分析仪等工具检查电路连接是否正确，传感器和微控制器是否正常工作。最后使用调试器进行代码调试，检查程序逻辑是否正确，传感器是否准确采集数据，提醒功能是否按预期工作。通过不断测试和优化，确保智能药盒硬件系统的可靠性和用户体验。

2. 智能药盒硬件开发工作实践

综合以上分析，基于智能药盒被选中方案之一（外观设计专利号：ZL 2022 3 0470713.X），进行实体模型硬件尺寸的匹配。通过利用微型数字显示屏、电路板、锂电池、电源线、USB 金属接口、电子元器件等多种硬件耗材，以及智能 3D 打印增材制造技术和产品实体模型后处理加工工序，按照 1∶4 的产品制作比例关系，完成 1 个缩小版的智能药盒电子硬件设备以及产品结构实体模型制作。具体细节内容描述如下。

（1）电子硬件设备与相关软件设计。

作者带领团队自主开发的智能医疗药物管理设备软件[简称：智能药物]V1.0（计算机软件著作权证书号：2022SR0839230）基于 Arduino 平台，可通过电子按钮进行相关界面交互操作，也可通过外围设备进行遥控交互操作。当该设备通过低功耗蓝

牙接收用户控制指令请求时，须完成相应的控制指令，并且向遥控设备回传当前设备的控制指令。在通电通网状态下，对该智能医疗药物管理设备软件的硬件设备进行多次交互测试与调试，不断优化与智能化控制相关的程序设计内容，最大限度地减少由空巢老人误操作而引起的药品污染、漏吃服或多服药以及所带来的药物不良反应。智能医疗药物管理设备软件[简称：智能药物]V1.0 使用说明见表 5.2。

表 5.2　智能医疗药物管理设备软件[简称：智能药物]V1.0 使用说明

项目	使用说明		
图示			
说明	1. 软件初始化界面设置。在首次使用该设备时，用户将看到以上画面，需要根据设备上的提示，通过移动终端遥控软件，对该智能药盒硬件设备进行时间校准	2. 软件主界面参数设置。设备初始化后，进入就绪状态。用户看到以上画面后，可对设备进行正常时间读取，并通过移动终端遥控软件下发智能任务	3. 用药提醒界面。设备在用户预定时间会完成指定任务。用户看到以上画面后，可以根据特定场景完成任务，设备提醒响应，按下任意按钮，将结束提醒

（2）控制技术要点分析。

作者带领团队自主开发的智能医疗药物管理设备软件，其控制技术要点主要体现 3 个方面。

一是在通电、通网、开机后，显示初始化界面。当完成设备绑定后，到达指定时间设置模块；如果“否”，则继续显示初始化界面，直到下一步操作。

二是当到达指定时间时，操作硬件设备，完成智能化的指定任务；如果“否”，则继续显示设备主界面，直到下一步操作开始。

三是当完成设备指定任务后，用户按下按钮，则显示设备主界面；如果“否”，则继续处于“设备完成指定任务”状态，直到下一步操作开始。

智能医疗药物管理设备软件工作流程图，如图 5.3 所示。

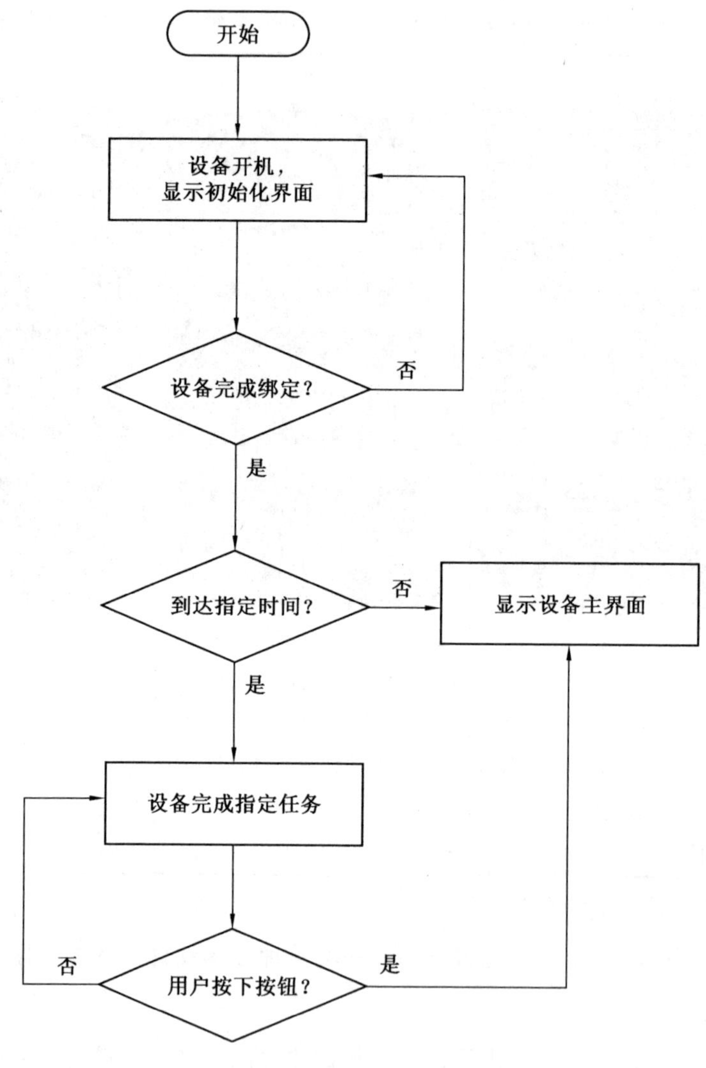

图 5.3　智能医疗药物管理设备软件工作流程图

5.3　智能药盒 3D 实体模型加工制作

1. 智能药盒 3D 实体模型加工制作要求

智能药盒 3D 实体模型加工制作并非一蹴而就，需要在加工制作过程中特别关注几个要点，包括但不限于：智能药盒结构与尺寸须满足临床使用要求、3D 打印材料属性被正确赋值、3D 打印的过程性监管、3D 实体模型后处理工艺等。

（1）智能药盒结构与尺寸须满足临床使用要求。

由于智能药盒属于医用类产品，设计师在进行该类产品的整体结构与尺寸设计时，首先需要严格遵循《医疗器械监督管理条例》，综合考虑产品的安全性、功能性、便携性、易用性以及临床使用的具体要求，确保其在实际应用中的有效性和安全性。与此同时，智能药盒的尺寸不仅应便于空巢老人这一特殊群体的外出携带，还应保障药盒的容量设计合理，以满足患者一段时间内的药品存储需求。

（2）智能药盒 3D 打印材料属性被正确赋值。

智能药盒材料的选择与应用须严格按照《医疗器械用高分子材料控制指南》（T/CAMDI 106—2023）等法律法规执行，最大限度地保障装入药盒中药品的安全性，使其与人体接触时不会引起细胞毒性、过敏反应或其他不良反应。当前市场上适合用于智能药盒的 3D 打印材料包括聚乳酸（PLA）、ABS 塑料、热塑性聚氨酯弹性体（TPU）等，根据该类产品的使用场景和耐用性要求，可以尝试使用 PLA 材料制作药盒的主体结构，用 TPU 等柔性材料制作药盒中柔韧性较强的结构，如药盒的转动结构等。

（3）智能药盒 3D 打印的过程性监管（设备选择、实操与监管）。

由于智能药盒的尺寸和结构需要高度精确，以确保药品分配准确性和药盒密封性。因此，选择的 3D 打印设备应能够实现高精度打印、确保打印过程中的稳定性、具有用户友好的操作界面。当前企业主流 3D 打印设备主要包括熔融沉积（FDM）、粉末黏结（PB）、热熔挤出沉积（MED）、光固化（SLA/DLP）等类型。当选择了合适的 3D 打印设备后，需要进行相关参数设置，如打印温度、湿度、压力等，以确保打印品质。操作人员须对打印过程进行严格监管，通过采用摄像监控系统或声音和振动监测来实时监控打印过程，确保及时发现并解决可能出现的问题。

（4）智能药盒 3D 实体模型后处理工艺。

智能药盒的 3D 实体模型后处理工艺是确保其质量和功能性的关键步骤，需要在完成 3D 打印实操后，及时对初始实体模型进行消除热应力、去除粉末残留、表面粗糙度处理等后处理，以保证产品的力学性能和生物相容性。

具体处理工艺包括：

①去除支撑结构，避免损坏药盒的精细结构。

②利用专业工具清除多余的粉末或树脂。

③用砂纸或研磨材料去除层线和改善表面粗糙度，或利用蒸汽平滑技术改善产品的表面质量。

④通过喷漆或使用其他着色技术来增强药盒的整体美观度。

⑤针对某些树脂材料，用紫外线固化来增强其性能，使其更加耐用和耐化学腐蚀。

2. 智能药盒 3D 实体模型加工制作与后处理

参照被选中智能药盒方案的电子硬件设备具体比例数值，不断完善智能药盒产品的三维虚拟模型相关结构与尺寸，直至定稿。

待该方案模型优化定稿后：

（1）利用专业的 Modellight 切片软件，对智能药盒三维虚拟模型进行合适的切片处理，以便为后期的 3D 打印工作做好铺垫工作。

（2）通过融熔沉积 3D 打印设备，利用 ABS 塑料，进行智能药盒 3D 实体模型的打印制作，为后期的产品结构与电子硬件设备的装配创造有利条件。

（3）利用处理实体模型的专业工具，对初模进行打磨、抛光等加工后处理，为智能药盒的最终实体模型状态做足呈现工作。

智能药盒被选中方案之一（外观设计专利号：ZL 2022 3 0470713.X）的 3D 实体模型制作与后处理具体操作流程，见表 5.3。

表 5.3　智能药盒被选中方案之一的 3D 实体模型制作与后处理具体操作流程

项目	具体操作流程		
图示	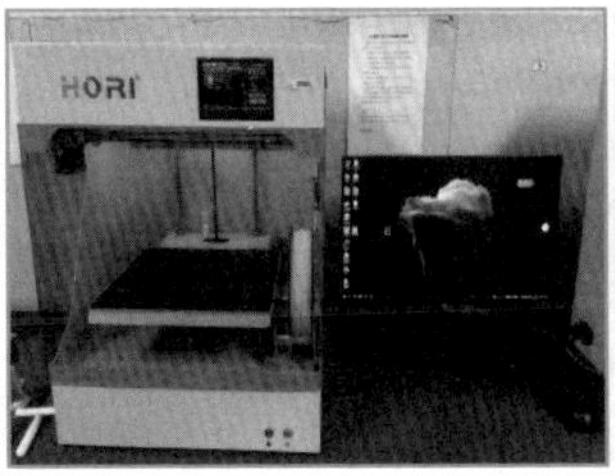	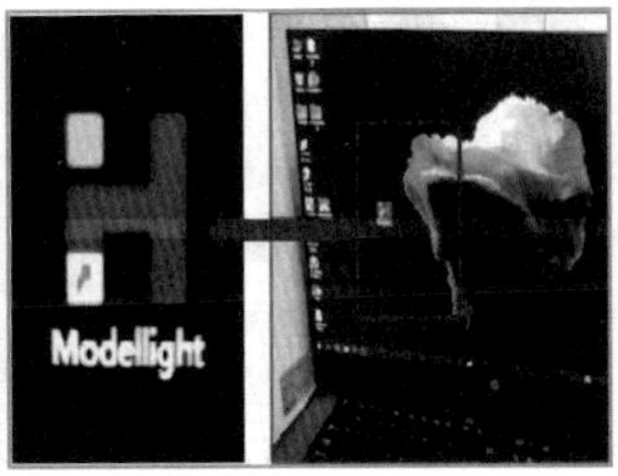	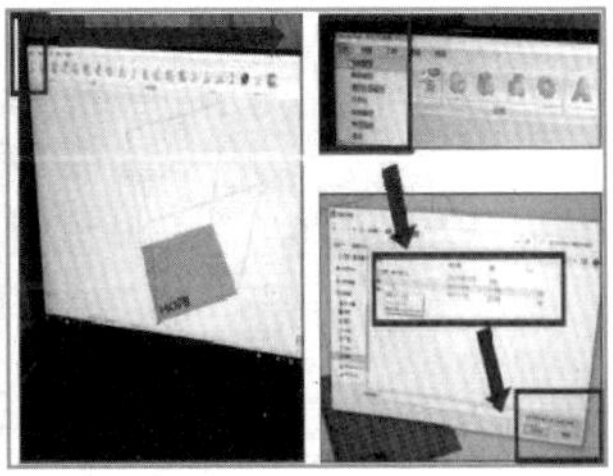
说明	1. 检查桌面融熔沉积 3D 打印设备的通电连接状态。目的在于保证计算机与该 3D 打印设备通电连接状态良好，以防止在后期的 3D 打印工作过程出错	2. 打开计算机桌面上已安装好的 Modellight 切片软件。检查该 Modellight 切片软件是否处于正常运行状态，目的是为智能药盒三维虚拟模型的合理切片工作做足准备	3. 导入已保存为 STL 格式的智能药盒三维虚拟模型。通过点击 Modellight 切片软件界面最上方的“文件”→“添加模型”→“选择模型”→“打开”，即可顺利导入指定模型
图示	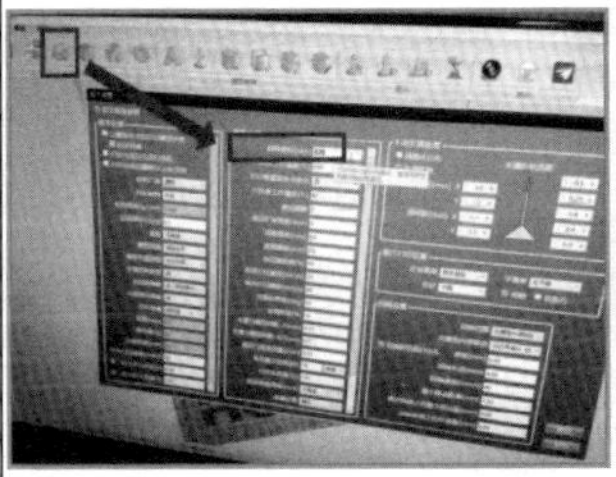		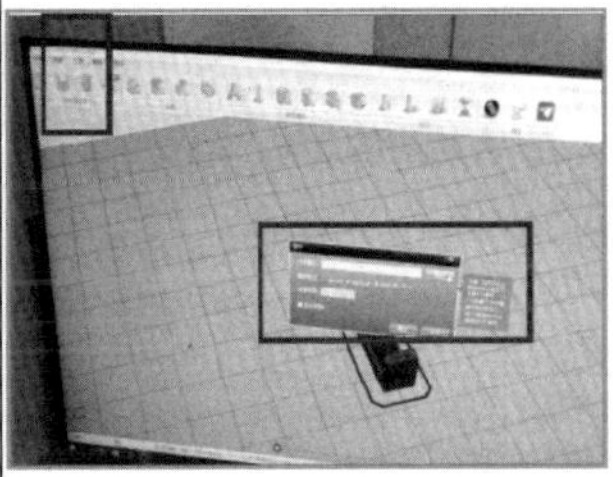
说明	4. 为智能药盒三维虚拟模型设置合适的切片参数。为保证打印顺利，材料直径数值不超过 3 mm，太厚或太薄均易出错	5. 利用 Modellight 切片软件的“切片处理”，完成智能药盒三维虚拟模型切片任务。在对产品虚拟模型进行切片过程中，不要对计算机进行任何操作，以免出现死机或卡机	6. 利用 Modellight 切片软件的“导出切片数据”，保存 Gcode 格式的模型文件。便于将指定格式的智能药盒三维虚拟模型导入融熔沉积 3D 打印设备进行打印

续表 5.3

<table>
<tr><td>项目</td><td colspan="3">具体操作流程</td></tr>
<tr><td>图示</td><td> 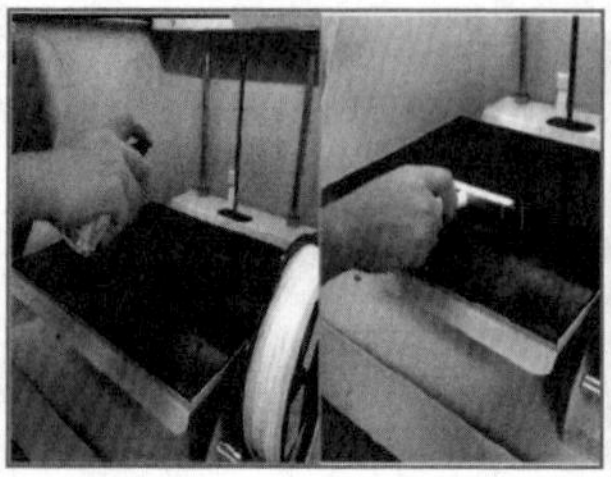</td><td> 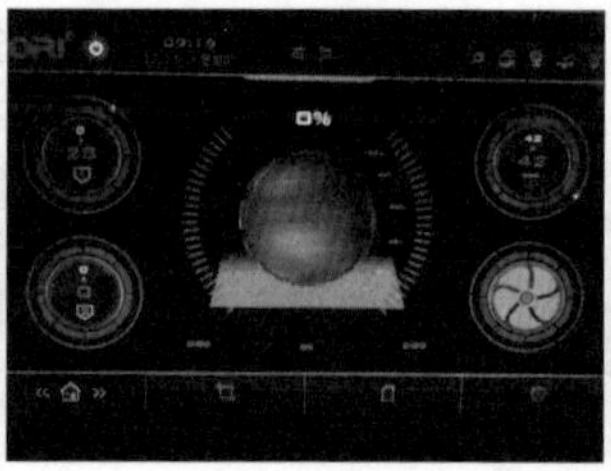</td><td> 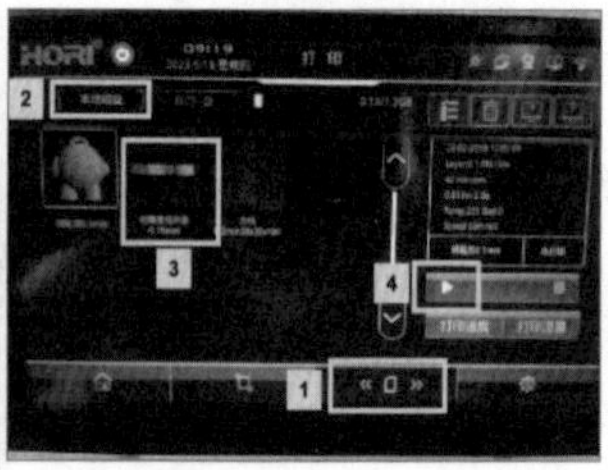</td></tr>
<tr><td>说明</td><td>7. 利用专业处理工具，平滑处理3D打印设备内板表面。先在设备内板表面喷上专用胶水，再用专业推子将胶水均匀分布于内板表面，防止产品实体模型翘边</td><td>8. 启动融熔沉积3D打印设备控制面板的开机按钮。实时检查打印设备温度预热情况、打印位置校准情况、设备自带风扇工作情况，为打印做准备</td><td>9. 导入 Gcode 指定格式的智能药盒三维虚拟模型，开启3D打印工作。分别按照以上图片中的 1→2→3→4 顺序点击图标，将模型导入后，即可开启实体模型的3D打印</td></tr>
<tr><td>图示</td><td> 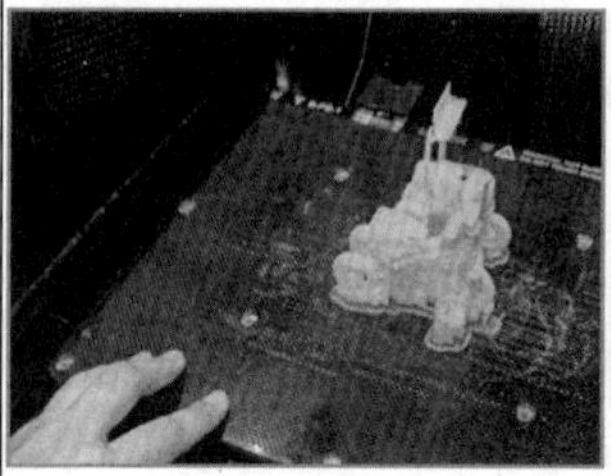</td><td> </td><td> </td></tr>
<tr><td>说明</td><td>10. 打开设备门，取出已完成打印的部分结构件。在操作过程中，先检查3D打印设备是否完成打印任务，如是，方能取件；反之，则需继续等待，直至打印结束</td><td>11. 使用专业铲刀工具，将智能药盒结构件从底板上取出。右手拿铲刀，左手与刀口呈平行状态，防止手被划伤。也可不拆卸底板，直接在设备中取出</td><td>12. 利用专业钳剪工具，对结构件进行优化处理。主要是将3D打印支撑件以及多余的毛坯件处理干净，以便于在后续工作中对多个结构件进行合理装配</td></tr>
</table>

续表 5.3

项目	具体操作流程		
图示	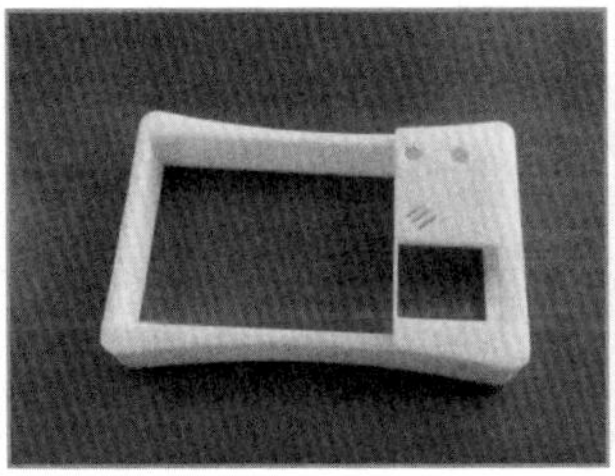	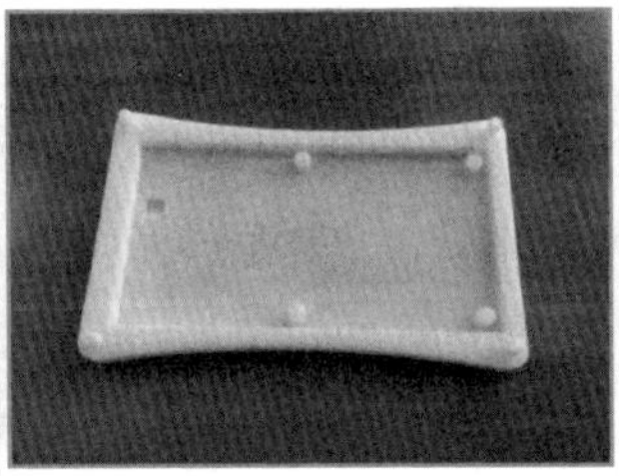	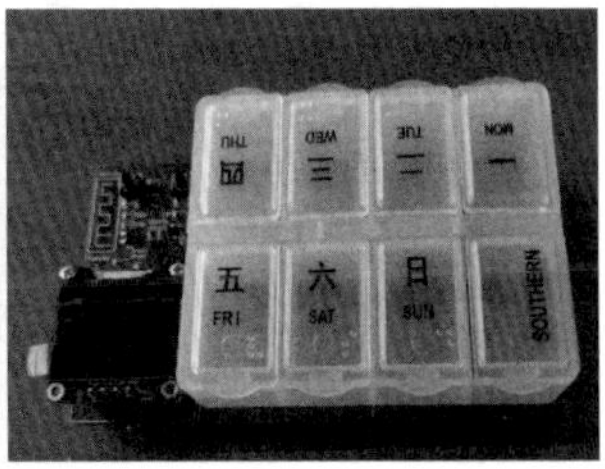
说明	13. 经过微型电动打磨机打磨处理干净后的智能药盒上盖展示。该 3D 打印结构件高度还原了在创意阶段的智能药盒产品草图方案，加工工艺后处理效果良好	14. 经过微型电动打磨机打磨处理干净后的智能药盒底盖展示。该 3D 打印结构件高度还原了在创意阶段的智能药盒产品草图方案，加工工艺后处理效果良好	15. 经过微型电动打磨机打磨处理干净后并局部上色的智能药盒药仓展示。首先完成该结构件的打磨，然后对局部进行上色，最后再装配到电子硬件设备上
图示	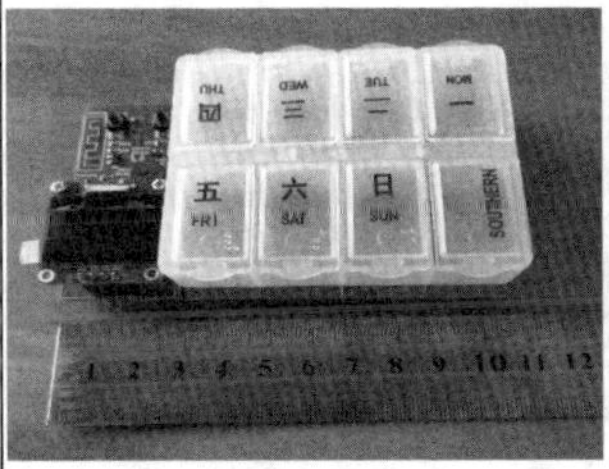	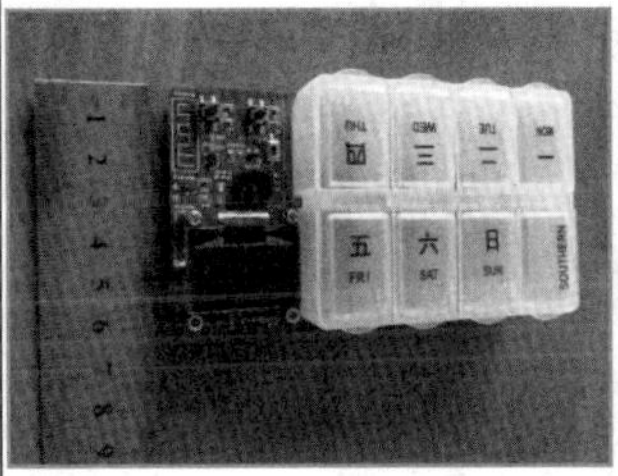	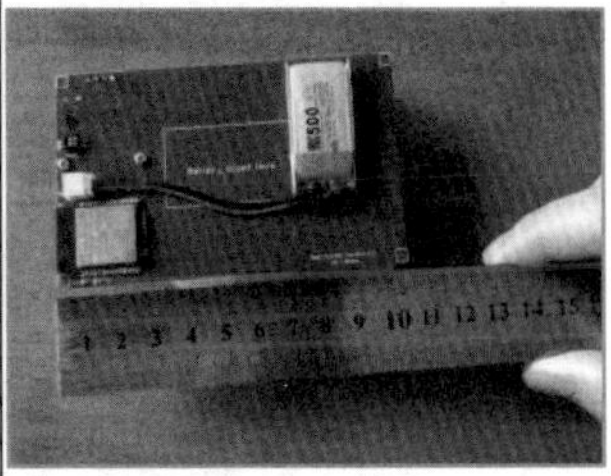
说明	16. 智能药盒电子硬件设备正面正边细节展示。可见已装配 8 个处理干净的并适当上色的 3D 小药仓，数字显示屏等相关结构细节	17. 智能药盒电子硬件设备正面侧边细节展示。可见电路板上的电子元器件、电子按钮件、USB 充电接口元件等相关结构细节	18. 智能药盒电子硬件设备背面正边细节展示。可见少量电子元器件、电源线、电源开关键、锂电池、接口电子元件等相关结构细节

续表 5.3

项目	具体操作流程		
图示	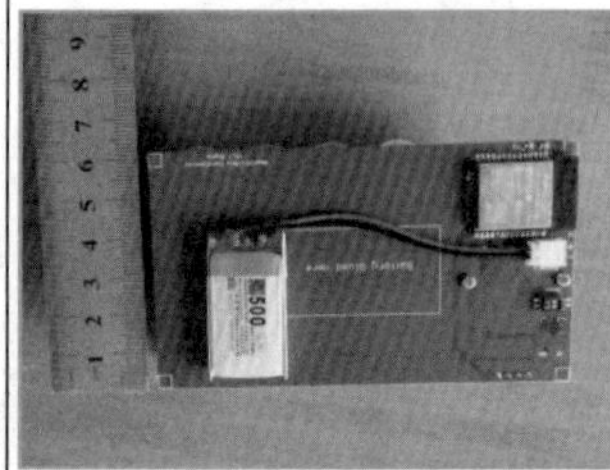	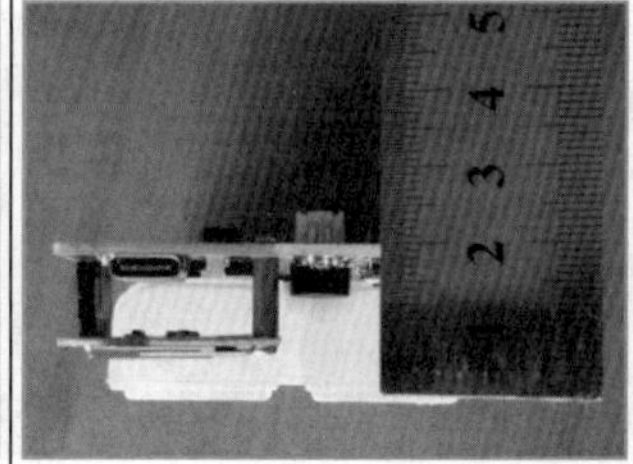	
说明	19. 智能药盒电子硬件设备背面侧边细节展示。测量数据显示，该电子硬件设备的宽度约为其长度的 3/5，可较好地放置在智能药盒的内部空间	20. 智能药盒电子硬件设备侧边厚面细节展示。可见电子硬件设备的总体边缘厚度、接口元件等细节	21. 智能药盒电子硬件设备侧边宽面细节展示。可见电子硬件设备的电路板边缘宽度、电子元器件等细节
图示	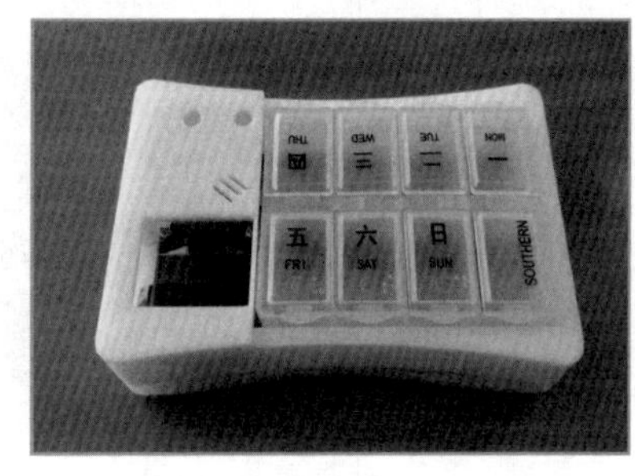	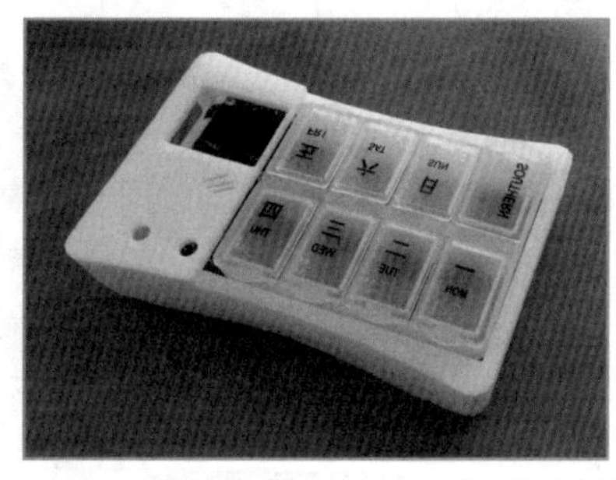	
说明	22. 完整装配的智能药盒产品透视图细节展示。本产品是基于 1∶4 尺寸比例制作而成的缩小版智能药盒实体模型，装配结构包括已经完成后处理操作的智能药盒上盖结构、底盖结构和 8 个 3D 打印药仓结构。 制作缩小版模型进行测试的目的：缩短整个产品实体制作时间，使研究能够快速过渡到产品软硬件交互的智能化测试、空巢老人用户群体的体验反馈和情感变化相关信息搜集、产品设计内容优化完善等工作进程，以便快速获取高价值的研究成果		

5.4　智能药盒 3D 成品验证与用户反馈

1. 智能药盒 3D 成品验证要素分析

智能药盒的 3D 成品验证与反馈，是确保产品质量和满足空巢老人用户群体需求的重要环节。在制作完成智能药盒 3D 成品后，需要及时开展产品的综合功能测试、耐用性及密封性能测试、安全性测试、用户体验测试等相关工作。

（1）智能药盒的综合功能测试。

在此环节，需要重点验证智能药盒的所有功能是否可实现，主要包括但不限于：一是药品存储状态测试，主要包括温湿度传感器能否准确监测药品存储环境的温度和湿度，药品状态传感器能否正确检测药品的存在和数量。二是药盒远程管控测试，重点检查系统软件主程序、传感器数据采集程序、提醒程序、通信程序等数据传输是否稳定，确保它们能够正常工作并且相互协调。三是异常报警和数据记录功能测试，模拟药品存储环境的异常情况，测试当温度过高或药品数量不足时，智能药盒能否发出警报并准确记录异常情况和提醒事件。

（2）智能药盒的耐用性及密封性能测试。

智能药盒的耐用性测试是确保其长期稳定运行的关键一环。首先需对该产品进行重复使用测试，通过模拟长期使用过程中的重复开合、药品分配和取出等操作引起的产品性能变化，并进行跌落测试，以测试药盒耐用性和机械部件磨损情况。对于带电子提醒功能的智能药盒，还需重点测试电池寿命和充电周期，确保在电池供电下药盒能够长时间运行。同时，智能药盒的密封性能测试也至关重要，可通过压力衰减、真空衰减、色水法、紫外线照射法等措施，确保药盒在潮湿环境中也能长效保障药品不受潮。

（3）智能药盒的安全性测试。

通过智能药盒的安全性测试，保证空巢老人群体用户在使用过程中不会受到伤害或遭遇风险。一是电池的安全性测试，包括过充、过放、短路和温度测试，确保电池在使用过程中不会发生危险。二是电子元件的安全测试，聚焦电磁兼容性，确保智能药盒在使用过程中不会对其他医疗设备产生干扰，也不会受到其他设备的干扰。三是耐化学品测试，测试智能药盒的材料对常见化学品（如清洁剂和消毒剂）的抵抗力，确保长期使用时不会发生材料降解或药品污染。四是软件安全性测试，包括数据加密、用户认证和通信安全测试，确保数据传输的安全性和防止未授权访问。

（4）智能药盒的用户体验测试。

开展智能药盒的用户体验测试，目的在于高效满足空巢老人用药需求和心理情感诉求。首先可以进行小范围的用户调查，围绕用户本能层、行为层、反思层 3 个层次需求，通过问卷调查、访谈、浏览用户论坛等方式，分析用户对于智能药盒造型、功能、结构、交互等的反馈。然后邀请目标用户群体实际使用智能药盒，观察他们操作的便利性。通过实际用户测试来收集智能药盒样件产品的易用性、友好性以及是否满足用户的期望和需求等信息，并准确评估智能药盒的界面设计是否直观易用，其字体大小、按钮设计、颜色对比等是否符合老年用户的视觉需求。收集用户反馈，了解其满意度和改进建议。

2. 智能药盒 3D 成品的试用信息反馈

针对以上注意事项，基于组装完成的智能药盒 3D 实体模型，邀请 30 余位空巢老人群体、家中有空巢老人的成年人群体等多样背景的用户，展开智能药盒功能验证、试用体验等，收集用户对于该产品的体验反馈、情感变化信息。智能药盒样件试用反馈信息梳理见表 5.4。

表 5.4　智能药盒样件试用反馈信息梳理

序号	“信息点”梳理	“满意点”反馈	“完善点”反馈
1	对数字显示屏的反馈信息梳理	在使用智能药盒过程中，数字显示屏能够显示具体的（年/月/日）时间、用药提醒、用药次数、用药种类等相关信息，可以有效地帮助空巢老人把控用药时间以及调整错误的用药习惯	由于是缩小版的智能药盒产品，数字显示屏设置得相对较小，数字显示内容一旦很多，容易看不清具体信息，待后续将产品还原放大后，可及时有效地规避此问题

续表 5.4

序号	“信息点”梳理	“满意点”反馈	“完善点”反馈
2	对药仓相关设计的反馈信息梳理	对翻盖式的药盖结构比较满意，适合空巢老人使用习惯。且药盖上的数字显示足够大、高清明亮，能够预防空巢老人误操作	药仓与药仓之间的间距如果再稍微调大一些就更好了。目的在于防止空巢老人在使用时不小心碰到多个药盖结构
3	对软硬件交互的反馈信息梳理	远方亲人能够通过小程序帮助空巢老人进行用药记录和提醒等智能化的远程设置。且空巢老人在操作失误时，能够听到远方亲人的及时提示，带来正向的情绪体验，用药心情也好了很多	用药周期数设置长一些，实现远方亲人一次性设置，长时间提醒和记录空巢老人的用药过程，目的是提高设置效率，避免过度麻烦远方亲人经常性操作、给其带来诸多不便

3. 智能药盒 3D 成品硬件设备软件优化

基于用户体验与反馈，不断尝试优化产品结构，并继续完善智能医疗药物管理设备软件源代码，直至定稿。

智能医疗药物管理设备软件[简称：智能药物]V1.0（计算机软件著作权证书号：2022SR0839230）的源代码定稿版如下：

```
#include <Arduino.h>
#include "system.h"

#if __X_DBEUG__
void WaitForDebugger()
{
    Serial.println("WaitForDebugger");
    int available = 0;
    while ((available = Serial.available()) == 0)
        ;
```

```
        while (available--)
        {
            Serial.read();
        }
        Serial.printf("Debug is ok. cpp version %d\n", __cplusplus); // 201103
}
#endif

void setup()
{
#if __X_DBEUG__
        // 打开串口 波特率 115200
        Serial.begin(115200);

        // 等待串口调试器
        WaitForDebugger();
#endif

        // 获取系统实例
        System *ctx = System::getSystemInstance();
        // 初始化模块
        ctx->initDeviceModule();
        // 启动蓝牙服务
        ctx->getBluetoothNetContext()->startBluetoothService();

        // 启动显示器线程
        xTaskCreatePinnedToCore(Display::uiThreadTask, "uiTask", 2048, NULL, 0, NULL, 0);
        // 启动主线程
        xTaskCreatePinnedToCore(System::doTick, "doTick", 8192, NULL, 0, NULL, 1);
```

```
}

void loop()
{
    delay(1000);
}
#include "beeper.h"

Beeper::Beeper() {}

Beeper::~Beeper() {}

void Beeper::initBeeper()
{
    ledcSetup(8, 4000, 10);                    // 设置通道
    ledcAttachPin(System::BEEPER_PIN, 0);      // 将通道与对应的引脚连接
    this->enabled = false;
    this->idx = 0;
}

void Beeper::doTick(uint64_t tick)
{
    if (this->enabled)
    {
        ledcAttachPin(System::BEEPER_PIN, 0);
        ledcWriteNote(0, (note_t)music_a[this->idx++], music_a[this->idx++]);
        if (this->idx == sizeof(music_a))
        {
            this->idx = 0;
```

```
        }
        delay(366);
    }
    else
    {
        ledcDetachPin(System::BEEPER_PIN);
    }
}

void Beeper::enableBeeper()
{
    this->enabled = true;
    this->idx = 0;
}

void Beeper::disableBeeper()
{
    this->enabled = false;
}
#include "system.h"
#include "inc.h"

#ifndef _BEEPER_H
#define _BEEPER_H

#include "music.h"

class Beeper
{
```

```
public:
    Beeper();
    ~Beeper();
    void initBeeper();
    void doTick(uint64_t tick);
    void enableBeeper();
    void disableBeeper();
private:
    volatile bool enabled;
    // 启动后首次响应
    volatile bool firstBeeper;
    uint32_t idx;
};

#endif
#include "bluetooth.h"

BluetoothNet::BluetoothNet() {}

BluetoothNet::~BluetoothNet()
{
    BLEDevice::deinit();
}

void BluetoothNet::createBluetoothService(const char *deviceName)
{
    // 设备初始化
    BLEDevice::init(deviceName);
```

```
        // 设置配对码 (根据 MAC 地址)
        this->deviceAddress = (uint8_t *)BLEDevice::getAddress().getNative();
        System::getSystemInstance()->updateBluetoothDeviceAddress();

        // 创建服务器
        this->bleServer = BLEDevice::createServer();
        this->bleServer->setCallbacks(new ServerCallbacks());

        // 创建系统服务
        this->pBLECurrentTimeService = this->bleServer->createService(BLEUUID(BluetoothNet::
CURRENT_TIME_SERVICE_UUID));

        // 系统时钟数据项
        this->pCurrentTimeCharacteristic = this->pBLECurrentTimeService->createCharacteristic (BLEUUID
(BluetoothNet::CURRENT_TIME_CHARACTERISTIC_UUID), BLECharacteristic::PROPERTY_WRITE);
        this->pCurrentTimeCharacteristic->setCallbacks(new TimeCharacteristic());

        // 创建数据服务
        this->pBLEDataService = this->bleServer->createService(BluetoothNet::DATA_SERVICE_UUID);

        // 推送调度任务
        this->pScheduleCharacteristic = this->pBLEDataService->createCharacteristic(BLEUUID
(BluetoothNet::SCHEDULE_SERVICE_CHARACTERISTIC_UUID), BLECharacteristic::PROPERTY_WRITE);
        this->pScheduleCharacteristic->setCallbacks(new ScheduleCharacteristic());
        this->pRemoveScheduleCharacteristic = this->pBLEDataService->createCharacteristic(BLEUUID
(BluetoothNet::REMOVE_SCHEDULE_SERVICE_CHARACTERISTIC_UUID), BLECharacteristic::
PROPERTY_WRITE);
        this->pRemoveScheduleCharacteristic->setCallbacks(new RemoveScheduleCharacteristic());
    }
```

```
void BluetoothNet::startBluetoothService()
{
    this->pBLECurrentTimeService->start();
    this->pBLEDataService->start();

    BLEDevice::startAdvertising();
}

void BluetoothNet::stopBluetoothService()
{
    BLEDevice::stopAdvertising();

    this->pBLECurrentTimeService->stop();
    this->pBLEDataService->stop();
}

// 中心设备读
void TimeCharacteristic::onRead(BLECharacteristic *pCharacteristic) {}

// 中心设备写
void TimeCharacteristic::onWrite(BLECharacteristic *pCharacteristic)
{
#if __X_DBEUG__
    Serial.println("TimeChange");
#endif
    uint32_t *time = (uint32_t *)pCharacteristic->getData();
    System *system = System::getSystemInstance();
    system->setSystemTime(*time);
```

```
    system->getScheduleContext()->updatePlanListNextNotify();
}

// 中心设备读
void ScheduleCharacteristic::onRead(BLECharacteristic *pCharacteristic) {}

// 中心设备写
void ScheduleCharacteristic::onWrite(BLECharacteristic *pCharacteristic)
{
#if __X_DBEUG__
    Serial.println("ScheOnWrite");
#endif

    uint8_t *data = pCharacteristic->getData();
    Schedule *schedule = System::getSystemInstance()->getScheduleContext();
    schedule->addPlan(data);
    schedule->updatePlanListNextNotify();
}

// 中心设备读
void RemoveScheduleCharacteristic::onRead(BLECharacteristic *pCharacteristic) {}

// 中心设备写
void RemoveScheduleCharacteristic::onWrite(BLECharacteristic *pCharacteristic)
{
#if __X_DBEUG__
    Serial.println("RemoveScheOnWrite");
#endif
    // 单任务删除
```

```
    // uint8_t *data = pCharacteristic->getData();
    // Schedule *schedule = System::getSystemInstance()->getScheduleContext();
    // schedule->removePlan(data);
    // schedule->updatePlanListNextNotify();

    // 全任务清除
    System::getSystemInstance()->getScheduleContext();
    Schedule *schedule = System::getSystemInstance()->getScheduleContext();
    schedule->removeAllPlan();
    schedule->updatePlanListNextNotify();
}

void ServerCallbacks::onDisconnect(BLEServer *pServer)
{
    BLEDevice::startAdvertising();
}
#include "system.h"
#include "inc.h"

#ifndef _BLUETOOTH_H
#define _BLUETOOTH_H

#include <BLEDevice.h>
#include <BLEServer.h>
#include <BLEService.h>

// 16bit UUID
// 0000xxxx 0000-1000-8000-00805F9B34FB
```

```
class ServerCallbacks : public BLEServerCallbacks
{
public:
    ServerCallbacks() {}
    ~ServerCallbacks() {}

    void onDisconnect(BLEServer *pServer);
};

class TimeCharacteristic : public BLECharacteristicCallbacks
{
public:
    TimeCharacteristic() {}
    ~TimeCharacteristic() {}

    void onRead(BLECharacteristic *pCharacteristic);
    void onWrite(BLECharacteristic *pCharacteristic);

private:
};

class ScheduleCharacteristic : public BLECharacteristicCallbacks
{
public:
    ScheduleCharacteristic() {}
    ~ScheduleCharacteristic() {}

    void onRead(BLECharacteristic *pCharacteristic);
    void onWrite(BLECharacteristic *pCharacteristic);
```

```
private:
};

class RemoveScheduleCharacteristic : public BLECharacteristicCallbacks
{
public:
    RemoveScheduleCharacteristic() {}
    ~RemoveScheduleCharacteristic() {}

    void onRead(BLECharacteristic *pCharacteristic);
    void onWrite(BLECharacteristic *pCharacteristic);

private:
};

class BluetoothNet
{
public:
    BluetoothNet();
    ~BluetoothNet();

    void onConnect(BLEServer *pServer);
    void onDisconnect(BLEServer *pServer);
    void createBluetoothService(const char *deviceName);
    void startBluetoothService();
    void stopBluetoothService();
    void setScheduleCallback();
```

```
        uint8_t* deviceAddress;

    private:
        static constexpr uint16_t CURRENT_TIME_SERVICE_UUID = 0x1805;
        // static constexpr uint16_t CURRENT_TIME_CHARACTERISTIC_UUID = 0x2a2b;
        static constexpr char *CURRENT_TIME_CHARACTERISTIC_UUID = "39CDB000-169E-5909-8B86-0CDB6BEAA131";

        static constexpr char *DATA_SERVICE_UUID = "A4C1B0D0-6724-9199-5639-5C8AABA6BA5A";
        static constexpr char *SCHEDULE_SERVICE_CHARACTERISTIC_UUID = "573308DB-2EE8-7E6F-DF37-11804C0ED2FA";
        static constexpr char *REMOVE_SCHEDULE_SERVICE_CHARACTERISTIC_UUID = "C3AA7EFA-3F7D-6D4A-1A5E-C1DEF36D43FD";
        BLEServer *bleServer;

        BLEService *pBLECurrentTimeService;
        BLECharacteristic *pCurrentTimeCharacteristic;

        BLEService *pBLEDataService;
        BLECharacteristic *pScheduleCharacteristic;
        BLECharacteristic *pRemoveScheduleCharacteristic;
    };

    #endif
    #include "display.h"

    U8G2_SSD1306_128X64_NONAME_F_SW_I2C Display::u8g2(U8G2_R0, SCL, SDA, U8X8_PIN_NONE);
```

```
Display::Display() {}

Display::~Display() {}

void Display::initModule()
{
    this->notifyBoxId = 0;
    this->showNotifyScreen = false;
    this->timeSyncTips = true;

    Display::u8g2.enableUTF8Print();
    Display::u8g2.begin();
    Display::u8g2.setFont(u8g2_font_wqy14_t_gb2312);
}

void Display::uiThreadTask(void *nil)
{
    // 获取实例
    Display *ctx = System::getSystemInstance()->getDisplayContext();

    while (true)
    {
        // 绘制帧
        ctx->drawFrame();

        // ~30 FPS
        vTaskDelay(System::time_ms(33));
    }
```

```
}

void Display::updatePairCode(char *pairCode)
{
    memset(this->pairCode, 0, 7);
    strcpy(this->pairCode, pairCode);
}

void Display::drawFrame()
{
    time_t t;
    time(&t);
    tm *timeinfo = localtime(&t);

    Display::u8g2.clearBuffer();
    Display::u8g2.setCursor(0, 15);
    Display::u8g2.print(timeinfo, "%F %X");

    if (this->timeSyncTips)
    {
        Display::u8g2.setCursor(0, 30);
        Display::u8g2.print("当前时间未校准");
        Display::u8g2.setCursor(0, 45);
        Display::u8g2.print("使用小程序同步时间");
        Display::u8g2.setCursor(0, 60);
        Display::u8g2.printf("配对码: %s", this->pairCode);
    }
    else if (this->showNotifyScreen)
    {
```

```
        Display::u8g2.setCursor(0, 45);
        Display::u8g2.printf("请打开 %d 号药仓", this->notifyBoxId + 1);
        Display::u8g2.setCursor(0, 60);
        Display::u8g2.print("任意按钮，停止提示");
    }
    else
    {
        Display::u8g2.setCursor(0, 30);
        Display::u8g2.print("广东工贸|智能药盒");
        Display::u8g2.setCursor(0, 45);
        Display::u8g2.printf("配对码: %s", this->pairCode);
        Display::u8g2.setCursor(0, 60);
        Display::u8g2.print("www.gdgm.edu.cn");
    }

    Display::u8g2.sendBuffer();
}

void Display::enableNotifyFrame(uint8_t boxId)
{
    this->notifyBoxId = boxId;
    this->showNotifyScreen = true;
}

void Display::disableNotifyFrame()
{
    this->notifyBoxId = 0;
    this->showNotifyScreen = false;
}
```

```
void Display::closeTimeSyncTips()
{
    this->timeSyncTips = false;
}
#include "system.h"
#include "inc.h"

#ifndef _DISPLAY_H
#define _DISPLAY_H

#include <U8g2lib.h>

class Display
{

public:
    Display();
    ~Display();
    void initModule();
    static void uiThreadTask(void *nil);
    void updatePairCode(char *pairCode);
    void enableNotifyFrame(uint8_t boxId);
    void disableNotifyFrame();
    void closeTimeSyncTips();

protected:
    void drawFrame();
```

```
private:
    static U8G2_SSD1306_128X64_NONAME_F_SW_I2C u8g2;
    char pairCode[7];
    volatile bool showNotifyScreen;
    volatile uint8_t notifyBoxId;
    volatile bool timeSyncTips;
};

#endif
#define __X_DBEUG__ 0

#ifndef _INC_H
#define _INC_H

#include <Arduino.h>

#include <cstdint>
#include <time.h>
#include <sys/time.h>
#include <cstdint>
#include <cstdlib>

#endif
#ifndef _MUSIC_H
#define _MUSIC_H

static uint8_t music_a[] = {
    NOTE_B, 4, NOTE_B, 4, NOTE_A, 4, NOTE_A, 4, NOTE_B, 4, NOTE_B, 4, NOTE_G, 4,
NOTE_G, 4, NOTE_G, 4, NOTE_A, 4, NOTE_F, 4, NOTE_F, 4, NOTE_D, 4, NOTE_D, 4, NOTE_D, 4,
```

```
NOTE_D, 4, NOTE_F, 4, NOTE_D, 4, NOTE_G, 4, NOTE_G, 4, NOTE_G, 4, NOTE_D, 4, NOTE_D, 4,
NOTE_D, 4, NOTE_G, 4, NOTE_D, 4, NOTE_D, 4, NOTE_F, 4, NOTE_D, 4, NOTE_D, 4,
NOTE_C, 4, NOTE_C, 4, NOTE_C, 4, NOTE_C, 4, NOTE_C, 4, NOTE_C, 4, NOTE_G, 4, NOTE_G, 4,
NOTE_B, 3, NOTE_B, 3, NOTE_D, 4, NOTE_D, 4, NOTE_A, 3, NOTE_A, 3, NOTE_C, 4, NOTE_C,
4, NOTE_G, 3, NOTE_G, 3, NOTE_G, 3, NOTE_G, 3, NOTE_G, 3, NOTE_G, 3, NOTE_D, 3, NOTE_D,
3, NOTE_D, 3, NOTE_D, 3, NOTE_G, 3, NOTE_A, 3};

#endif
#include "schedule.h"

Schedule::Schedule() {}
Schedule::~Schedule() {}

void Schedule::initModule(bool firstTime)
{
    memset(&this->plans, 0xff, Schedule::Capacity * sizeof(Plan));
    EEPROM.begin(Schedule::Capacity * sizeof(Plan));
    if (firstTime)
    {
        this->clearFlash();
        this->nextPlan = nullptr;
        this->nextPlanTime = 0;
    }
    else
    {
        this->loadPlanFromFlash();
        this->updatePlanListNextNotify();
    }
}
```

```
uint64_t Schedule::getPlanNextNotifyTime(const Plan &plan)
{
    TimeUtil now;
    time_t tNow = now.getTime();
    return getPlanNextNotifyTime(plan, tNow);
}

uint64_t Schedule::getPlanNextNotifyTime(const Plan &plan, uint64_t targetTime)
{
    uint64_t minTimeLimit = plan.startTime;
    uint64_t maxTimeLimit = 0;

    if (plan.cycleType == Cycle_Type_Single)
    {
        if (targetTime < minTimeLimit)
        {
            return minTimeLimit;
        }
        else
        {
            return 0;
        }
    }
    else if (plan.overCycleType == Over_Cycle_Type_DateTime)
    {
        maxTimeLimit = plan.overCycleData;
    }
    else if (plan.overCycleType == Over_Cycle_Type_Times)
```

```
{
    maxTimeLimit = UINT64_MAX;
}

// 当前时间偏移
uint64_t currentOffset = 0;
// 当前周期偏移
uint32_t enumCurrentOffset = 0;
// 结束周期时间
uint32_t limitTimes = 0;

if (plan.overCycleType == Over_Cycle_Type_DateTime)
{
    limitTimes = UINT32_MAX;
}
else if (plan.overCycleType == Over_Cycle_Type_Times)
{
    limitTimes = plan.overCycleData;
}

for (uint64_t t = 0; t < UINT64_MAX; t++)
{
    currentOffset = getCycleTypeOffsetTime(minTimeLimit, plan.cycleType, plan.cycleTimes, enumCurrentOffset++);
    limitTimes--;
    if (currentOffset > maxTimeLimit)
    {
        break; // 到达时间终点
    }
```

```
        else if (currentOffset < targetTime)
        {
            continue; // 小于开始时间
        }
        else if (plan.overCycleType == Over_Cycle_Type_Times && limitTimes < 0)
        {
            break; // 次数到达限制
        }
        else
        {
            return currentOffset;
        }
    }

    return 0;
}

uint64_t Schedule::getCycleTypeOffsetTime(uint64_t start, CycleType cycleType, uint8_t cycleTimes, uint32_t round)
{
    DateTimeType type;
    switch (cycleType)
    {
    case Cycle_Type_Day:
        type = Date_Time_Type_Day;
        break;
    case Cycle_Type_Week:
        type = Date_Time_Type_Week;
        break;
```

```
        case Cycle_Type_Month:
            type = Date_Time_Type_Month;
            break;
        case Cycle_Type_Season:
            type = Date_Time_Type_Month;
            cycleTimes *= 3;
            break;
        case Cycle_Type_Year:
            type = Date_Time_Type_Year;
            break;
        }

        TimeUtil time(start);
        return time.addDateTime(cycleTimes * round, type);
    }

    void Schedule::addPlan(uint8_t *raw)
    {
    #if __X_DBEUG__
        Plan *plan = (Plan *)raw;
        Serial.println("====================");
        Serial.println("Schedule::addPlan");
        Serial.print("0x");
        for (size_t i = 0; i < sizeof(Plan); i++)
        {
            Serial.printf("%02x", raw[i]);
        }
        Serial.print("\n");
        Serial.printf("CType %u\n", plan->cycleType);
```

```
    Serial.printf("OType %u\n", plan->overCycleType);
    Serial.printf("BoxId %u\n", plan->boxId);
    Serial.printf("CTime %u\n", plan->cycleTimes);
    Serial.printf("STime %u\n", plan->startTime);
    Serial.printf("OData %u\n", plan->overCycleData);
    Serial.println("====================");
#endif
    int8_t idx = -1;
    if ((idx = this->getEmptyArrayIdx()) != -1)
    {
        memcpy(&this->plans[idx], raw, sizeof(Plan));
    }
}

void Schedule::removePlan(uint8_t *raw)
{
    int8_t idx = -1;
    if ((idx = this->getPlanIdx(raw)) != -1)
    {
#if __X_DBEUG__
        Serial.println("remove plan");
#endif
        this->removePlan(idx);
    }
}

void Schedule::removePlan(uint8_t idx)
{
    memset(&this->plans[idx], 0xff, sizeof(Plan));
```

```
}

int8_t Schedule::getPlanIdx(uint8_t *target)
{
    for (size_t i = 0; i < Schedule::Capacity; i++)
    {
        Plan plan = this->plans[i];
        uint8_t *p = (uint8_t *)&plan;
        if (this->isSamePlan(target, p))
        {
            return i;
        }
    }
    return -1;
}

bool Schedule::isSamePlan(uint8_t *l_raw, uint8_t *r_raw)
{
    for (size_t i = 0; i < sizeof(Plan); i++)
    {
        if (l_raw[i] != r_raw[i])
        {
            return false;
        }
    }
    return true;
}

void Schedule::eraseOutdatePlan()
```

```
{
    for (size_t i = 0; i < Schedule::Capacity; i++)
    {
        Plan p = this->plans[i];
        if (!this->isEmptyPlan(&p))
        {
            if (Schedule::getPlanNextNotifyTime(p) == 0)
            {
#if __X_DBEUG__
                Serial.println("erase plan");
#endif
                this->removePlan(i);
            }
            this->savePlanToFlash();
        }
    }
}

int8_t Schedule::getEmptyArrayIdx()
{
    for (size_t i = 0; i < Schedule::Capacity; i++)
    {
        if (this->isEmptyPlan(&this->plans[i]))
        {
            return i;
        }
    }
    return  1;
}
```

```
bool Schedule::isEmptyPlan(Plan *plan)
{
    return plan->startTime == UINT32_MAX;
}

void Schedule::clearFlash()
{
    size_t len = Schedule::Capacity * sizeof(Plan);
    for (size_t i = 0; i < len; i++)
    {
        EEPROM.writeByte(i, 0xFF);
    }
    EEPROM.commit();
}

bool Schedule::isEmptyPlanInFlash(const Plan *plan)
{
    uint8_t *raw = (uint8_t *)plan;
    for (size_t i = 0; i < sizeof(Plan); i++)
    {
        if (raw[i] != 0xff)
        {
            return false;
        }
    }
    return true;
}
```

```
void Schedule::loadPlanFromFlash()
{
    for (size_t p = 0; p < Schedule::Capacity; p++)
    {
        Plan plan;
        EEPROM.readBytes(p * sizeof(Plan), &plan, sizeof(Plan));
        if (!this->isEmptyPlanInFlash(&plan))
        {
            this->addPlan((uint8_t *)&plan);
        }
    }
    this->updatePlanListNextNotify();
}

void Schedule::savePlanToFlash()
{
    // 内存计划长度
    size_t mlen = 0;
    // 写入前面内存
    for (size_t p = 0; p < mlen; p++)
    {
        Plan plan = this->plans[p];
        if (!this->isEmptyPlan(&plan))
        {
            EEPROM.writeBytes(p * sizeof(Plan), &plan, sizeof(Plan));
            mlen++;
        }
    }
    // 后续内存清空
```

```
        for (size_t p = mlen; p < Schedule::Capacity; p++)
        {
            for (size_t i = 0; i < sizeof(Plan); i++)
            {
                EEPROM.writeByte(p * sizeof(Plan) + i, 0xFF);
            }
        }
        // 提交 Flash 完成
        EEPROM.commit();
    }

    void Schedule::updatePlanListNextNotify()
    {
        // 清除过期计划
        this->eraseOutdatePlan();

        TimeUtil now;
        time_t tNow = now.getTime();

        // 计算下一个计划
        uint64_t nextTime = UINT64_MAX;
        Plan *nextPlan = nullptr;
        for (size_t idx = 0; idx < Schedule::Capacity; idx++)
        {
            Plan plan = this->plans[idx];
            if (this->isEmptyPlan(&plan))
            {
                continue;
            }
```

```
        uint64_t pTime;
        if ((pTime = Schedule::getPlanNextNotifyTime(plan, tNow)) != 0)
        {
            if (pTime < nextTime)
            {
                nextTime = pTime;
                nextPlan = &this->plans[idx];
            }
        }
    }

    // 设置下一个计划
    this->nextPlanTime = nextTime == UINT64_MAX ? 0 : nextTime;
    this->nextPlan = nextPlan;

#if __X_DBEUG__
    Serial.println("======================");
    Serial.printf("%d\n", this->nextPlanTime);
    if (this->nextPlan != nullptr)
    {
        Serial.println("Schedule::update");
        Serial.printf("CType %u\n", this->nextPlan->cycleType);
        Serial.printf("OType %u\n", this->nextPlan->overCycleType);
        Serial.printf("BoxId %u\n", this->nextPlan->boxId);
        Serial.printf("CTime %u\n", this->nextPlan->cycleTimes);
        Serial.printf("STime %u\n", this->nextPlan->startTime);
        Serial.printf("OData %u\n", this->nextPlan->overCycleData);
    }
    Serial.println("======================");
```

```
#endif
}

void Schedule::doTick(uint64_t tick)
{
    if (this->nextPlanTime != 0 && this->nextPlan != nullptr)
    {
        if (tick > this->nextPlanTime)
        {
#if __X_DBEUG__
            Serial.printf("notify %d\n", this->nextPlan->boxId);
#endif
            // 系统通知用户
            System::getSystemInstance()->notifyDeviceBox(this->nextPlan->boxId);
            // 设置下个时间目标
            this->updatePlanListNextNotify();
        }
    }
}

void Schedule::removeAllPlan()
{
    memset(&this->plans, 0xff, Schedule::Capacity * sizeof(Plan));
    this->clearFlash();
}
#include "system.h"
#include "inc.h"

#ifndef _SCHEDULE_H
```

```
#define _SCHEDULE_H

#include "time_util.h"
#include <EEPROM.h>

enum CycleType : uint8_t
{
    Cycle_Type_Single = 0,
    Cycle_Type_Day = 1,
    Cycle_Type_Week = 2,
    Cycle_Type_Month = 3,
    Cycle_Type_Season = 4,
    Cycle_Type_Year = 5,
    Cycle_Type_Max = 6,
};

enum OverCycleType : uint8_t
{
    Over_Cycle_Type_DateTime = 0,
    Over_Cycle_Type_Times = 1,
};

// 12 B
typedef struct Plan_t
{
    CycleType cycleType;            // 0x01 (循环类型)
    OverCycleType overCycleType;    // 0x01 (结束类型/时间、次数)
    uint8_t boxId;                  // 0x01 (药仓号码)
    uint8_t cycleTimes;             // 0x01 (循环数量)
```

```
    uint32_t startTime;                // 0x04 (计划开始时间戳/s)
    uint32_t overCycleData;            // 0x04 (计划结束时间戳/其他)
} Plan;

class Schedule
{
public:
    static constexpr uint8_t Capacity = 32;

    Schedule();
    ~Schedule();

    static uint64_t getPlanNextNotifyTime(const Plan &plan);
    static uint64_t getPlanNextNotifyTime(const Plan &plan, const uint64_t time);

    void initModule(bool firstTime);

    // 新增计划
    void addPlan(uint8_t *raw);
    // 移除计划
    void removePlan(uint8_t *raw);
    void removePlan(uint8_t idx);
    // 获取计划下标
    int8_t getPlanIdx(uint8_t *target);
    // 是否相同计划
    bool isSamePlan(uint8_t *l_raw, uint8_t *r_raw);
    // 回收过时计划
    void eraseOutdatePlan();
    // 获取空内容下表
```

```
    int8_t getEmptyArrayIdx();
    // 在 列表 为空计划
    bool isEmptyPlan(Plan *plan);
    // 清空 Flash 空间
    void clearFlash();
    // 在 Flash 空间为空计划
    bool isEmptyPlanInFlash(const Plan *plan);
    // 从 Flash 加载计划
    void loadPlanFromFlash();
    // 保存计划到 Flash
    void savePlanToFlash();
    // 计算下一个计划时间
    void updatePlanListNextNotify();
    // 清除所有计划
    void removeAllPlan();
    // 任务逻辑循环
    void doTick(uint64_t tick);

private:
    Plan *nextPlan;
    uint64_t nextPlanTime;

    // std::vector<Plan> plans;
    Plan plans[Capacity];

    static uint64_t getCycleTypeOffsetTime(uint64_t start, CycleType cycleType, uint8_t
cycleTimes, uint32_t round);
};
```

```
#endif
#include "system.h"

System System::instance;

uint32_t System::time_ms(uint32_t ms)
{
    return ms / portTICK_PERIOD_MS;
}

void System::initDeviceModule()
{
    // 初始化蜂鸣器
    this->beeper->initBeeper();

    // 灯光设备初始化
    for (size_t idx = 0; idx < sizeof(System::LED_PIN); idx++)
    {
        pinMode(System::LED_PIN[idx], OUTPUT);
        digitalWrite(System::LED_PIN[idx], LIGHT_TURN_OFF);
    }

    pinMode(LEFT_BUTTON_PIN, INPUT);
    pinMode(RIGHT_BUTTON_PIN, INPUT);
    attachInterrupt(LEFT_BUTTON_PIN, System::btnResetNotifyStatusCallback, FALLING);
    attachInterrupt(RIGHT_BUTTON_PIN, System::btnResetNotifyStatusCallback, FALLING);

    // 初始化显示器
    this->display->initModule();
```

```
    // 初始化调度器
    this->schedule->initModule(false);

    // 初始化蓝牙模块
    this->bluetoothNet->createBluetoothService("MedicineKit GdGm");
}

void System::setSystemTime(uint32_t time)
{
    TimeUtil::setSystemTime(time);
    this->firstTimeSyncSystemTime = false;
    this->display->closeTimeSyncTips();
}

System *System::getSystemInstance()
{
    return &System::instance;
}

Display *System::getDisplayContext()
{
    return this->display;
}

Beeper *System::getBeeperContext()
{
    return this->beeper;
}
```

```
BluetoothNet *System::getBluetoothNetContext()
{
    return this->bluetoothNet;
}

Schedule *System::getScheduleContext()
{
    return this->schedule;
}

void System::notifyDeviceBox(uint8_t boxId)
{
    // 显示器提醒
    this->display->enableNotifyFrame(boxId);
    // 蜂鸣器提醒
    this->beeper->enableBeeper();
    // 灯光闪烁
    this->enableBlink = true;
    this->blinkIdx = boxId;
}

void System::resetNotify()
{
    // 重置显示器提醒
    this->display->disableNotifyFrame();
    // 重置蜂鸣器提醒
    this->beeper->disableBeeper();
    // 重置灯光闪烁
```

```
    this->enableBlink = false;
    this->blinkIdx = 0;
}

void System::btnResetNotifyStatusCallback()
{
    System::getSystemInstance()->resetNotify();
}

void System::doBlinkTick(uint64_t tick)
{
    if (this->lastBlinkIdx != this->blinkIdx)
    {
        for (size_t i = 0; i < 8; i++)
        {
            digitalWrite(System::LED_PIN[i], System::LIGHT_TURN_OFF);
        }
        this->lastBlinkIdx = this->blinkIdx;
    }

    if (this->enableBlink)
    {
        this->lastBlinkIdx = this->blinkIdx;
        if ((this->lastBlinkTick + 1) < tick)
        {
            // 闪烁交换
            this->lastBlinkTick = tick;
            this->blink = !this->blink;
        }
```

```
            digitalWrite(System::LED_PIN[this->lastBlinkIdx], this->blink);
        }
    }

    void System::updateBluetoothDeviceAddress()
    {
        char pairCode[7];
        sprintf(pairCode, "%02X%02X%02X", this->bluetoothNet->deviceAddress[3], this->bluetoothNet->deviceAddress[4], this->bluetoothNet->deviceAddress[5]);
        this->display->updatePairCode(pairCode);
    }

    System::System()
    {
        Display d;
        this->display = &d;
        BluetoothNet b{};
        this->bluetoothNet = &b;
        Beeper bp;
        this->beeper = &bp;
        Schedule s;
        this->schedule = &s;

        this->firstTimeSyncSystemTime = true;
        this->enableBlink = false;
        this->blinkIdx = 0;
    }

    System::~System() {}
```

```
void System::doTick(void *nil)
{
    System *ctx = System::getSystemInstance();
    while (1)
    {
        if (!ctx->firstTimeSyncSystemTime)
        {
            TimeUtil now;
            time_t tick = now.getTime();

            // 调度器
            ctx->schedule->doTick(tick);

            // 蜂鸣器
            ctx->beeper->doTick(tick);

            // 灯光闪烁
            ctx->doBlinkTick(tick);
        }
    }
}
#include "inc.h"

#ifndef _SYSTEM_H
#define _SYSTEM_H

#include "display.h"
#include "bluetooth.h"
```

```
#include "beeper.h"
#include "schedule.h"

class System
{
public:
    // 灯引脚定义
    uint8_t LED_PIN[8] = {26, 27, 14, 12, 5, 17, 16, 4};
    static constexpr uint8_t LEFT_BUTTON_PIN = 25;
    static constexpr uint8_t RIGHT_BUTTON_PIN = 33;
    static constexpr uint8_t BEEPER_PIN = 23;

    static constexpr uint8_t LIGHT_TURN_ON = 0;
    static constexpr uint8_t LIGHT_TURN_OFF = 1;

    // 计算单片机时间(ms)
    static uint32_t time_ms(uint32_t ms);

    // 初始化设备模块
    void initDeviceModule();

    // 系统任务循环
    static void doTick(void* nil);

    // 设置系统时间
    void setSystemTime(uint32_t time);

    // 获取系统实例
    static System *getSystemInstance();
```

```
    // 获取显示模块
    Display *getDisplayContext();

    // 获取蜂鸣器模块
    Beeper *getBeeperContext();

    // 获取蓝牙模块
    BluetoothNet *getBluetoothNetContext();

    // 获取调度模块
    Schedule *getScheduleContext();

    // 服药提醒
    void notifyDeviceBox(uint8_t boxId);

    // 复位提醒
    void resetNotify();

    // 按钮复位提醒状态
    static void btnResetNotifyStatusCallback();

    // 完成灯光闪烁
    void doBlinkTick(uint64_t tick);

    // 更新蓝牙设备地址
    void updateBluetoothDeviceAddress();

private:
```

```
        System();
        ~System();

        Display *display;
        BluetoothNet *bluetoothNet;
        Beeper *beeper;
        Schedule *schedule;
        static System instance;
        volatile bool firstTimeSyncSystemTime;
        // blink
        volatile bool enableBlink;
        volatile bool blink;
        volatile uint8_t blinkIdx;
        volatile uint8_t lastBlinkIdx;
        uint64_t lastBlinkTick = 0;
};

#endif
#include "time_util.h"

TimeUtil::TimeUtil()
{
        time_t t;
        time(&t);
        this->t_tm = localtime(&t);
}

TimeUtil::TimeUtil(uint64_t time)
{
```

```
    time_t t = static_cast<time_t>(time);
    this->t_tm = localtime(&t);
}

TimeUtil::~TimeUtil() {}

time_t TimeUtil::getTime()
{
    return mktime(this->t_tm);
}

tm *TimeUtil::getTm()
{
    return this->t_tm;
}

uint8_t TimeUtil::getMaxDayOfMonth(const uint8_t year, const uint8_t month)
{
    constexpr uint8_t BigMonthOfDay = 31;
    constexpr uint8_t SmallMonthOfDay = 30;
    constexpr uint8_t FebMonthOfDay = 28;

    if (month == 2)
    {
        if ((year % 4 == 0 && year % 100 != 0) || year % 400 == 0)
        {
            return FebMonthOfDay + 1;
        }
        else
```

```
        {
            return FebMonthOfDay;
        }
    }
    else
    {
        switch (month)
        {
        case 1:
        case 3:
        case 5:
        case 7:
        case 8:
        case 10:
        case 12:
            return BigMonthOfDay;
        case 4:
        case 6:
        case 9:
        case 11:
            return SmallMonthOfDay;
        }
    }

    return -1;
}

uint64_t TimeUtil::addDateTime(const uint32_t add, DateTimeType type)
{
```

```
        if (type == Date_Time_Type_Year)
        {
            uint8_t sourceMonthOfDay = this->getMaxDayOfMonth(this->t_tm->tm_year + 1900,
this->t_tm->tm_mon + 1);
            uint8_t targetMonthOfDay = this->getMaxDayOfMonth(this->t_tm->tm_year + 1900 +
add, this->t_tm->tm_mon + 1);
            if (sourceMonthOfDay < targetMonthOfDay)
            {
                this->t_tm->tm_mday = targetMonthOfDay;
            }
            this->t_tm->tm_year += add;
            return this->getTime();
        }
        else if (type == Date_Time_Type_Month)
        {
            uint8_t year = (add / 12);
            uint8_t month = add % 12;
            int8_t offset = month - (this->t_tm->tm_mon + 1);
            if (offset > 0)
            {
                year++;
                month = offset;
            }
            uint8_t sourceMonthOfDay = this->getMaxDayOfMonth(this->t_tm->tm_year + 1900,
this->t_tm->tm_mon + 1);
            uint8_t targetMonthOfDay = this->getMaxDayOfMonth(this->t_tm->tm_year + 1900 +
year, this->t_tm->tm_mon + 1 + month);
            if (sourceMonthOfDay > targetMonthOfDay)
            {
```

```
            this->t_tm->tm_mday = targetMonthOfDay;
        }
        this->t_tm->tm_mon += month;
        this->t_tm->tm_year += year;
        return this->getTime();
    }

    uint32_t dv;
    switch (type)
    {
    case Date_Time_Type_Second:
        dv = 0;
        break;
    case Date_Time_Type_Minute:
        dv = 60;
        break;
    case Date_Time_Type_Hour:
        dv = 3600;
        break;
    case Date_Time_Type_Day:
        dv = 86400;
        break;
    case Date_Time_Type_Week:
        dv = 604800;
        break;
    }

    time_t t = mktime(this->t_tm);
    t = t + (dv * add);
```

```
        this->t_tm = localtime(&t);

        return t;
    }

    void TimeUtil::setSystemTime(time_t epoch)
    {
        struct timeval tv
        {
            .tv_sec = epoch,
            .tv_usec = 0,
        };

        settimeofday(&tv, NULL);
        setTimeZone(-28800, 0);
    }

    void TimeUtil::setTimeZone(long offset, int daylight)
    {
        char cst[17] = {0};
        char cdt[17] = "DST";
        char tz[33] = {0};

        if(offset % 3600){
            sprintf(cst, "UTC%ld:%02u:%02u", offset / 3600, abs((offset % 3600) / 60), abs(offset %
60));
        } else {
            sprintf(cst, "UTC%ld", offset / 3600);
        }
```

```
        if(daylight != 3600){
            long tz_dst = offset - daylight;
            if(tz_dst % 3600){
                sprintf(cdt, "DST%ld:%02u:%02u", tz_dst / 3600, abs((tz_dst % 3600) / 60), abs(tz_dst % 60));
            } else {
                sprintf(cdt, "DST%ld", tz_dst / 3600);
            }
        }
        sprintf(tz, "%s%s", cst, cdt);
        setenv("TZ", tz, 1);
        tzset();
    }
    #include "inc.h"

    #ifndef _TIME_UTIL_H
    #define _TIME_UTIL_H

    enum DateTimeType : uint8_t
    {
        Date_Time_Type_Second = 0,
        Date_Time_Type_Minute = 1,
        Date_Time_Type_Hour = 2,
        Date_Time_Type_Day = 3,
        Date_Time_Type_Week = 4,
        Date_Time_Type_Month = 5,
        Date_Time_Type_Year = 6,
        Date_Time_Type_MAX = 7,
    };
```

```
class TimeUtil
{
public:
    TimeUtil();
    TimeUtil(uint64_t time);
    ~TimeUtil();

    time_t getTime();
    tm* getTm();
    uint8_t getMaxDayOfMonth(uint8_t year, uint8_t month);
    uint64_t addDateTime(uint32_t add, DateTimeType type);
    static void setSystemTime(time_t epoch);
    static void setTimeZone(long offset, int daylight);

private:
    tm *t_tm;
};

#endif
```

第 6 章　智能药盒情感化设计成果产出

近 5 年，作者带领课题组成员深入智能药盒情感化设计研究与实践，克服重重困难，通过明确分工、定期研讨、有序合作，扎实完成了智能药盒实证调研与深度分析、创意设计构思与落地、关联软硬件开发、实体产品功能测试、调试与用户验证，取得国家专利授权、计算机软件著作权、智能药盒 3D 实体模型等多项突出成果，研究过程、研究内容以及相关成果，兼具理论价值和实践意义，为银发时代背景下空巢老人用药需求和心理情感诉求的关联研究提供了高价值成果。

本章着重围绕智能药盒情感化设计成果的落地、拓展，以及部分成员参与本书相关研究时的收获、成长与感悟展开。通过静省反思、总结提升、示范推广，让更多设计师投入“智慧助老”行动的智能产品情感化设计实践工作中，为银发时代背景下的空巢老人群体“智慧养老”做出积极努力。

本章内容思维导图如图 6.1 所示。

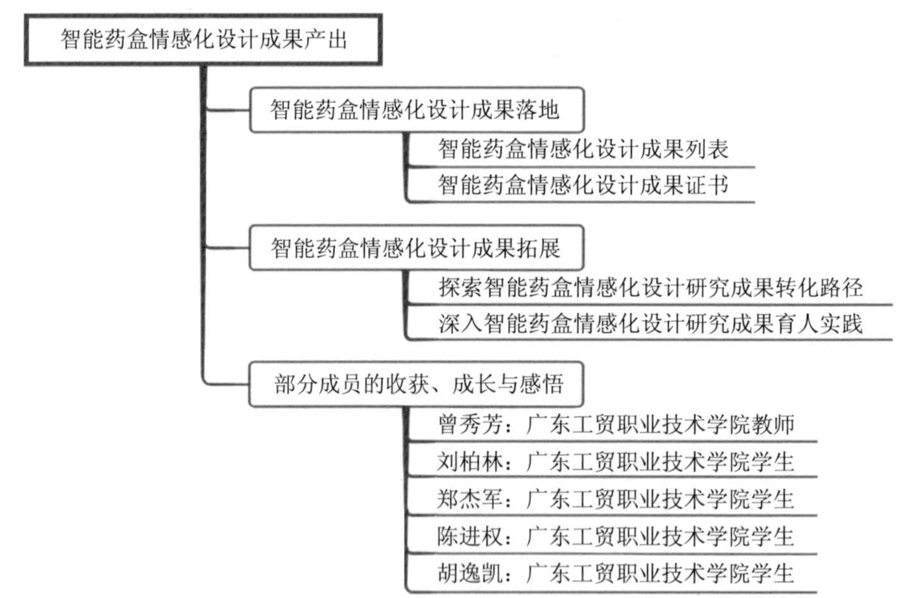

图 6.1　本章内容思维导图

6.1　智能药盒情感化设计成果落地

1. 智能药盒情感化设计成果列表

基于本书相关研究所生成的智能药盒情感化设计成果，以国家专利授权、计算机软件著作权、智能药盒 3D 实体模型等形式落地。近 5 年，累计取得实用新型专利 2 项、外观设计专利 15 项、计算机软件著作权 6 项、（智能药盒）3D 实体模型 2 件，见表 6.1。

表 6.1　近 5 年的智能药盒情感化设计成果

序号	成果类别	成果名称	专利/著作权号	授权时间	成果去向
1	实用新型专利	药盒	ZL 2023 2 0328673.4	2023-10-20	技术突破
2	实用新型专利	药盒	ZL 2021 2 1582092.0	2022-01-21	技术突破
3	外观设计专利	智能药盒（1 款）	ZL 2023 3 0459594.2	2024-05-14	技术突破
4	外观设计专利	智能药盒（2 款）	ZL 2023 3 0459598.0	2024-05-14	技术突破
5	外观设计专利	智能药盒（3 款）	ZL 2023 3 0459609.5	2024-05-14	技术突破
6	外观设计专利	智能药盒（4 款）	ZL 2023 3 0459620.1	2024-05-14	技术突破
7	外观设计专利	智能药盒	ZL 2022 3 0348509.0	2023-02-28	技术突破
8	外观设计专利	自主排气功能药盒	ZL 2022 3 0470713.X	2022-11-29	技术突破
9	外观设计专利	智能药盒	ZL 2022 3 0347990.1	2022-11-08	技术突破
10	外观设计专利	智能药盒	ZL 2022 3 0348508.6	2022-11-08	技术突破
11	外观设计专利	智能药盒	ZL 2022 3 0348507.1	2022-11-08	技术突破
12	外观设计专利	智能药盒	ZL 2022 3 0347988.4	2022-11-08	技术突破
13	外观设计专利	智能药盒	ZL 2022 3 0048775.1	2022-06-28	技术突破

续表 6.1

序号	成果类别	成果名称	专利/著作权号	授权时间	成果去向
14	外观设计专利	智能药盒	ZL 2021 3 0078894.7	2021-06-29	技术突破
15	外观设计专利	智能药盒	ZL 2021 3 0079095.1	2021-06-29	技术突破
16	外观设计专利	智能药盒	ZL 2021 3 0065978.7	2021-06-29	技术突破
17	外观设计专利	智能药盒	ZL 2021 3 0060531.0	2021-06-29	技术突破
18	计算机软件著作权	智能医疗药物管理小程序软件[简称：智能药盒]V1.0	2022SR0888710	2022-07-05	技术突破
19	计算机软件著作权	智能医疗药物管理设备软件[简称：智能药物]V1.0	2022SR0839230	2022-06-24	技术突破
20	计算机软件著作权	“心连心”智能药盒嵌入式软件 V1.0	2022SR0339503	2022-03-11	技术突破
21	计算机软件著作权	“心连心”智能药盒中间件软件 V1.0	2022SR0314827	2022-03-07	技术突破
22	计算机软件著作权	“心连心”智能药盒小程序软件[简称：智能药盒]V1.0	2022SR0311873	2022-03-04	技术突破
23	计算机软件著作权	“心连心”智能药盒平台 V1.0	2021SR0429866	2021-03-22	技术突破
24	3D 实体模型 1	基于小程序应用的智能药盒	—	2022-05-22	技术应用
25	3D 实体模型 2	智能药盒升级改造	—	2024-03-22	技术应用

2. 智能药盒情感化设计成果证书

（1）实用新型专利证书 2 件（图 6.2 和图 6.3）。

证书号第19851999号

实用新型专利证书

实用新型名称：药盒

发　　明　　人：周红云;曾秀芳;许婉婷;杨坷盈;李舒灵;余丽婷;詹学敏
张惠雅;李瑞祺

专　　利　　号：ZL 2023 2 0328673.4

专 利 申 请 日：2023年02月24日

专 利 权 人：广东工贸职业技术学院

地　　　　址：510000 广东省广州市广州大道北1098号

授 权 公 告 日：2023年10月20日　　　　授权公告号：CN 219858427 U

国家知识产权局依照中华人民共和国专利法经过初步审查，决定授予专利权，颁发实用新型专利证书并在专利登记簿上予以登记。专利权自授权公告之日起生效。专利权期限为十年，自申请日起算。

专利证书记载专利权登记时的法律状况。专利权的转移、质押、无效、终止、恢复和专利权人的姓名或名称、国籍、地址变更等事项记载在专利登记簿上。

局长
申长雨

第1页(共2页)

其他事项参见续页

图 6.2　实用新型专利证书 1

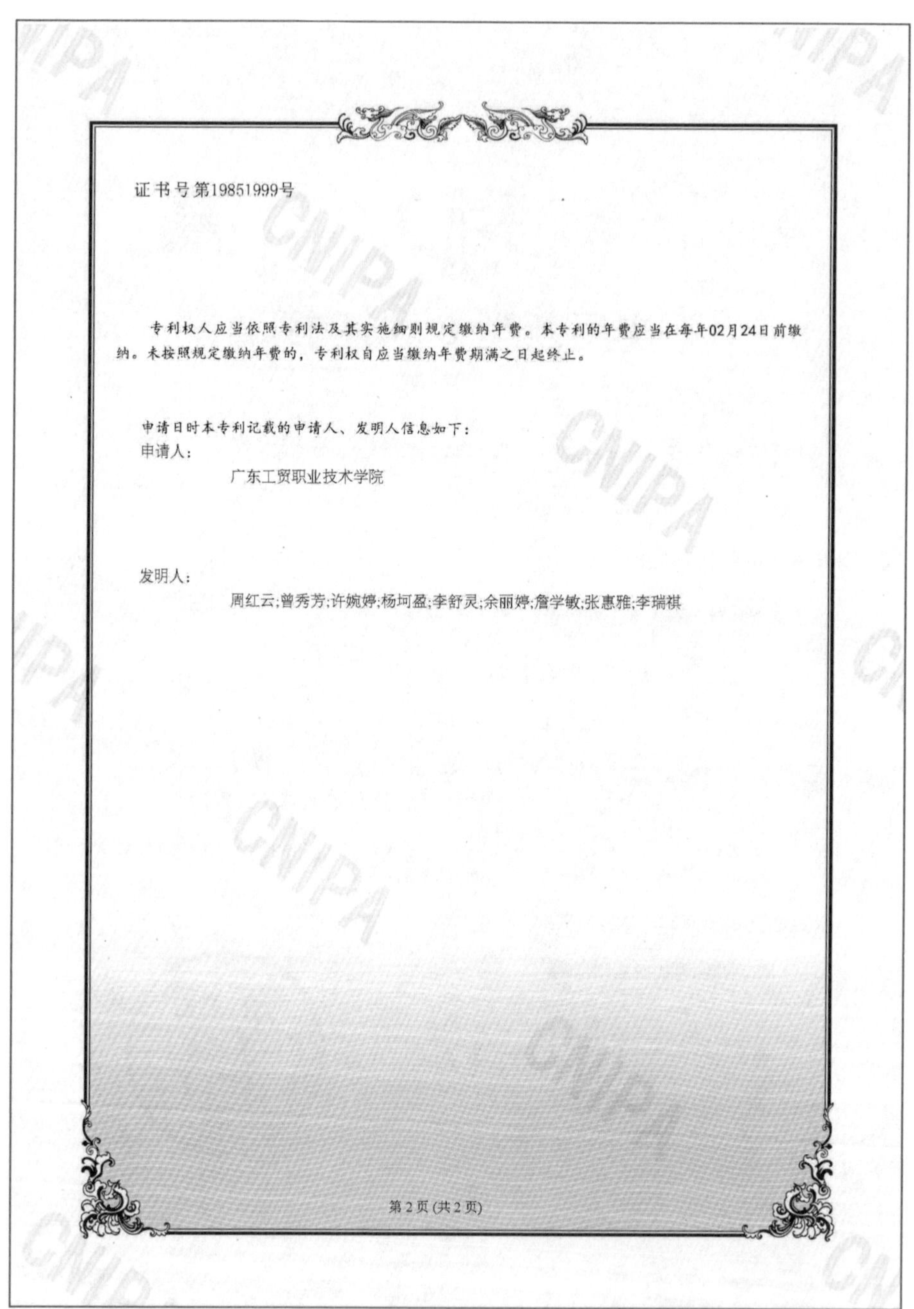
证书号第19851999号

专利权人应当依照专利法及其实施细则规定缴纳年费。本专利的年费应当在每年02月24日前缴纳。未按照规定缴纳年费的，专利权自应当缴纳年费期满之日起终止。

申请日时本专利记载的申请人、发明人信息如下：
申请人：
广东工贸职业技术学院

发明人：
周红云;曾秀芳;许婉婷;杨坷盈;李舒灵;余丽婷;詹学敏;张惠雅;李瑞祺

第2页(共2页)

续图 6.2

证书号第15584882号

实用新型专利证书

实用新型名称：药盒

发　明　人：周红云；何军拥；孙涛；曾秀芳；周爱玲；吴亮；林俊宏
邝民炜；胡逸凯；郑杰军

专　利　号：ZL 2021 2 1582092.0

专利申请日：2021 年 07 月 12 日

专 利 权 人：广东工贸职业技术学院

地　　　址：510000 广东省广州市广州大道北 1098 号

授权公告日：2022 年 01 月 21 日　　　授权公告号：CN 215584837 U

国家知识产权局依照中华人民共和国专利法经过初步审查，决定授予专利权，颁发实用新型专利证书并在专利登记簿上予以登记。专利权自授权公告之日起生效。专利权期限为十年，自申请日起算。

专利证书记载专利权登记时的法律状况。专利权的转移、质押、无效、终止、恢复和专利权人的姓名或名称、国籍、地址变更等事项记载在专利登记簿上。

局长
申长雨

2022 年 01 月 21 日

第 1 页（共 2 页）

其他事项参见续页

图 6.3　实用新型专利证书 2

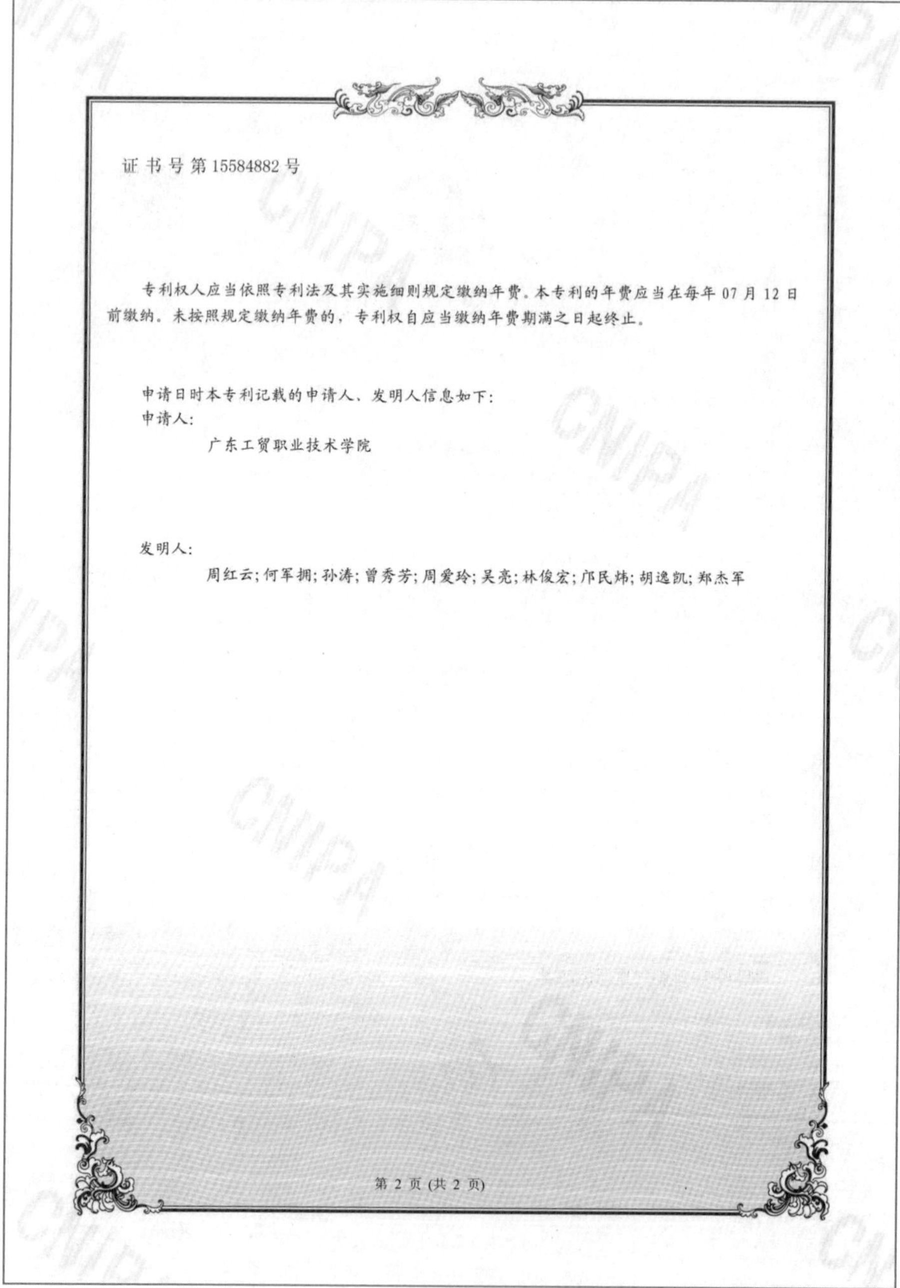

证书号第15584882号

专利权人应当依照专利法及其实施细则规定缴纳年费。本专利的年费应当在每年07月12日前缴纳。未按照规定缴纳年费的，专利权自应当缴纳年费期满之日起终止。

申请日时本专利记载的申请人、发明人信息如下：
申请人：
广东工贸职业技术学院

发明人：
周红云；何军拥；孙涛；曾秀芳；周爱玲；吴亮；林俊宏；邝民炜；胡逸凯；郑杰军

第2页（共2页）

续图6.3

（2）外观设计专利证书 15 件（图 6.4～6.18）。

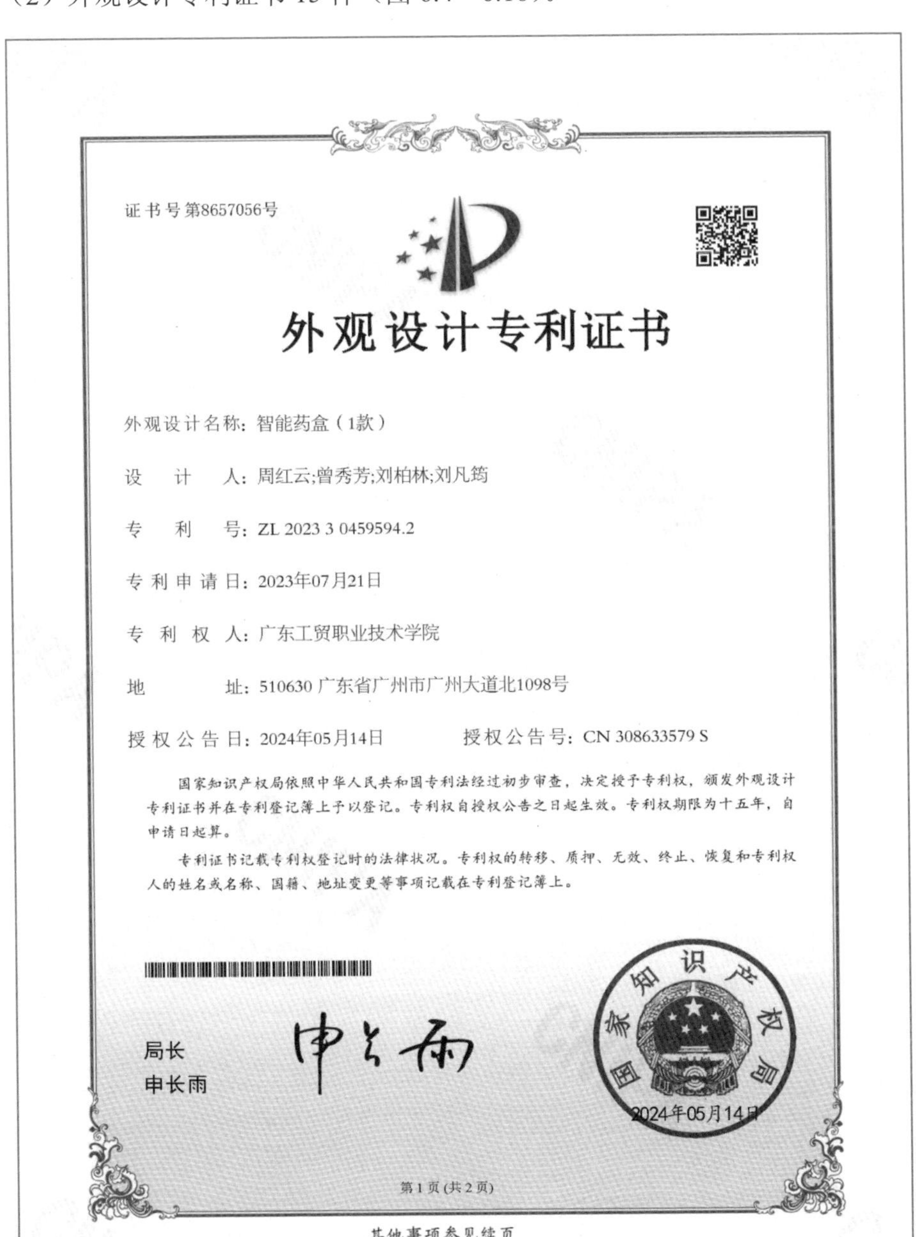

证书号第8657056号

外观设计专利证书

外观设计名称：智能药盒（1款）

设　计　人：周红云;曾秀芳;刘柏林;刘凡筠

专　利　号：ZL 2023 3 0459594.2

专利申请日：2023年07月21日

专 利 权 人：广东工贸职业技术学院

地　　　址：510630 广东省广州市广州大道北1098号

授权公告日：2024年05月14日　　　　授权公告号：CN 308633579 S

国家知识产权局依照中华人民共和国专利法经过初步审查，决定授予专利权，颁发外观设计专利证书并在专利登记簿上予以登记。专利权自授权公告之日起生效。专利权期限为十五年，自申请日起算。

专利证书记载专利权登记时的法律状况。专利权的转移、质押、无效、终止、恢复和专利权人的姓名或名称、国籍、地址变更等事项记载在专利登记簿上。

局长
申长雨

国家知识产权局
2024年05月14日

第 1 页（共 2 页）

其他事项参见续页

图 6.4　外观设计专利证书 1

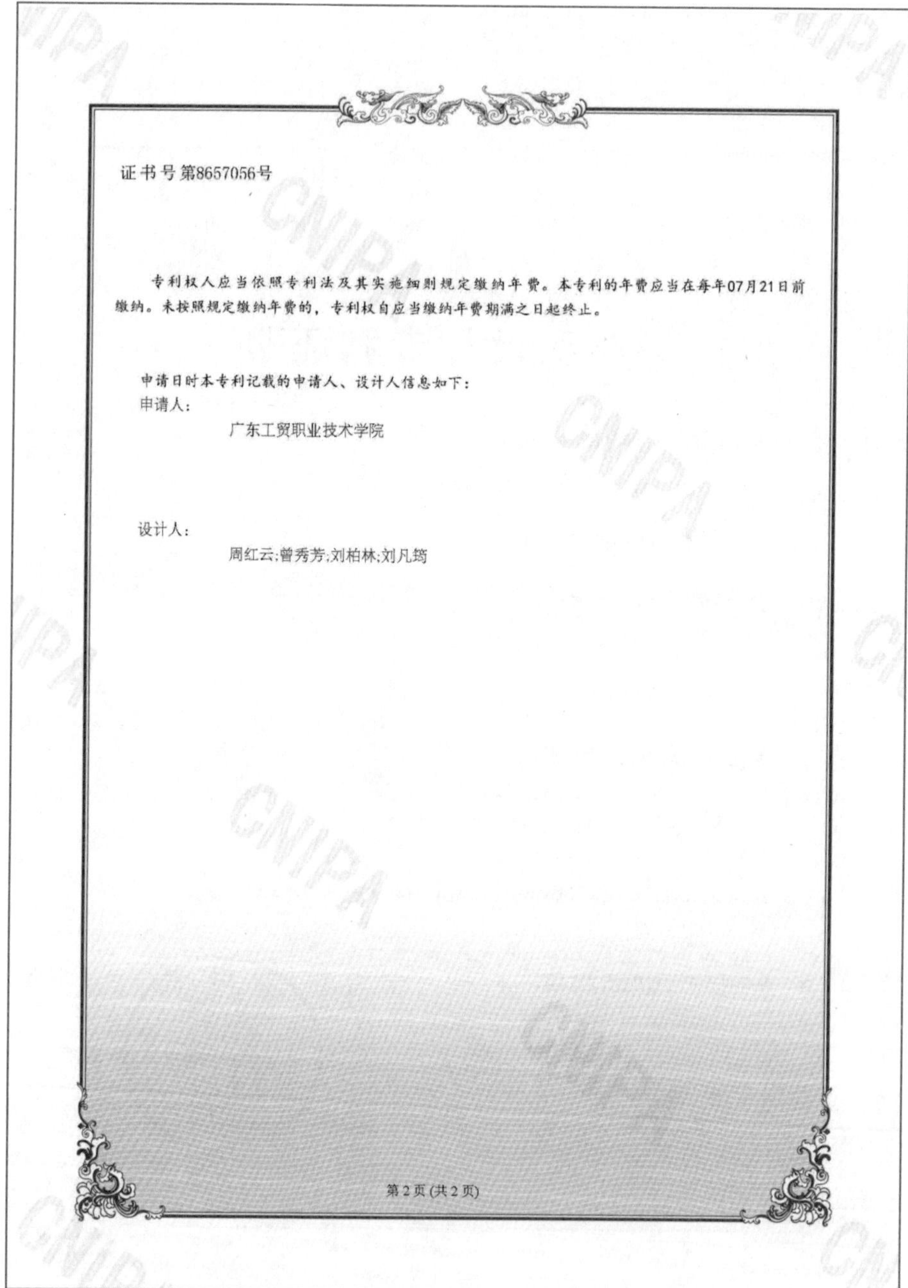

证书号第8657056号

专利权人应当依照专利法及其实施细则规定缴纳年费。本专利的年费应当在每年07月21日前缴纳。未按照规定缴纳年费的，专利权自应当缴纳年费期满之日起终止。

申请日时本专利记载的申请人、设计人信息如下：
申请人：
广东工贸职业技术学院

设计人：
周红云;曾秀芳;刘柏林;刘凡筠

第2页(共2页)

续图 6.4

证书号第8659490号

外观设计专利证书

外观设计名称：智能药盒（2款）

设　　计　　人：张敏娜;周红云;曾秀芳;张玩华;张佩菲

专　　利　　号：ZL 2023 3 0459598.0

专 利 申 请 日：2023年07月21日

专　利　权　人：广东工贸职业技术学院

地　　　　　址：510630 广东省广州市广州大道北1098号

授 权 公 告 日：2024年05月14日　　　　授权公告号：CN 308633580 S

国家知识产权局依照中华人民共和国专利法经过初步审查，决定授予专利权，颁发外观设计专利证书并在专利登记簿上予以登记。专利权自授权公告之日起生效。专利权期限为十五年，自申请日起算。

专利证书记载专利权登记时的法律状况。专利权的转移、质押、无效、终止、恢复和专利权人的姓名或名称、国籍、地址变更等事项记载在专利登记簿上。

局长
申长雨

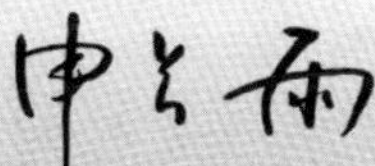

第 1 页 (共 2 页)

其他事项参见续页

图 6.5　外观设计专利证书 2

证书号第8659490号

专利权人应当依照专利法及其实施细则规定缴纳年费。本专利的年费应当在每年07月21日前缴纳。未按照规定缴纳年费的，专利权自应当缴纳年费期满之日起终止。

申请日时本专利记载的申请人、设计人信息如下：

申请人：

广东工贸职业技术学院

设计人：

张敏娜;周红云;曾秀芳;张玩华;张佩菲

第2页(共2页)

续图 6.5

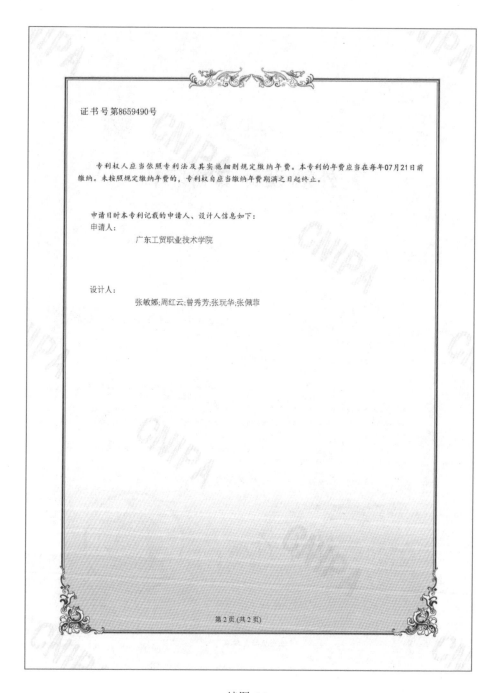

证书号第8659491号

外观设计专利证书

外观设计名称：智能药盒（3款）

设　　计　　人：刘柏林;周红云;曾秀芳;梁惠祺;许家涛

专　　利　　号：ZL 2023 3 0459609.5

专利申请日：2023年07月21日

专　利　权　人：广东工贸职业技术学院

地　　　　址：510630 广东省广州市广州大道北1098号

授权公告日：2024年05月14日　　　　授权公告号：CN 308633581 S

国家知识产权局依照中华人民共和国专利法经过初步审查，决定授予专利权，颁发外观设计专利证书并在专利登记簿上予以登记。专利权自授权公告之日起生效。专利权期限为十五年，自申请日起算。

专利证书记载专利权登记时的法律状况。专利权的转移、质押、无效、终止、恢复和专利权人的姓名或名称、国籍、地址变更等事项记载在专利登记簿上。

局长
申长雨

第 1 页 (共 2 页)

其他事项参见续页

图 6.6　外观设计专利证书 3

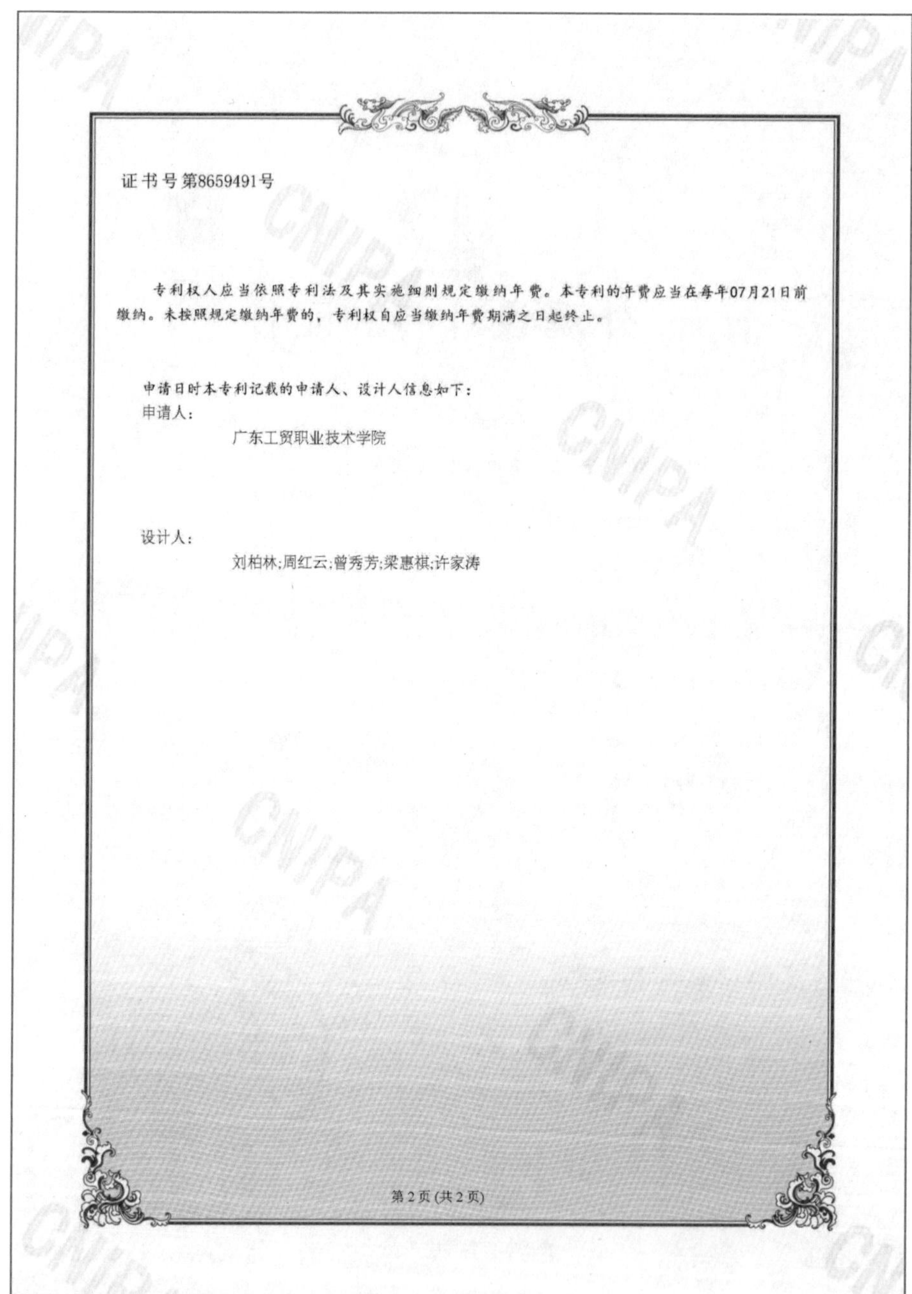

证书号第8659491号

专利权人应当依照专利法及其实施细则规定缴纳年费。本专利的年费应当在每年07月21日前缴纳。未按照规定缴纳年费的，专利权自应当缴纳年费期满之日起终止。

申请日时本专利记载的申请人、设计人信息如下：

申请人：

广东工贸职业技术学院

设计人：

刘柏林;周红云;曾秀芳;梁惠祺;许家涛

第2页(共2页)

续图 6.6

证书号第8656469号

外观设计专利证书

外观设计名称：智能药盒（4款）

设　　计　　人：郑浩源;周红云;曾秀芳;李龙东;麦嘉星

专　　利　　号：ZL 2023 3 0459620.1

专 利 申 请 日：2023年07月21日

专　利　权　人：广东工贸职业技术学院

地　　　　　址：510630 广东省广州市广州大道北1098号

授 权 公 告 日：2024年05月14日　　　授权公告号：CN 308633582 S

国家知识产权局依照中华人民共和国专利法经过初步审查，决定授予专利权，颁发外观设计专利证书并在专利登记簿上予以登记。专利权自授权公告之日起生效。专利权期限为十五年，自申请日起算。

专利证书记载专利权登记时的法律状况。专利权的转移、质押、无效、终止、恢复和专利权人的姓名或名称、国籍、地址变更等事项记载在专利登记簿上。

局长
申长雨

第 1 页 (共 2 页)

其他事项参见续页

图 6.7　外观设计专利证书 4

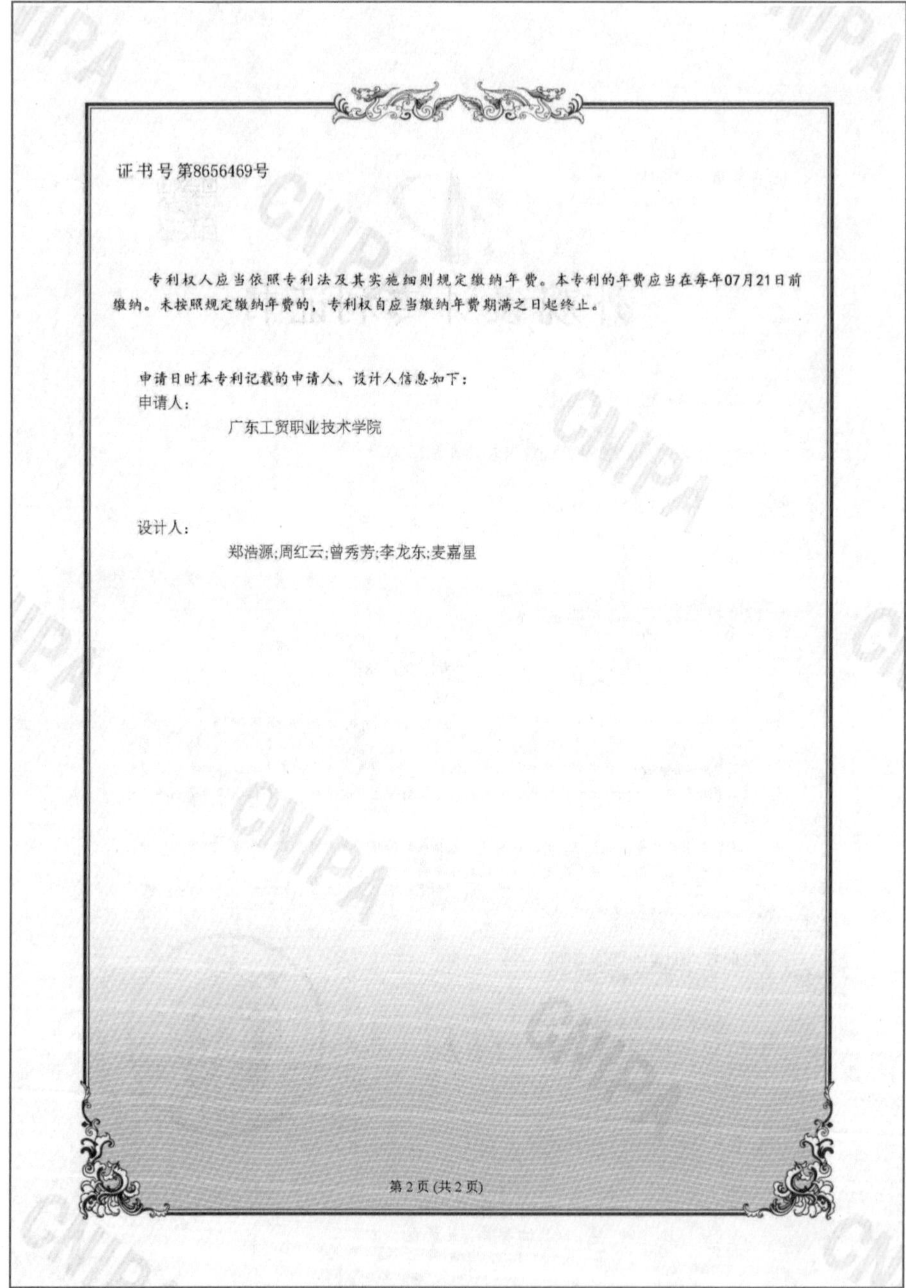

证书号第8656469号

专利权人应当依照专利法及其实施细则规定缴纳年费。本专利的年费应当在每年07月21日前缴纳。未按照规定缴纳年费的，专利权自应当缴纳年费期满之日起终止。

申请日时本专利记载的申请人、设计人信息如下：

申请人：

广东工贸职业技术学院

设计人：

郑浩源;周红云;曾秀芳;李龙东;麦嘉星

第2页(共2页)

续图 6.7

证书号第8103992号

外观设计专利证书

外观设计名称：智能药盒

设　　计　　人：夏靖峰;周红云;何军拥;曾秀芳;孙涛;周爱玲;余俊贤
叶锦华;尹煜辉;陈泽濠;陈春怡

专　　利　　号：ZL 2022 3 0348509.0

专利申请日：2022年06月08日

专　利　权　人：广东工贸职业技术学院

地　　　　　址：510000 广东省广州市广州大道北1098号

授权公告日：2023年02月28日　　　授权公告号：CN 307863268 S

国家知识产权局依照中华人民共和国专利法经过初步审查，决定授予专利权，颁发外观设计专利证书并在专利登记簿上予以登记。专利权自授权公告之日起生效。专利权期限为十五年，自申请日起算。

专利证书记载专利权登记时的法律状况。专利权的转移、质押、无效、终止、恢复和专利权人的姓名或名称、国籍、地址变更等事项记载在专利登记簿上。

局长
申长雨

2023年02月28日

专利证书于2023年06月08日重新印制

第 1 页 (共 2 页)

其他事项参见续页

图 6.8　外观设计专利证书 5

证书号第8103992号

专利权人应当依照专利法及其实施细则规定缴纳年费。本专利的年费应当在每年06月08日前缴纳。未按照规定缴纳年费的，专利权自应当缴纳年费期满之日起终止。

申请日时本专利记载的申请人、设计人信息如下：

申请人：

广东工贸职业技术学院

设计人：

夏靖峰;周红云;何军拥;曾秀芳;孙涛;周爱玲;余俊贤;叶锦华;尹煜辉;陈泽濠;陈睿怡

第2页(共2页)

续图 6.8

证书号第7720804号

外观设计专利证书

外观设计名称：自主排气功能药盒

设　计　人：周红云；杨坷盈；许婉婷；何军拥；曾秀芳；吴亮

专　利　号：ZL 2022 3 0470713.X

专利申请日：2022 年 07 月 22 日

专 利 权 人：广东工贸职业技术学院

地　　　址：510000 广东省广州市天河区广州大道北 963 号

授权公告日：2022 年 11 月 29 日　　　　授权公告号：CN 307693578 S

国家知识产权局依照中华人民共和国专利法经过初步审查，决定授予专利权，颁发外观设计专利证书并在专利登记簿上予以登记。专利权自授权公告之日起生效。专利权期限为十五年，自申请日起算。

专利证书记载专利权登记时的法律状况。专利权的转移、质押、无效、终止、恢复和专利权人的姓名或名称、国籍、地址变更等事项记载在专利登记簿上。

局长
申长雨

2022 年 11 月 29 日

第 1 页（共 2 页）

其他事项参见续页

图 6.9　外观设计专利证书 6

证书号第7720804号

专利权人应当依照专利法及其实施细则规定缴纳年费。本专利的年费应当在每年07月22日前缴纳。未按照规定缴纳年费的，专利权自应当缴纳年费期满之日起终止。

申请日时本专利记载的申请人、设计人信息如下：

申请人：

广东工贸职业技术学院

设计人：

周红云；杨坷盈；许婉婷；何军拥；曾秀芳；吴亮

第2页（共2页）

续图6.9

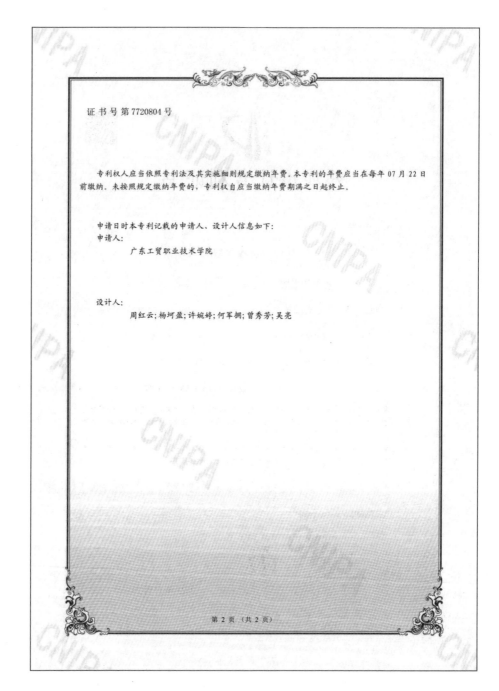

证书号第7667367号

外观设计专利证书

外观设计名称：智能药盒

设　计　人：郑丹萍；周红云；何军拥；曾秀芳；孙涛；周爱玲；黄腾佳
张燕；张瑞雪

专　利　号：ZL 2022 3 0347990.1

专利申请日：2022 年 06 月 08 日

专 利 权 人：广东工贸职业技术学院

地　　址：510000 广东省广州市广州大道北 1098 号

授权公告日：2022 年 11 月 08 日　　　授权公告号：CN 307641228 S

国家知识产权局依照中华人民共和国专利法经过初步审查，决定授予专利权，颁发外观设计专利证书并在专利登记簿上予以登记。专利权自授权公告之日起生效。专利权期限为十五年，自申请日起算。

专利证书记载专利权登记时的法律状况。专利权的转移、质押、无效、终止、恢复和专利权人的姓名或名称、国籍、地址变更等事项记载在专利登记簿上。

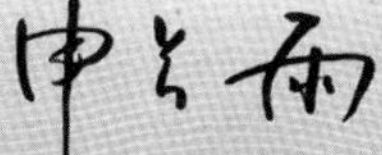

局长
申长雨

2022 年 11 月 08 日

第 1 页（共 2 页）

其他事项参见续页

图 6.10　外观设计专利证书 7

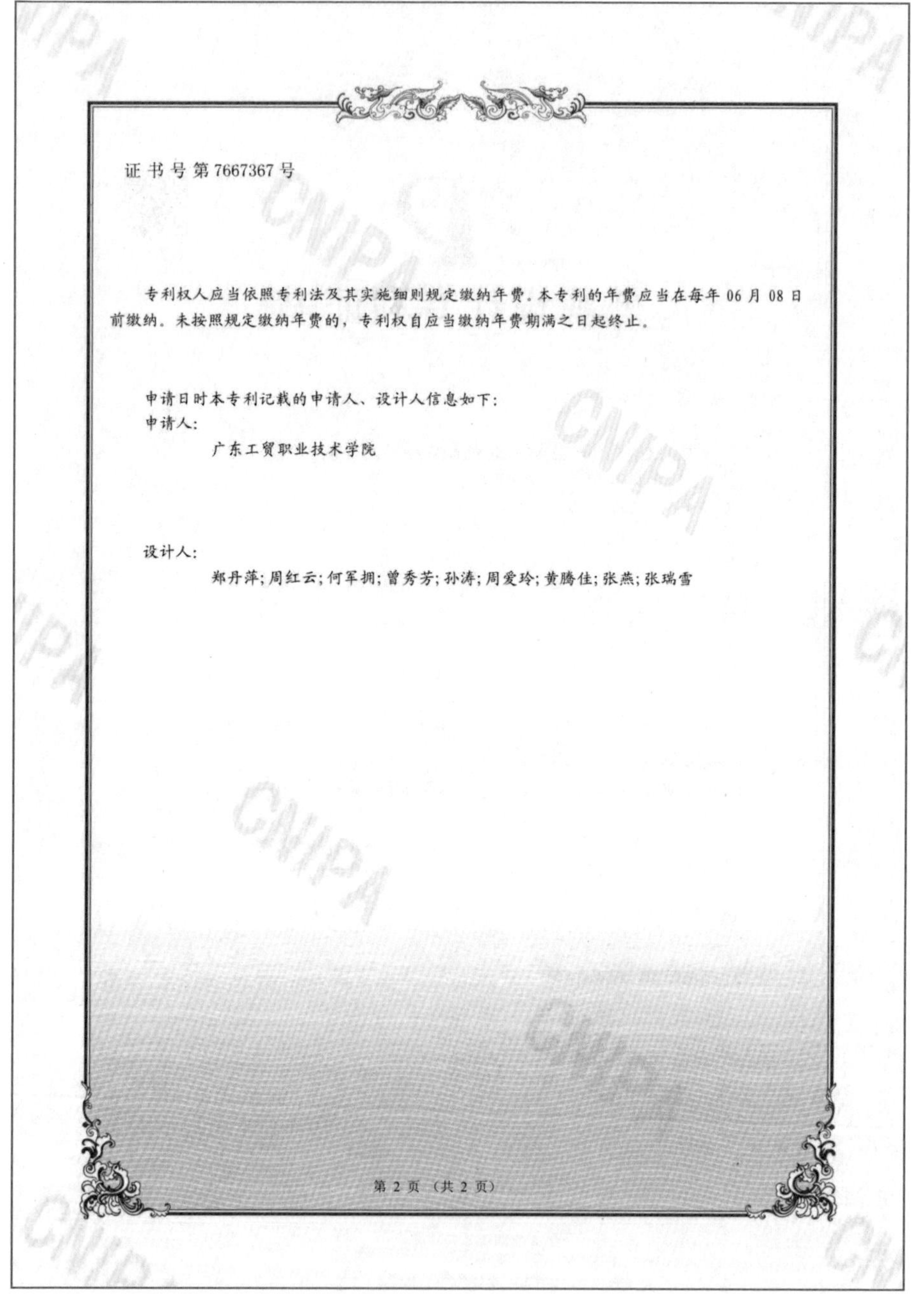
证书号第7667367号

专利权人应当依照专利法及其实施细则规定缴纳年费。本专利的年费应当在每年06月08日前缴纳。未按照规定缴纳年费的，专利权自应当缴纳年费期满之日起终止。

申请日时本专利记载的申请人、设计人信息如下：

申请人：

广东工贸职业技术学院

设计人：

郑丹萍；周红云；何军拥；曾秀芳；孙涛；周爱玲；黄腾佳；张燕；张瑞雪

第2页（共2页）

续图 6.10

证书号第7669603号

外观设计专利证书

外观设计名称：智能药盒

设　计　人：罗嘉烨；周红云；何军拥；曾秀芳；孙涛；周爱玲；刘美材
刘玉鑫；罗梅芳

专　利　号：ZL 2022 3 0348508.6

专利申请日：2022 年 06 月 08 日

专 利 权 人：广东工贸职业技术学院

地　　　址：510000 广东省广州市广州大道北 1098 号

授权公告日：2022 年 11 月 08 日　　　授权公告号：CN 307641231 S

国家知识产权局依照中华人民共和国专利法经过初步审查，决定授予专利权，颁发外观设计专利证书并在专利登记簿上予以登记。专利权自授权公告之日起生效。专利权期限为十五年，自申请日起算。

专利证书记载专利权登记时的法律状况。专利权的转移、质押、无效、终止、恢复和专利权人的姓名或名称、国籍、地址变更等事项记载在专利登记簿上。

局长
申长雨

2022 年 11 月 08 日

第 1 页（共 2 页）

其他事项参见续页

图 6.11　外观设计专利证书 8

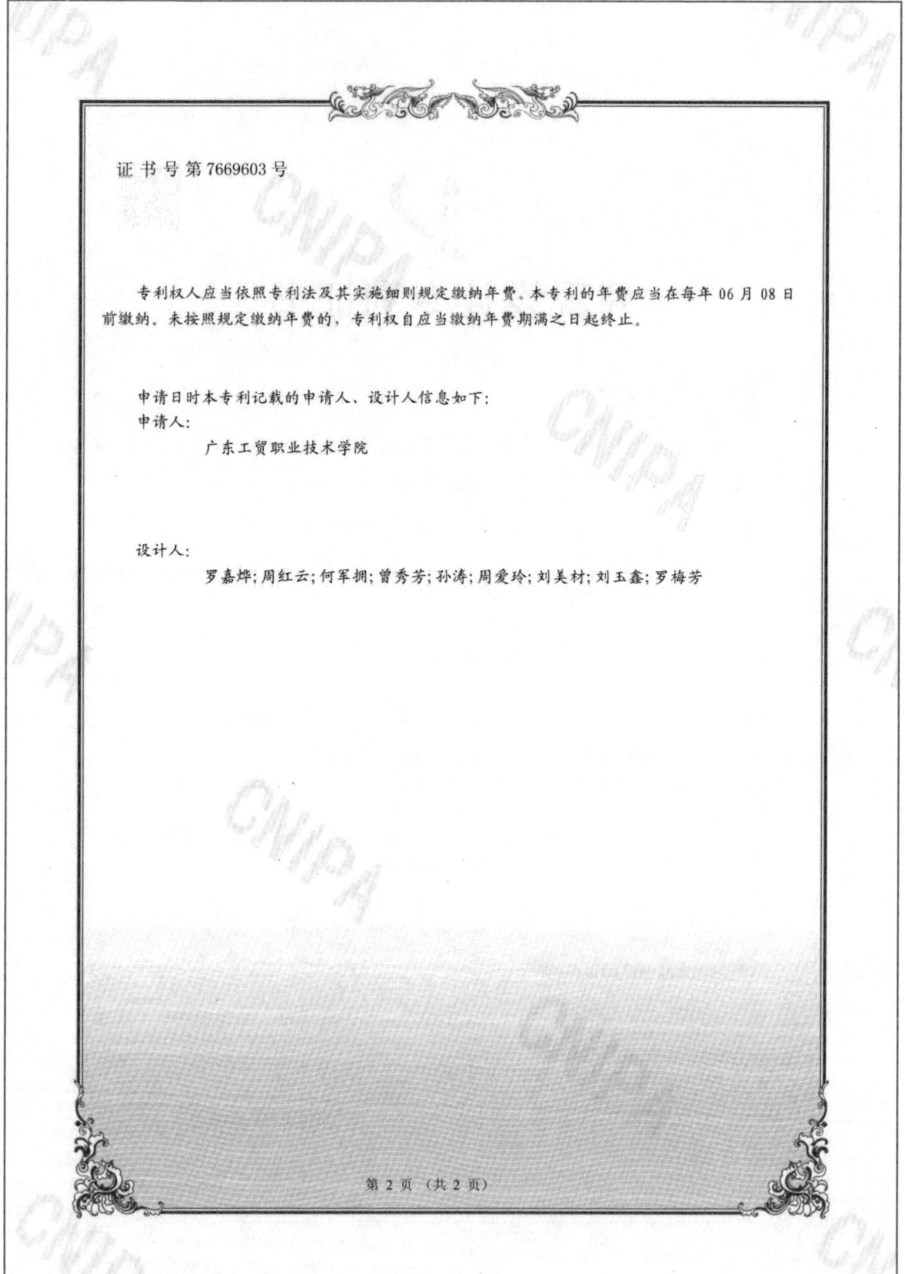
证书号第7669603号

专利权人应当依照专利法及其实施细则规定缴纳年费。本专利的年费应当在每年 06 月 08 日前缴纳。未按照规定缴纳年费的，专利权自应当缴纳年费期满之日起终止。

申请日时本专利记载的申请人、设计人信息如下：

申请人：

广东工贸职业技术学院

设计人：

罗嘉烨；周红云；何军拥；曾秀芳；孙涛；周爱玲；刘美材；刘玉鑫；罗梅芳

第 2 页 （共 2 页）

续图 6.11

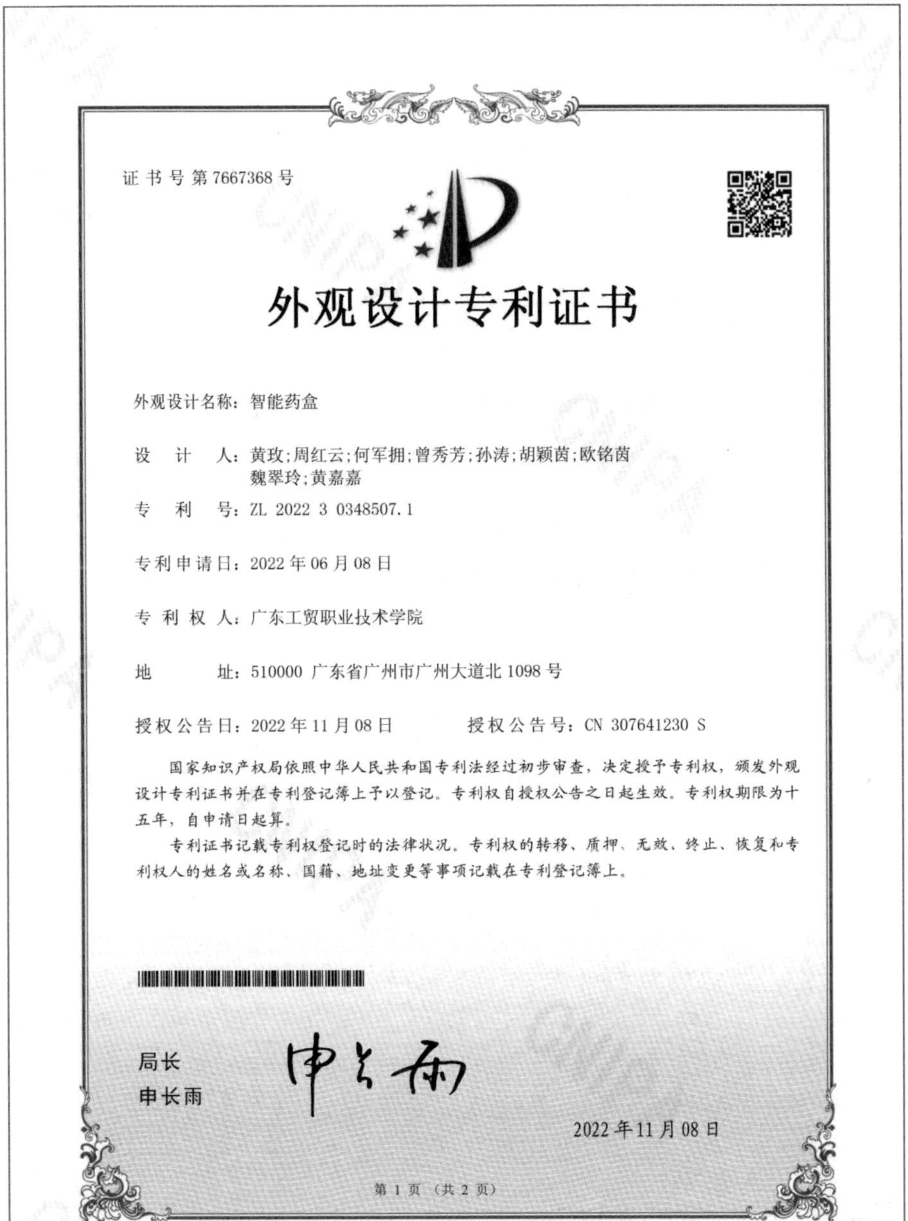

证书号第7667368号

外观设计专利证书

外观设计名称：智能药盒

设　　计　　人：黄玫；周红云；何军拥；曾秀芳；孙涛；胡颖茵；欧铭茵
魏翠玲；黄嘉嘉

专　　利　　号：ZL 2022 3 0348507.1

专利申请日：2022 年 06 月 08 日

专　利　权　人：广东工贸职业技术学院

地　　　　址：510000 广东省广州市广州大道北 1098 号

授权公告日：2022 年 11 月 08 日　　　　授权公告号：CN 307641230 S

国家知识产权局依照中华人民共和国专利法经过初步审查，决定授予专利权，颁发外观设计专利证书并在专利登记簿上予以登记。专利权自授权公告之日起生效。专利权期限为十五年，自申请日起算。

专利证书记载专利权登记时的法律状况。专利权的转移、质押、无效、终止、恢复和专利权人的姓名或名称、国籍、地址变更等事项记载在专利登记簿上。

局长
申长雨

2022 年 11 月 08 日

第 1 页（共 2 页）

其他事项参见续页

图 6.12　外观设计专利证书 9

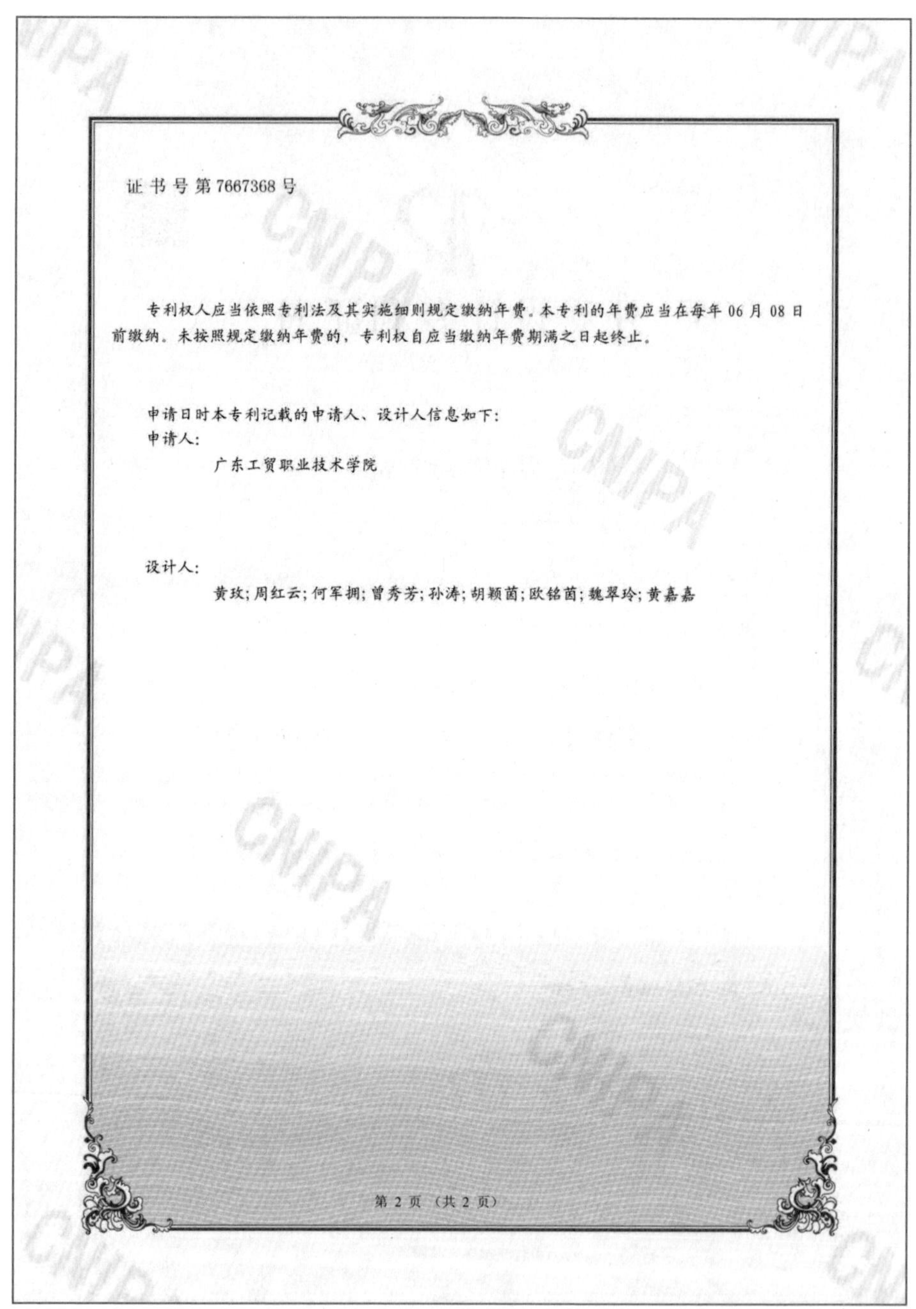
证书号第7667368号

专利权人应当依照专利法及其实施细则规定缴纳年费。本专利的年费应当在每年06月08日前缴纳。未按照规定缴纳年费的，专利权自应当缴纳年费期满之日起终止。

申请日时本专利记载的申请人、设计人信息如下：
申请人：
广东工贸职业技术学院

设计人：
黄玫；周红云；何军拥；曾秀芳；孙涛；胡颖茵；欧铭茵；魏翠玲；黄嘉嘉

第2页（共2页）

续图 6.12

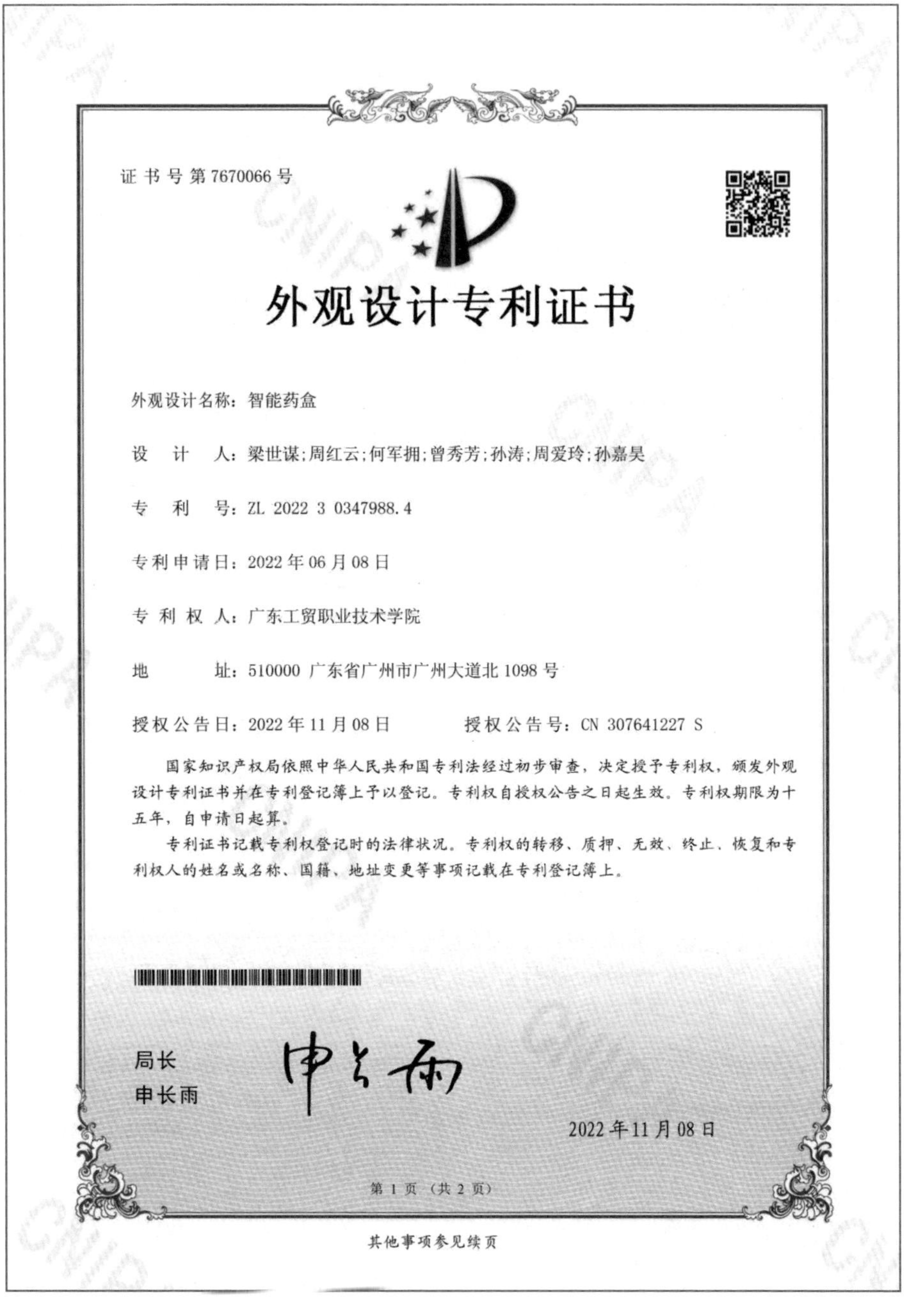

证书号第7670066号

外观设计专利证书

外观设计名称：智能药盒

设　计　人：梁世谋;周红云;何军拥;曾秀芳;孙涛;周爱玲;孙嘉昊

专　利　号：ZL 2022 3 0347988.4

专利申请日：2022年06月08日

专利权人：广东工贸职业技术学院

地　　址：510000 广东省广州市广州大道北1098号

授权公告日：2022年11月08日　　授权公告号：CN 307641227 S

国家知识产权局依照中华人民共和国专利法经过初步审查，决定授予专利权，颁发外观设计专利证书并在专利登记簿上予以登记。专利权自授权公告之日起生效。专利权期限为十五年，自申请日起算。

专利证书记载专利权登记时的法律状况。专利权的转移、质押、无效、终止、恢复和专利权人的姓名或名称、国籍、地址变更等事项记载在专利登记簿上。

局长
申长雨

2022年11月08日

第 1 页（共 2 页）

其他事项参见续页

图 6.13　外观设计专利证书 10

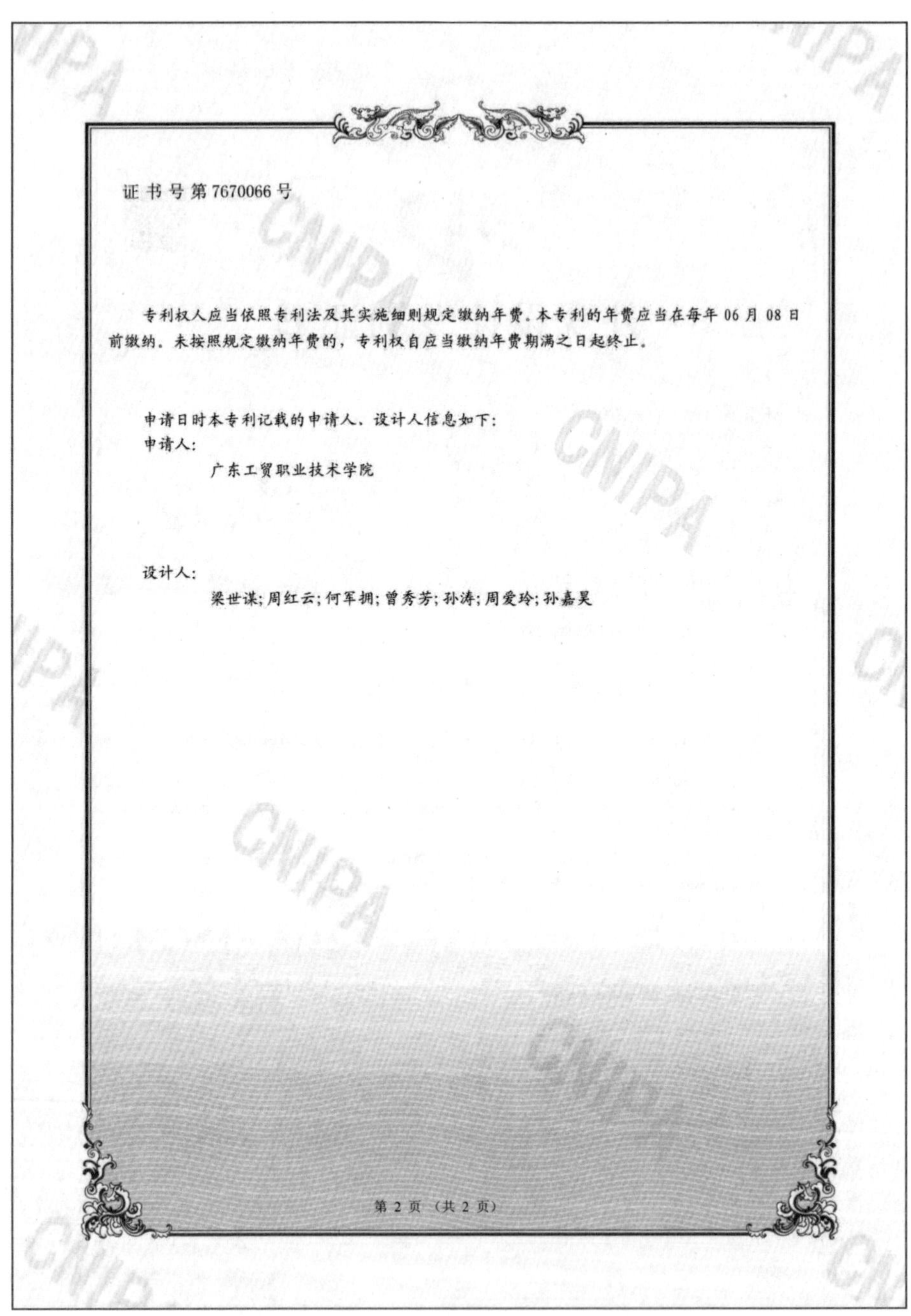

证书号第7670066号

专利权人应当依照专利法及其实施细则规定缴纳年费。本专利的年费应当在每年 06 月 08 日前缴纳。未按照规定缴纳年费的，专利权自应当缴纳年费期满之日起终止。

申请日时本专利记载的申请人、设计人信息如下：
申请人：
广东工贸职业技术学院

设计人：
梁世谋；周红云；何军拥；曾秀芳；孙涛；周爱玲；孙嘉昊

第 2 页（共 2 页）

续图 6.13

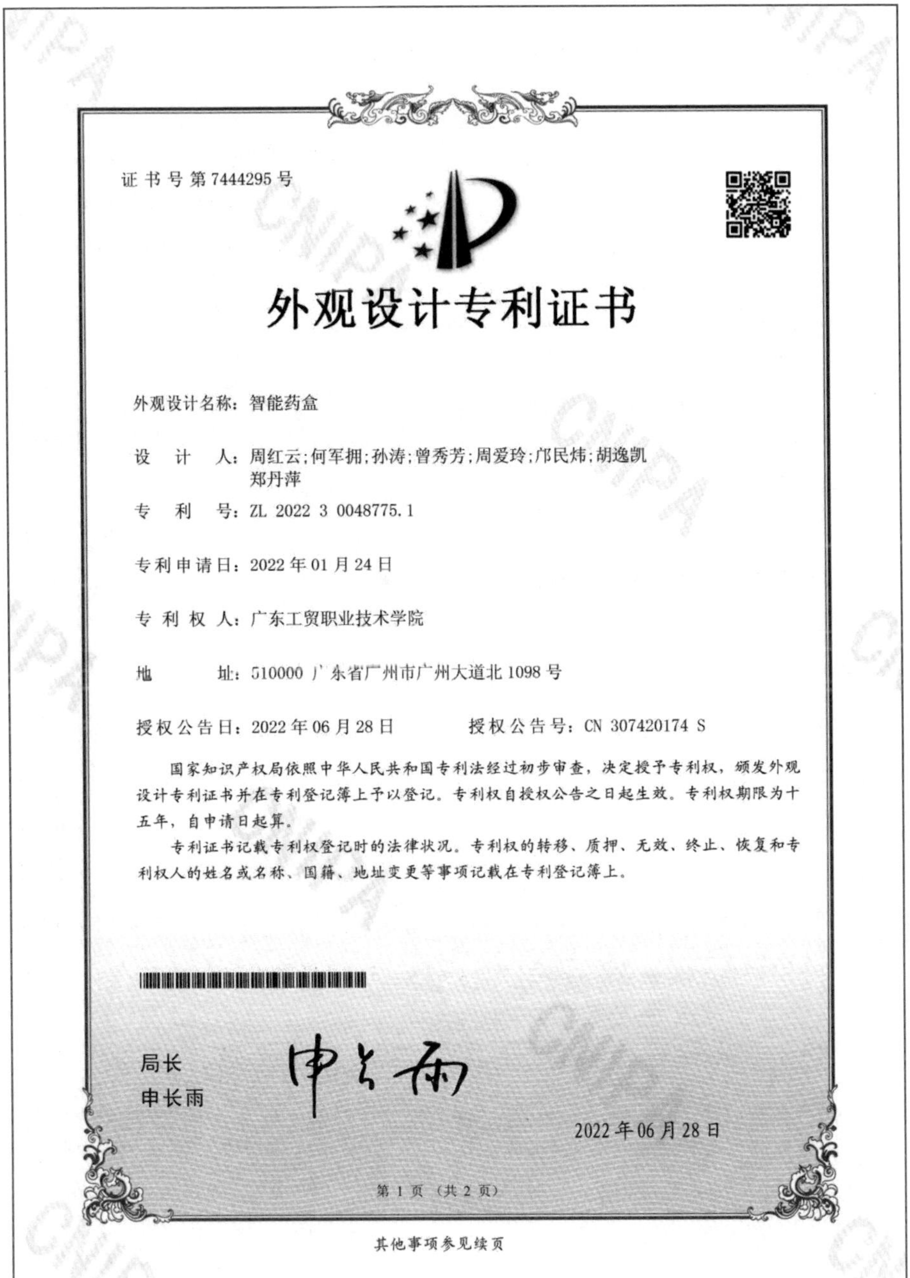

证书号第7444295号

外观设计专利证书

外观设计名称：智能药盒

设 计 人：周红云;何军拥;孙涛;曾秀芳;周爱玲;邝民炜;胡逸凯
郑丹萍

专 利 号：ZL 2022 3 0048775.1

专利申请日：2022 年 01 月 24 日

专 利 权 人：广东工贸职业技术学院

地 址：510000 广东省广州市广州大道北 1098 号

授权公告日：2022 年 06 月 28 日 授权公告号：CN 307420174 S

国家知识产权局依照中华人民共和国专利法经过初步审查，决定授予专利权，颁发外观设计专利证书并在专利登记簿上予以登记。专利权自授权公告之日起生效。专利权期限为十五年，自申请日起算。

专利证书记载专利权登记时的法律状况。专利权的转移、质押、无效、终止、恢复和专利权人的姓名或名称、国籍、地址变更等事项记载在专利登记簿上。

局长
申长雨

2022 年 06 月 28 日

第 1 页（共 2 页）

其他事项参见续页

图 6.14 外观设计专利证书 11

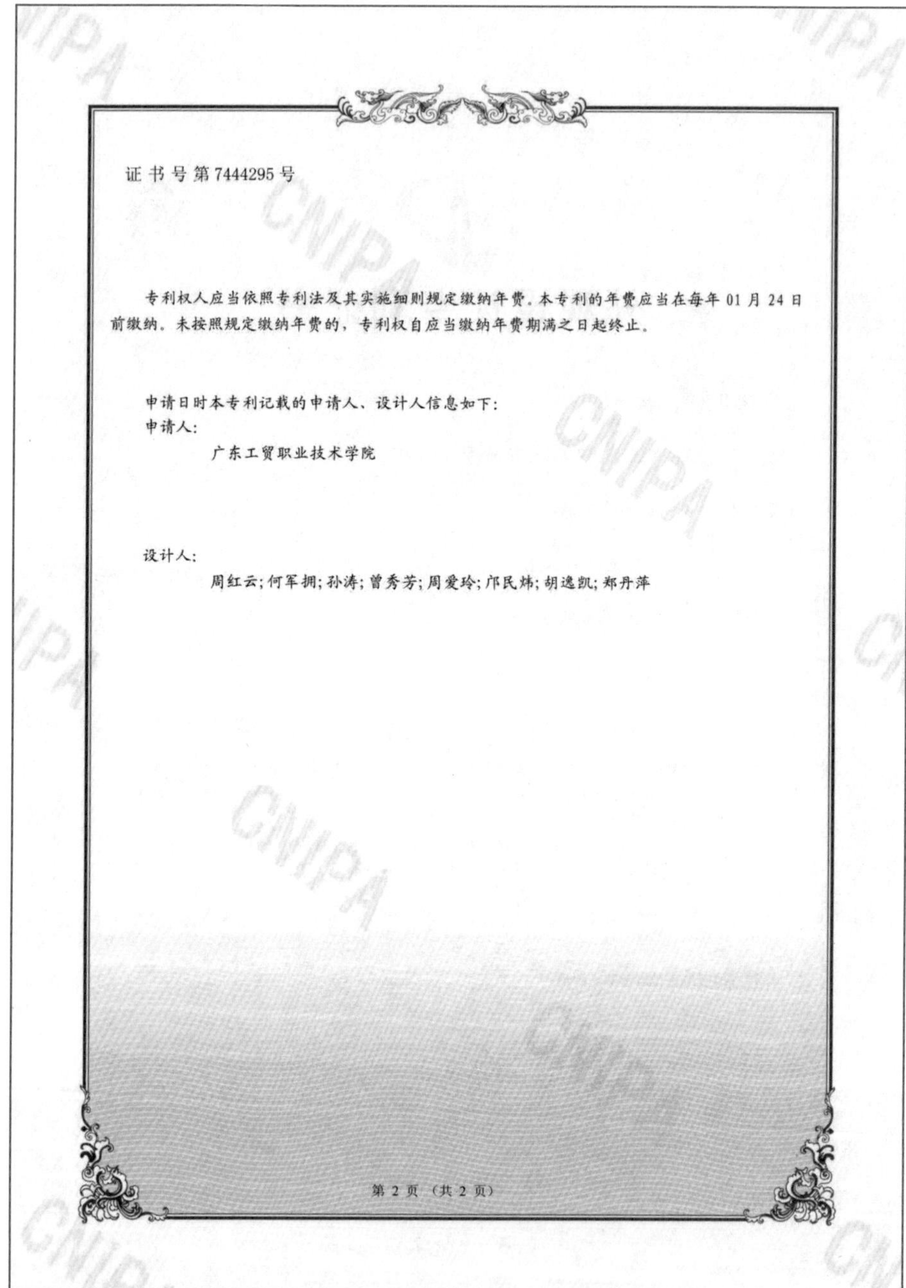

证书号第7444295号

专利权人应当依照专利法及其实施细则规定缴纳年费。本专利的年费应当在每年01月24日前缴纳。未按照规定缴纳年费的，专利权自应当缴纳年费期满之日起终止。

申请日时本专利记载的申请人、设计人信息如下：

申请人：

广东工贸职业技术学院

设计人：

周红云；何军拥；孙涛；曾秀芳；周爱玲；邝民炜；胡逸凯；郑丹萍

第2页（共2页）

续图6.14

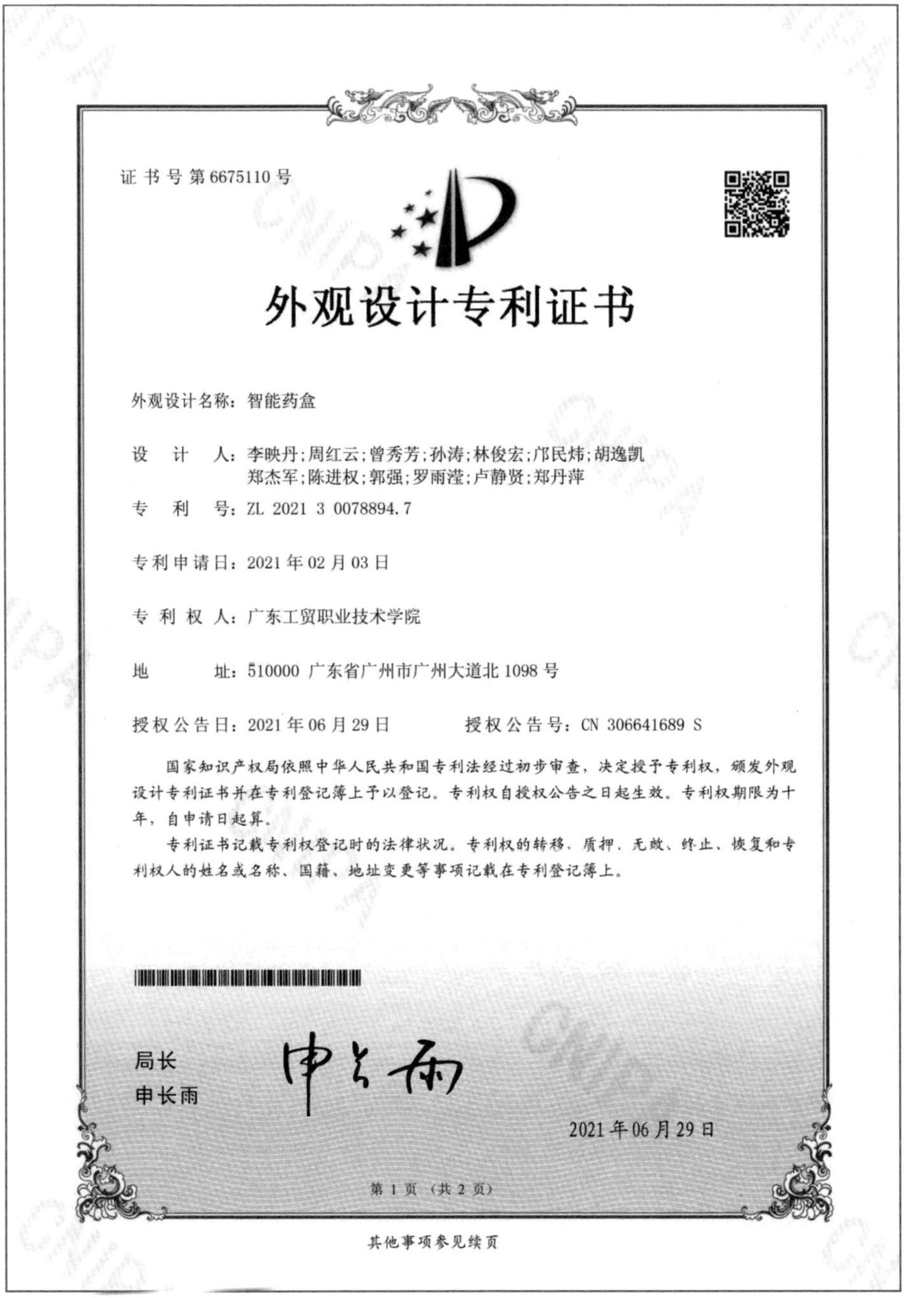

证书号第6675110号

外观设计专利证书

外观设计名称：智能药盒

设　计　人：李映丹；周红云；曾秀芳；孙涛；林俊宏；邝民炜；胡逸凯 郑杰军；陈进权；郭强；罗雨滢；卢静贤；郑丹萍

专　利　号：ZL 2021 3 0078894.7

专利申请日：2021 年 02 月 03 日

专 利 权 人：广东工贸职业技术学院

地　　址：510000 广东省广州市广州大道北 1098 号

授权公告日：2021 年 06 月 29 日　　　授权公告号：CN 306641689 S

国家知识产权局依照中华人民共和国专利法经过初步审查，决定授予专利权，颁发外观设计专利证书并在专利登记簿上予以登记。专利权自授权公告之日起生效。专利权期限为十年，自申请日起算。

专利证书记载专利权登记时的法律状况。专利权的转移、质押、无效、终止、恢复和专利权人的姓名或名称、国籍、地址变更等事项记载在专利登记簿上。

局长
申长雨

2021 年 06 月 29 日

第 1 页（共 2 页）

其他事项参见续页

图 6.15　外观设计专利证书 12

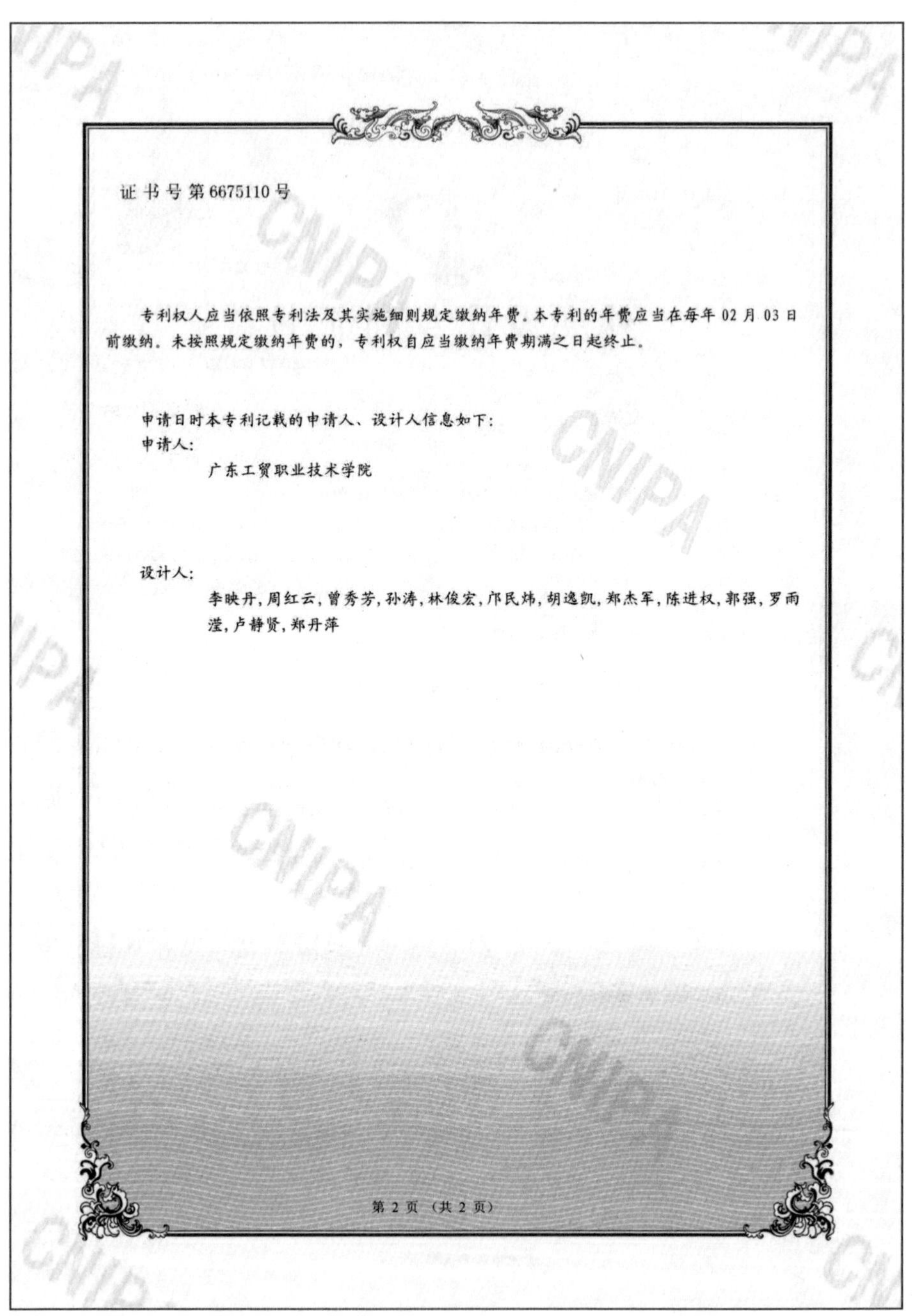

证书号第6675110号

专利权人应当依照专利法及其实施细则规定缴纳年费。本专利的年费应当在每年02月03日前缴纳。未按照规定缴纳年费的，专利权自应当缴纳年费期满之日起终止。

申请日时本专利记载的申请人、设计人信息如下：

申请人：

广东工贸职业技术学院

设计人：

李映丹，周红云，曾秀芳，孙涛，林俊宏，邝民炜，胡逸凯，郑杰军，陈进权，郭强，罗雨滢，卢静贤，郑丹萍

第2页（共2页）

续图 6.15

证书号第6667410号

外观设计专利证书

外观设计名称：智能药盒

设　计　人：林俊宏；周红云；曾秀芳；孙涛；李映丹；邝民炜；胡逸凯
郑杰军；陈进权；郭强；罗雨滢；卢静贤；郑丹萍

专　利　号：ZL 2021 3 0079095.1

专利申请日：2021 年 02 月 03 日

专 利 权 人：广东工贸职业技术学院

地　　　址：510000 广东省广州市广州大道北 1098 号

授权公告日：2021 年 06 月 29 日　　　授权公告号：CN 306641690 S

国家知识产权局依照中华人民共和国专利法经过初步审查，决定授予专利权，颁发外观设计专利证书并在专利登记簿上予以登记。专利权自授权公告之日起生效。专利权期限为十年，自申请日起算。

专利证书记载专利权登记时的法律状况。专利权的转移、质押、无效、终止、恢复和专利权人的姓名或名称、国籍、地址变更等事项记载在专利登记簿上。

局长
申长雨

2021 年 06 月 29 日

第 1 页（共 2 页）

其他事项参见续页

图 6.16　外观设计专利证书 13

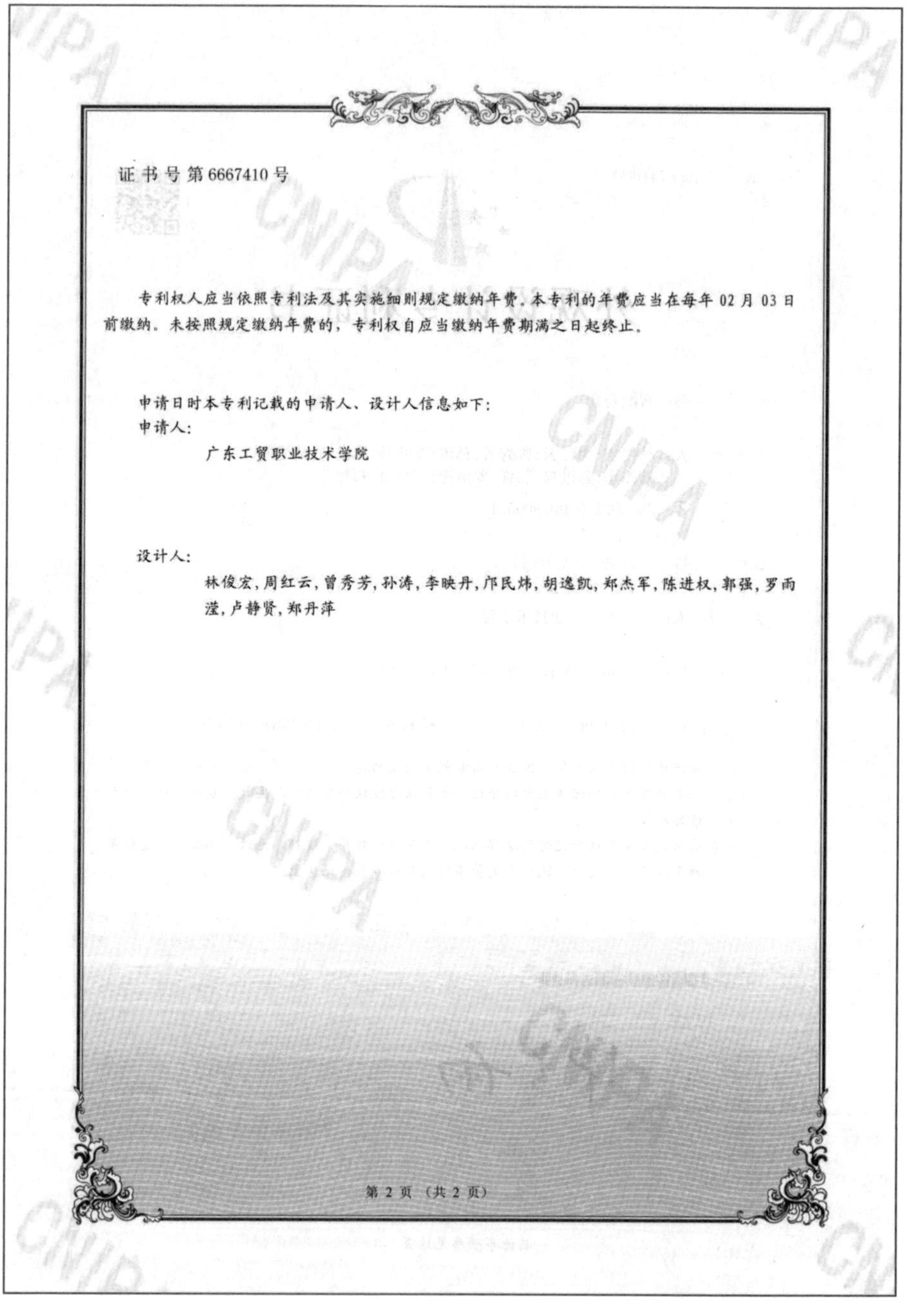

证书号第6667410号

专利权人应当依照专利法及其实施细则规定缴纳年费。本专利的年费应当在每年02月03日前缴纳。未按照规定缴纳年费的，专利权自应当缴纳年费期满之日起终止。

申请日时本专利记载的申请人、设计人信息如下：

申请人：

广东工贸职业技术学院

设计人：

林俊宏，周红云，曾秀芳，孙涛，李映丹，邝民炜，胡逸凯，郑杰军，陈进权，郭强，罗雨滢，卢静贤，郑丹萍

第2页（共2页）

续图6.16

证书号第6673628号

外观设计专利证书

外观设计名称：智能药盒

设　计　人：李映丹；周红云；曾秀芳；孙涛；邝民炜；林俊宏；罗雨滢
卢静贤；郑丹萍；郑杰军；陈进权；胡逸凯

专　利　号：ZL 2021 3 0065978.7

专利申请日：2021年01月29日

专 利 权 人：广东工贸职业技术学院

地　　址：510000 广东省广州市广州大道北1098号

授权公告日：2021年06月29日　　　授权公告号：CN 306641681 S

国家知识产权局依照中华人民共和国专利法经过初步审查，决定授予专利权，颁发外观设计专利证书并在专利登记簿上予以登记。专利权自授权公告之日起生效。专利权期限为十年，自申请日起算。

专利证书记载专利权登记时的法律状况。专利权的转移、质押、无效、终止、恢复和专利权人的姓名或名称、国籍、地址变更等事项记载在专利登记簿上。

局长
申长雨

2021年06月29日

第 1 页（共 2 页）

其他事项参见续页

图 6.17　外观设计专利证书 14

证书号第6673628号

专利权人应当依照专利法及其实施细则规定缴纳年费。本专利的年费应当在每年01月29日前缴纳。未按照规定缴纳年费的，专利权自应当缴纳年费期满之日起终止。

申请日时本专利记载的申请人、设计人信息如下：

申请人：

广东工贸职业技术学院

设计人：

李映丹，周红云，曾秀芳，孙涛，邝民炜，林俊宏，罗雨滢，卢静贤，郑丹萍，郑杰军，陈进权，胡逸凯

第2页（共2页）

续图 6.17

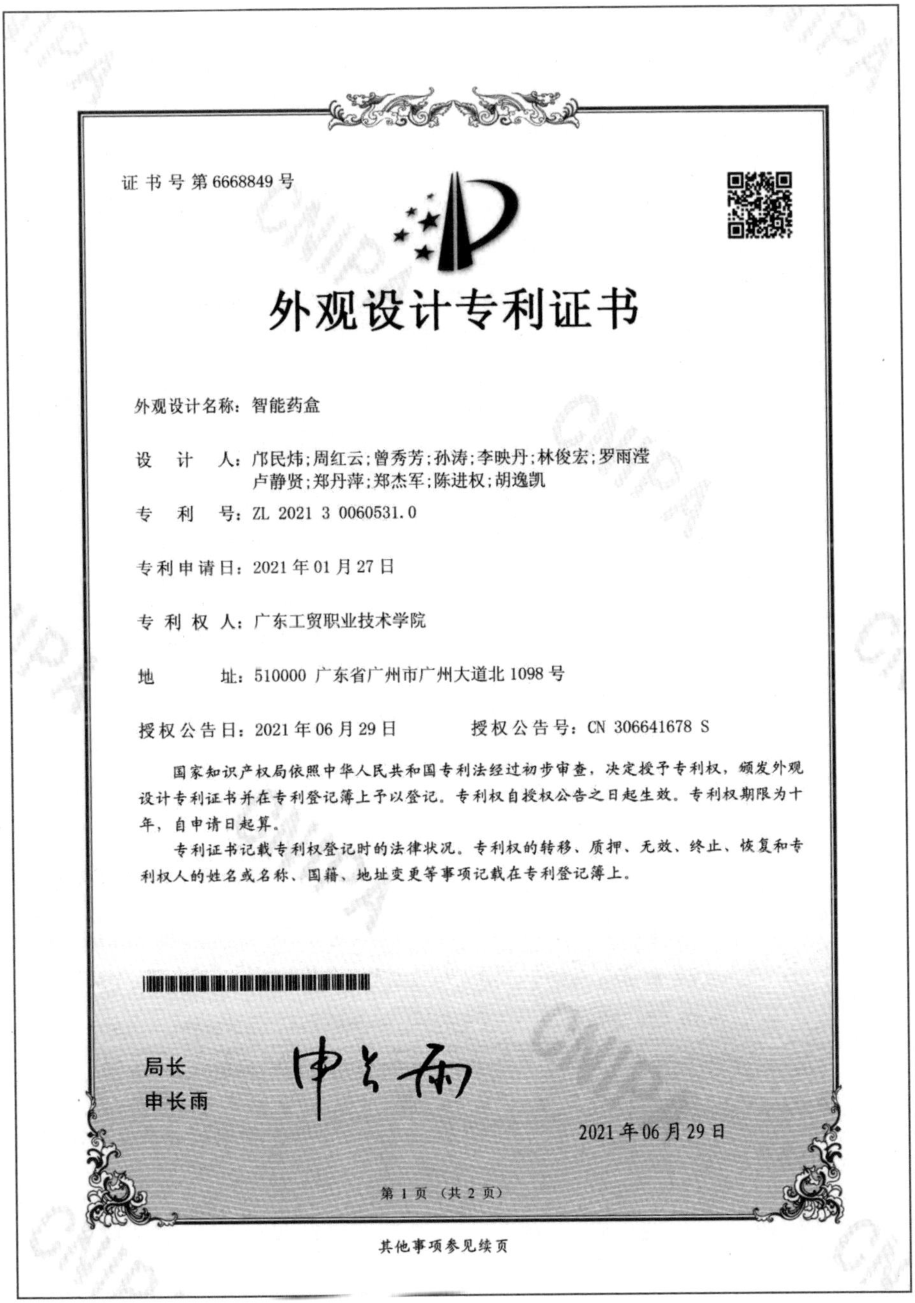

证书号第6668849号

外观设计专利证书

外观设计名称：智能药盒

设　计　人：邝民炜；周红云；曾秀芳；孙涛；李映丹；林俊宏；罗雨滢
卢静贤；郑丹萍；郑杰军；陈进权；胡逸凯

专　利　号：ZL 2021 3 0060531.0

专利申请日：2021年01月27日

专 利 权 人：广东工贸职业技术学院

地　　址：510000 广东省广州市广州大道北1098号

授权公告日：2021年06月29日　　授权公告号：CN 306641678 S

国家知识产权局依照中华人民共和国专利法经过初步审查，决定授予专利权，颁发外观设计专利证书并在专利登记簿上予以登记。专利权自授权公告之日起生效。专利权期限为十年，自申请日起算。

专利证书记载专利权登记时的法律状况。专利权的转移、质押、无效、终止、恢复和专利权人的姓名或名称、国籍、地址变更等事项记载在专利登记簿上。

局长
申长雨

2021年06月29日

第 1 页（共 2 页）

其他事项参见续页

图 6.18　外观设计专利证书 15

证书号第6668849号

专利权人应当依照专利法及其实施细则规定缴纳年费。本专利的年费应当在每年01月27日前缴纳。未按照规定缴纳年费的，专利权自应当缴纳年费期满之日起终止。

申请日时本专利记载的申请人、设计人信息如下：

申请人：

广东工贸职业技术学院

设计人：

邝民炜，周红云，曾秀芳，孙涛，李映丹，林俊宏，罗雨滢，卢静贤，郑丹萍，郑杰军，陈进权，胡逸凯

第 2 页（共 2 页）

续图 6.18

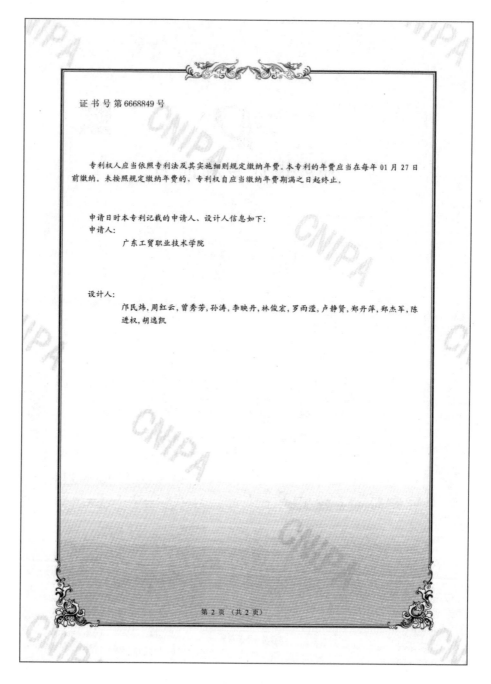

（3）计算机软件著作权证书 6 件（图 6.19～6.24）。

中华人民共和国国家版权局

计算机软件著作权登记证书

证书号：软著登字第9842909号

软 件 名 称： 智能医疗药物管理小程序软件
[简称：智能药盒]
V1.0

著 作 权 人： 广东工贸职业技术学院

开发完成日期： 2022年03月29日

首次发表日期： 未发表

权利取得方式： 原始取得

权 利 范 围： 全部权利

登 记 号： 2022SR0888710

根据《计算机软件保护条例》和《计算机软件著作权登记办法》的规定，经中国版权保护中心审核，对以上事项予以登记。

中华人民共和国国家版权局
计算机软件著作权
登记专用章

No. 11106020

2022年07月05日

图 6.19　计算机软件著作权证书 1

中华人民共和国国家版权局

计算机软件著作权登记证书

证书号： 软著登字第9793429号

软 件 名 称： 智能医疗药物管理设备软件
[简称：智能药物]
V1.0

著 作 权 人： 广东工贸职业技术学院

开发完成日期： 2022年03月28日

首次发表日期： 未发表

权利取得方式： 原始取得

权 利 范 围： 全部权利

登 记 号： 2022SR0839230

根据《计算机软件保护条例》和《计算机软件著作权登记办法》的规定，经中国版权保护中心审核，对以上事项予以登记。

中华人民共和国国家版权局
计算机软件著作权
登记专用章

No. 11038769

2022年06月24日

图 6.20 计算机软件著作权证书 2

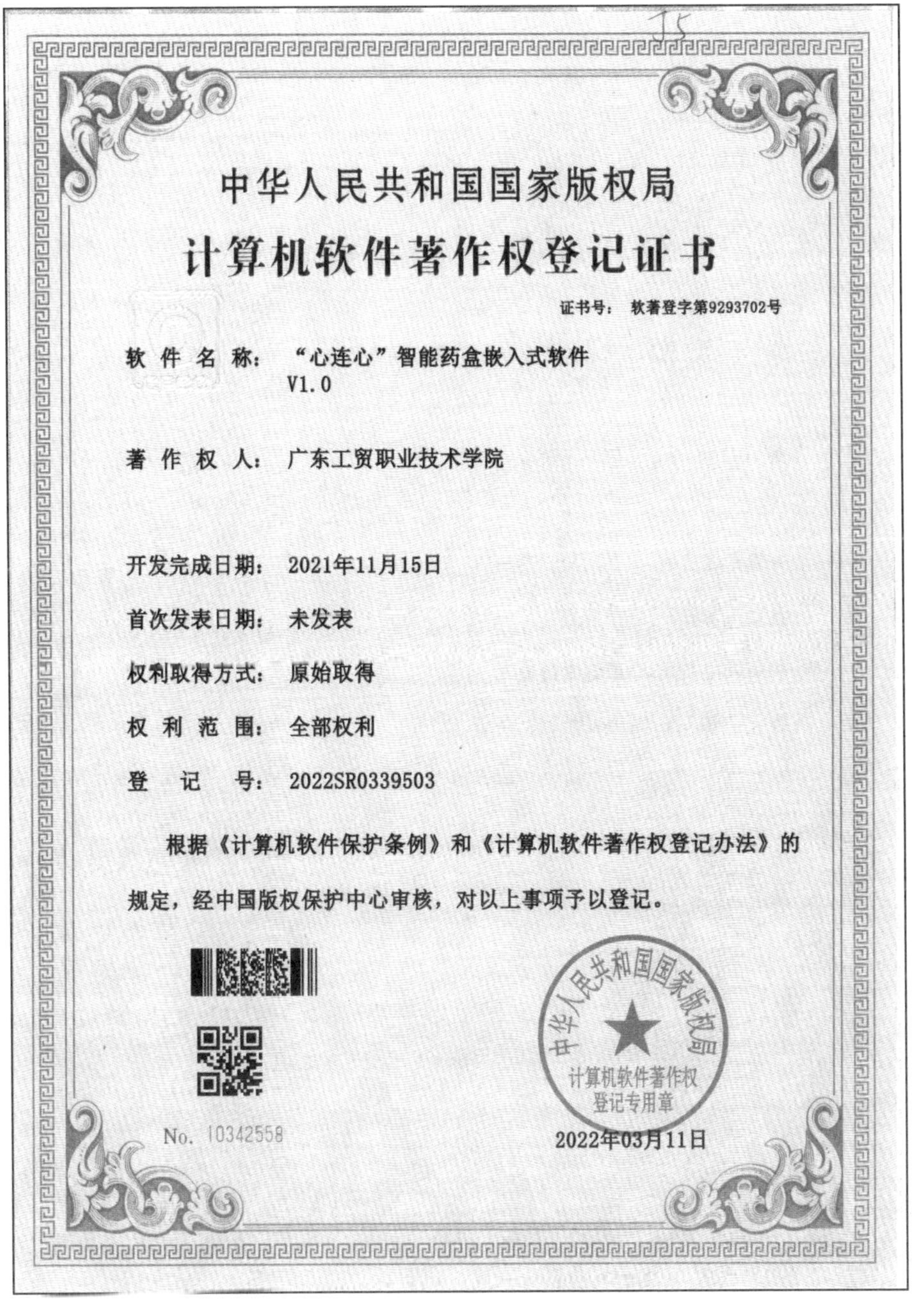

中华人民共和国国家版权局

计算机软件著作权登记证书

证书号：软著登字第9293702号

软 件 名 称： “心连心”智能药盒嵌入式软件 V1.0

著 作 权 人： 广东工贸职业技术学院

开发完成日期： 2021年11月15日

首次发表日期： 未发表

权利取得方式： 原始取得

权 利 范 围： 全部权利

登 记 号： 2022SR0339503

根据《计算机软件保护条例》和《计算机软件著作权登记办法》的规定，经中国版权保护中心审核，对以上事项予以登记。

中华人民共和国国家版权局 计算机软件著作权登记专用章

No. 10342558

2022年03月11日

图 6.21 计算机软件著作权证书 3

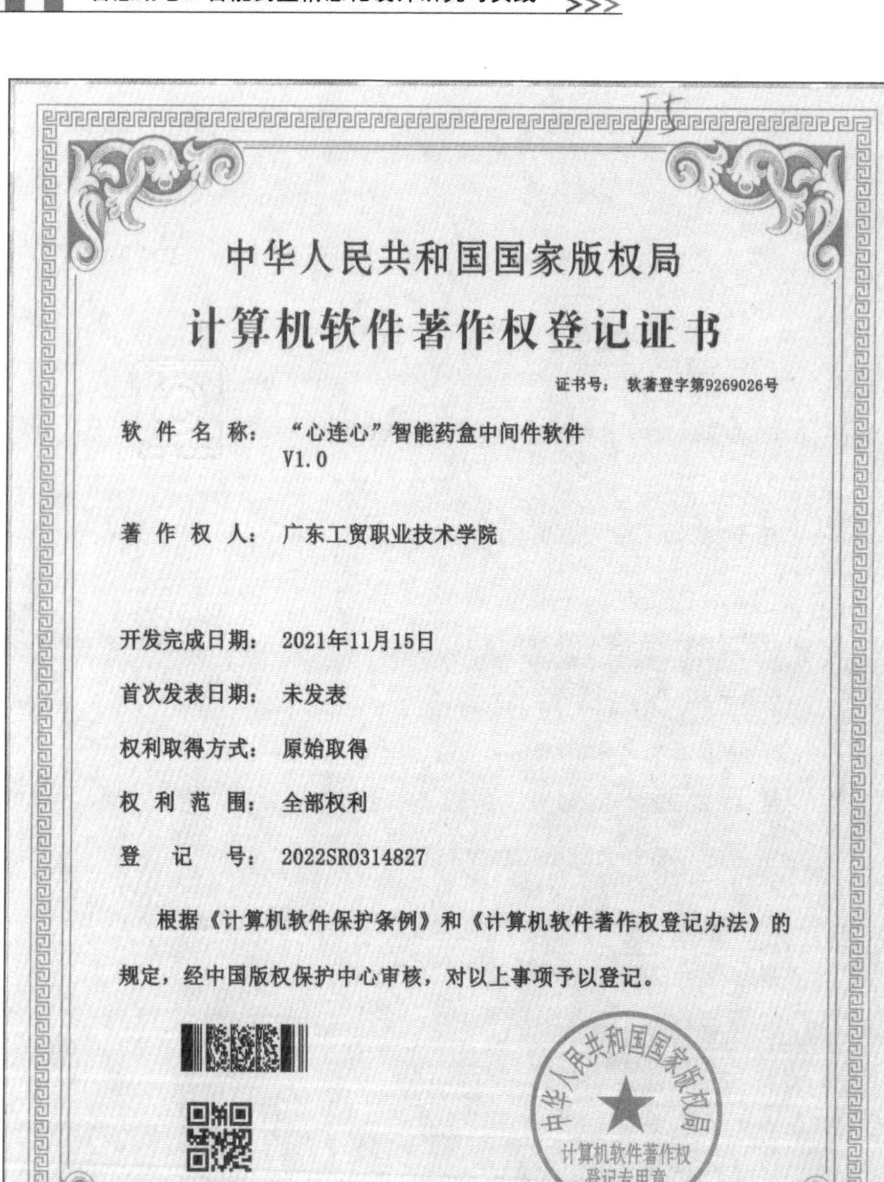

中华人民共和国国家版权局

计算机软件著作权登记证书

证书号：软著登字第9269026号

软 件 名 称：“心连心”智能药盒中间件软件 V1.0

著 作 权 人：广东工贸职业技术学院

开发完成日期：2021年11月15日

首次发表日期：未发表

权利取得方式：原始取得

权 利 范 围：全部权利

登 记 号：2022SR0314827

根据《计算机软件保护条例》和《计算机软件著作权登记办法》的规定，经中国版权保护中心审核，对以上事项予以登记。

中华人民共和国国家版权局 计算机软件著作权登记专用章

No. 10314124

2022年03月07日

图 6.22　计算机软件著作权证书 4

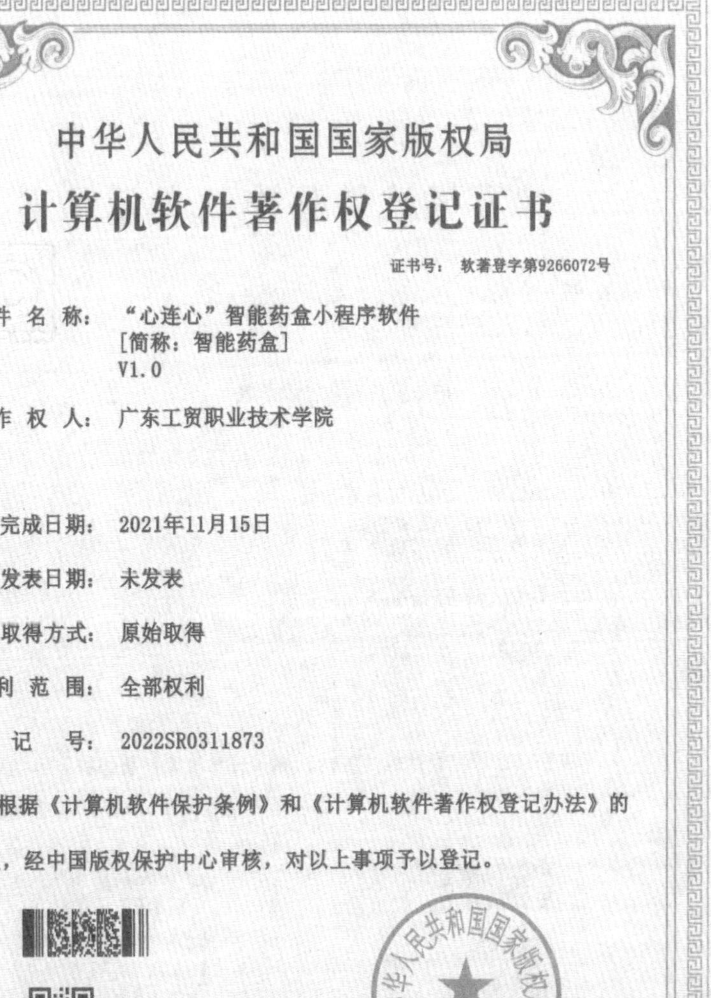

中华人民共和国国家版权局

计算机软件著作权登记证书

证书号：　软著登字第9266072号

软 件 名 称：　“心连心”智能药盒小程序软件
[简称：智能药盒]
V1.0

著 作 权 人：　广东工贸职业技术学院

开发完成日期：　2021年11月15日

首次发表日期：　未发表

权利取得方式：　原始取得

权 利 范 围：　全部权利

登　记　号：　2022SR0311873

根据《计算机软件保护条例》和《计算机软件著作权登记办法》的规定，经中国版权保护中心审核，对以上事项予以登记。

中华人民共和国国家版权局 计算机软件著作权登记专用章

No. 10305797

2022年03月04日

图 6.23　计算机软件著作权证书 5

中华人民共和国国家版权局

计算机软件著作权登记证书

证书号： 软著登字第7152093号

软 件 名 称： “心连心”智能药盒平台
V1.0

著 作 权 人： 广东工贸职业技术学院

开发完成日期： 2021年01月09日

首次发表日期： 未发表

权利取得方式： 原始取得

权 利 范 围： 全部权利

登 记 号： 2021SR0429866

根据《计算机软件保护条例》和《计算机软件著作权登记办法》的规定，经中国版权保护中心审核，对以上事项予以登记。

中华人民共和国国家版权局
计算机软件著作权
登记专用章

No. 07643867

2021年03月22日

图 6.24　计算机软件著作权证书 6

6.2　智能药盒情感化设计成果拓展

庞大的空巢老人群体身心健康，是银发时代背景下国家和社会重点关注的核心问题之一。本书基于"关爱空巢老人千万计划"，从空巢老人"用药健康"与"情感慰藉"双重需求层面出发，力求通过创新设计智能药盒的独特构造和小程序的多样性、智能化操作，在破解误操作、药品污染、漏服药或多服药等传统药盒操作痛点的同时，探索为空巢老人提供精神慰藉的有效途径和方法，使他们真正老有所"医"。在后期可持续研究进程中，将继续拓展智能药盒相关实地调研范围，以及与空巢老人深度关联的人群调研，让研究工作更加地严谨扎实、全面完整。此外，通过探索智能药盒情感化设计成果转化路径、深入智能药盒情感化设计研究成果育人实践等多路径，对研究成果进行示范推广。

1. 探索智能药盒情感化设计研究成果转化路径

一是围绕国家"智慧助老"行动，基于智能药盒情感化设计与实践，凝炼成此专著并公开出版。同时，通过学术会议、研讨会、工作坊、在线平台和社交媒体等多种渠道，进行宣传推广，目的在于让更多设计同行与学者全面了解智能药盒市场发展现状，以及当前空巢老人的用药情绪与情感变化，以更好地通过设计服务空巢老人特殊群体的"智慧养老需求"和"心理情感诉求"。

二是参加各类成果技术转化活动，积极推进本书已取得的智能药盒相关实用新型专利、外观设计专利，以及智能医疗药盒管理小程序软件相关的计算机软件著作权等技术成果转化，使研究成果能够真正转化为商品，服务于更多空巢老人这一特殊群体的"用药健康"与"情感慰藉"双重需求。

2. 深入智能药盒情感化设计研究成果育人实践

一是基于本书设计理论与设计实践，组织设计工作坊、开展社会培训、深入院校交流等，让更多社会人员了解智能药盒情感化设计的重要性和实际应用价值，以此培养高素质、高水平"双师型"设计类教师队伍，并积极深入"智慧助老"课程思政育人实践，服务国家"智慧助老"行动。

二是将智能药盒情感化设计理念和案例纳入产品设计开发、人机工程学、设计心理学等相关课程。通过设计教育教学实践，详细展示用户研究、市场调研、产品草案设计、外观设计、交互设计、结构设计等情感化设计程序，致力于为社会培养更多德才兼备的高素质设计技能人才，进而反哺"服务空巢老人"的智能产品创新设计研究。

6.3 部分成员的收获、成长与感悟

1. 曾秀芳：广东工贸职业技术学院教师

<table>
<tr><td rowspan="4"></td><td>姓　　名</td><td>曾秀芳</td></tr>
<tr><td>单　　位</td><td>广东工贸职业技术学院</td></tr>
<tr><td>职　　业</td><td>计算机与信息工程学院教师</td></tr>
<tr><td>参与任务</td><td>智能药盒的软硬件交互设计</td></tr>
<tr><td colspan="3">个人收获、成长与感悟</td></tr>
<tr><td colspan="3">依托“关爱空巢老人千万计划”，针对空巢老人这一特殊群体用药需求和心理情感诉求来设计智能药盒，旨在提升药品的存储安全性，降低空巢老人独立用药的操作失误率，最终满足他们的健康需求。我们不仅考虑到药盒的智能化功能，更着眼于如何通过远程提醒和监控功能的创新设计解决空巢老人用药的技术问题，将远方子女的关心传递给空巢老人，在精神层面给予空巢老人极大的精神慰藉。
在任务实施过程中，我们借助校企合作技术优势，完成了许多关键任务。首先，在小程序设计上取得了突破，尤其是在“用药参数设置”“远程提醒用药”“智能用药记录”三大功能模块的开发上。通过类比 web 语言（HTML+CSS+JS）、Spring boot 框架以及 MySQL 数据库等技术，完成了小程序的前端设计和后端数据管理，为智能药盒的软硬件交互打下了坚实基础。这一过程让我深刻感受到，将理论付诸实践并通过技术手段解决实际问题这一过程，不仅巩固了技术基础，更获得了真实的研究经验，培养了团队协作和解决问题的能力。
其次，在产品制作和用户体验测试阶段，我们通过 3D 建模并结合关联小程序，成功制作出了智能药盒的实体模型，并通过模拟用户体验来检测智能药盒的使用效果。模拟体验为我们提供了大量有价值的反馈，尤其是当用户模拟空巢老人使用智能药盒时，我们及时发现并修复了程序中的问题。例如，一些用户在初次操作时难以理解用药提醒的设置流程，因此我们在设计上进行了简化，优化了用户界面的友好度。这一阶段不仅检验了软硬件之间的交互性能，也为后续的产品优化提供了实验依据。
通过参与本书的相关研究工作，我更加深刻地认识到，智能产品的设计不仅要实现技术创新，更要以用户需求为核心，特别是面对空巢老人这一特殊群体，需要特别考虑他们的生理局限和心理需求，以人性化的设计去消除他们在使用过程中可能遇到的障碍。同时，我也更加体会到校企合作的重要性，产品设计不止于功能的实现，更在于通过技术为用户带来实际的帮助与关怀。未来，我将继续深入团队协作、思维碰撞，期待为社会带来更多有意义的创新设计。</td></tr>
</table>

2. 刘柏林：广东工贸职业技术学院学生

<table>
<tr><td rowspan="4"></td><td>姓　　名</td><td>刘柏林</td></tr>
<tr><td>单　　位</td><td>广东工贸职业技术学院</td></tr>
<tr><td>职　　业</td><td>机电工程学院
2021 级工业设计专业学生</td></tr>
<tr><td>参与任务</td><td>空巢老人群体调研、智能药盒情感化设计</td></tr>
<tr><td colspan="3">个人收获、成长与感悟</td></tr>
<tr><td colspan="3">产品创意设计与生产制造是一个有机整体，我非常有幸参与本书涉及的智能药盒情感化设计。
在工作之初，首先进行了空巢老人群体调研。在访谈调研正式开始之前，设计访谈问题，涵盖空巢老人身体状况、用药习惯、日常生活情况等。然后前往居民家中、养老院等地，与多位空巢老人面对面交流。通过访谈了解到他们对于药品管理设备的具体需求，比如有提醒功能、具有简单易用的操作界面等。根据调研结果，绘制了典型用户的画像，明确了他们的年龄范围、生活习惯以及心理状态等信息。
然后，根据调研结果，确定了空巢老人对智能药盒的主要功能需求，如定时提醒、语音播报、太阳能蓄电等。随后开始绘制设计草图，包括外观造型、内部结构以及操作界面等。经过多次讨论每个方案的优点和不足，最终确定最佳草案。为了满足空巢老人的特殊需求，在智能药盒设计中融入了许多创新元素，例如，采用大液晶显示屏幕、设置语音播报等功能，让空巢老人使用起来更加方便。在反复修改和完善草案的过程中，我深刻体会到细节决定成败，只有关注并打磨每一个细节，才能确保最终产品的质量和用户体验。同时，在草案设计过程中的分工合作，不仅提高了我的工作效率，也锻炼了我和团队成员之间的协作沟通能力。
由于没有实物参考，我搜寻查阅网上的各方面资料，对智能药盒产品进行“货比三家”，通过评估产品的结构、材质、功能、人机工程、实际使用和视觉效果等，激发了一些创新设计想法。
参与智能药盒情感化设计的过程是一次非常宝贵的经历。从调研到设计再到建模，每一个环节都让我收获颇丰，不仅提升了专业技能，更重要的是，我学会了如何站在用户的角度思考问题，如何将人文关怀融入产品设计。我相信，这段经历将对我未来的职业发展产生深远的影响。当实践结果摆在自己的面前时，会觉得收获不少。最后，感谢老师们的深度指导，让我通过本次的设计实践，更加深刻地理解了什么是“产品情感化设计”。</td></tr>
</table>

3. 郑杰军：广东工贸职业技术学院学生

	姓　　名	郑杰军
	单　　位	广东工贸职业技术学院
	职　　业	计算机与信息工程学院 2019 级计算机软件技术专业学生
	参与任务	智能药盒的小程序设计

个人收获、成长与感悟

在本书的相关研究工作中，我参与了智能药盒的小程序设计。智能药盒是一种利用物联网、人工智能、大数据等技术来提升药品管理和用药安全性的创新产品，它可以为老年人、慢性病患者、医疗机构等用户提供便捷和高效的服务。在本次任务中，我主要参与小程序前端开发和资源整合。小程序前端开发涉及用户界面的设计和功能的实现，在老师和企业导师的指导下，我尝试使用微信小程序框架和云开发技术来完成这部分工作。资源整合过程在与后端、硬件、测试等各方面组员的沟通协调下，才得以顺利进行和高质量完成。

在开发过程中，我遇到了很多挑战和困难。比如，在用户界面设计方面，我要考虑用户的需求、习惯、喜好等因素，以及如何优化用户体验；在功能实现方面，我要考虑如何处理数据同步、异常情况、安全性等问题；在资源整合方面，我要考虑如何与其他组员有效沟通和协作，以及如何解决各种冲突和问题。

为了克服这些困难，我采取了以下措施：首先，我查阅了大量的文档和教程，并且向同学和老师请教；其次，我积极参与讨论会议，并且主动承担责任；最后，我学习了很多关于智能药盒相关领域（物联网、人工智能、大数据）方面知识以及应用场景（老年人、慢性病患者、医疗机构）方面信息。

通过完成此次工作任务，我收获颇丰：在技术层面上，增强了对微信小程序框架以及云开发技术方面的理解与运用；在团队层面上，加深了对分工合作与沟通协调方面重要性的认识；在专业层面上，拓宽了对智能药盒相关领域（物联网、人工智能、大数据）方面的视野并增加自己对应用场景（老年人、慢性病患者、医疗机构）方面信息的了解。我感受到了科技对社会的影响和价值，也激发了我对未来技术的好奇心和探索欲。我认为智能药盒是一种有前途和有意义的产品，它可以为用户带来更多的便利和安全。我希望在未来能够继续参与类似研究，不断提升自我技能和水平，为国家“智慧助老”行动做出积极贡献。

最后，非常感谢老师们的指导和同学们的大力支持与帮助。

4. 陈进权：广东工贸职业技术学院学生

	姓　　名	陈进权
	单　　位	广东工贸职业技术学院
	职　　业	计算机与信息工程学院 2019 级计算机软件技术专业学生
	参与任务	智能药盒的小程序设计

个人收获、成长与感悟

智能药盒是一种可以提醒用户按时服药、监测用户用药情况和提供用药建议的设备。我主要参与智能药盒的小程序设计方面的工作，涉及的工具包括 Java、Spring boot 框架、小程序等。在开发技术时，我遇到了很多挑战和困难，例如，如何实现智能药盒与手机端的数据同步、如何处理不同类型和规格的药品、如何优化系统性能和稳定性等。

为了解决这些问题，我采取了以下方法：（1）为了实现智能药盒与手机端的数据同步，使用了 WebSocket 协议来实现双向通信，设计了一套数据格式和协议来保证数据的完整性和一致性。（2）为了处理不同类型和规格的药品，使用了条形码扫描和图像识别技术来识别药品信息，并且建立了一个数据库来存储和管理药品库存。（3）为了优化系统性能和稳定性，使用了 Spring boot 框架来简化开发流程，并且利用缓存、异步处理、日志记录等技术来提高系统效率和可靠性。

通过这项工作任务，我学到了很多知识和技能。例如：（1）掌握了智能药盒相关技术开发技术工具，如 Java、Spring boot 框架、小程序等。（2）提高了编程水平、调试能力、代码规范程度等，编写了高质量、高效率、易维护的代码，并且进行了充分的测试和修改。（3）增加了专业素养并增强了社会责任感，我意识到智能药盒不仅是一个技术产品，还是一种可以改善人们健康状况和生活质量的“服务”。

对于完成的工作任务，我感到非常满意和自豪。这是一个既有意义又有趣味的经历。我希望能够继续完善智能药盒产品，并将其推广到更多需要用药管理服务的用户群体。同时，我也认识到还有一些不足之处或改进空间。例如：（1）还没有对智能药盒进行大规模或长期的实验，以验证其效果和安全性。（2）还没有考虑到不同地区或文化背景下用户对智能药盒使用习惯或需求可能存在差异。（3）还没有与医疗机构或政府部门建立合作关系来推动智能药盒在公共卫生领域的应用。

未来，我希望能够针对这些问题，进行更深入或广泛的研究或探索，并且寻找更多合作伙伴或支持者来共同推动智能药盒情感化设计向前发展。

5. 胡逸凯：广东工贸职业技术学院学生

	姓　　名	胡逸凯
	单　　位	广东工贸职业技术学院
	职　　业	计算机与信息工程学院 2020 级计算机软件技术专业学生
	参与任务	智能药盒软硬件交互设计

个人收获、成长与感悟

我对“智能药盒”的研究兴趣，来源于一句话——“吃药如吃饭，必须按时，否则药效会受到影响。”对于大部分年轻人来说，能记住服药时间，是再正常不过了。可是对于空巢老人，随着年龄的增长，其较易出现健忘的症状，若要在不同时间吃不同的药，将是个难题。而此次完成的“智能药盒”产品，目的在于设计一款方便老年人服药的药品存储容器，它可以更好地解决该类特殊群体服药麻烦的问题。

本书所研究的智能药盒主要以一种跨平台的、面向对象的、分布式的、解释的、安全可移植的、动态语言—— java 语言作为基础进行软件开发。我参与了智能药盒软硬件交互设计工作任务，该智能药盒使用微信小程序框架，框架核心是一个响应的数据绑定系统，让数据与视图非常简单地保持同步；当做数据修改的时候，只需要在逻辑层修改数据，视图层就会做相应更新；利用 ble 低功耗蓝牙通信解决蓝牙读写数据和设置通知失败的问题；esp32 嵌入式设备采用模块化的设计，系统采用单片机为主控芯片，结合单片机最小系统所必需的上电复位电路，内部晶振电路；采用电源模块为整个系统提供稳定的直流电源；采用单片机芯片提供的定时器设计系统时钟；利用 LCD 显示模块实现时间及其他参数的显示；利用语音模块接收单片机发送来的信号完成声音信号的提醒；利用 LED 发光二极管配合语音模块的蜂鸣器起辅助报警作用。

在完成工作任务的过程中，我也认识到工作中的不足。首先是整体的成果展示设计，如果能投入到实际环境并获得更多用户反馈将更佳。其次是软件页面的美化程度、bug 的出现率，在未来研究中均有待改善。

通过本次工作任务，我感受到了智能对社会的影响，也激发了我对智能开发的好奇心和探索欲。我希望在未来能够继续参与类似研究，进行更深入或广泛地研究或探索，并且寻找更多合作伙伴，不断提升自己的技能和水平，为社会做出贡献。

最后，也非常感谢老师们及不同专业和年级的同学们为我提供的帮助。

参考文献

学术专著参考文献

[1] 胡莹. 移动数字产品适老化交互设计研究[M]. 北京：化学工业出版社，2024.

[2] 查亚 J，布特 R，查尼斯，等. 适老化设计：原则及创新性人因学方法[M]. 山娜，张帆，崔艺铭，译. 北京：化学工业出版社，2024.

[3] 海 L，舒尔茨 M. 心理的伤，身体知道[M]. 李婷婷，译. 北京：东方出版社，2019.

[4] [美]诺曼 A. 设计心理学 3：情感化设计[M]. 何笑梅，欧秋杏，译. 2 版. 北京：中信出版社，2015.

[5] 孔维民. 情感心理学新论[M]. 长春：吉林人民出版社，2002.

[6] 朱小蔓，梅仲荪. 儿童情感发展与教育[M]. 南京：江苏教育出版社，1998.

[7] 费穗宇，张潘仕. 社会心理学辞典[M]. 石家庄：河北人民出版社，1988.

学位论文参考文献

[1] 李苇烨. 面向老年人的家用医疗监测产品设计研究[D]. 北京：北方工业大学，2024.

[2] 单润后. 基于认知负荷的移动医疗类应用界面适老化设计研究[D]. 南京：南京理工大学，2023.

[3] 张耀月. 基于包容性理论的智能交互界面适老化设计研究[D]. 北京：北京邮电大学，2023.

[4] 邱诗媛. 叙事疗法介入空巢老人情感支持的研究[D]. 赣州：赣南师范大学，2023.

[5] 王超. 人生回顾理论视角下城区空巢老人自我价值感提升的社会工作干预研究[D]. 福州：福建师范大学，2023.

[6] 伍慧子. 基于技术接受模型的手机远程协助产品适老化交互设计研究[D]. 上海：华东理工大学，2022.

[7] 姚琦. 移动医疗应用的适老化设计研究与实践[D]. 天津：河北工业大学，2022.

[8] 马文会. 基于用户体验的适老化智能药箱产品设计研究[D]. 兰州：兰州理工大学，2022.

[9] 高旭东. 农村空巢老人精神慰藉问题研究：以 G 村为例[D]. 保定：河北大学，2022.

[10] 聂福媛. 城市女性空巢老人精神慰藉的小组工作介入研究：以“幸福康乐”小组为例[D]. 兰州：西北民族大学，2022.

[11] 齐雪. 面向空巢老人情感缺失的产品设计研究[D]. 西安：西安理工大学，2020.

[12] 胡雪茜. 基于情绪心理学的空巢老人可穿戴设备设计研究[D]. 马鞍山：安徽工业大学，2019.

[13] 马蕊. 城市空巢老人家庭健康监测产品的研究与设计[D]. 郑州：河南工业大学，2017.

[14] 张淼. 空巢老人家庭自助基础医疗测量设备设计与研究[D]. 沈阳：沈阳建筑大学，2015.

[15] 王家跃. 老年产品设计中人性化、情感化、智能化的交互研究[D]. 济南：山东轻工业学院，2008.

学术论文参考文献

[1] 姜兆权，周诗雪，黄米娜，等. 农村空巢老人居家不出、抑郁情绪与认知功能之间的关系研究[J]. 护士进修杂志，2024，39（3）：313-316.

[2] 骆萌，丁明峰，李改云，等. 我国空巢老年人睡眠时间与抑郁症状的剂量-反应

关系[J]. 护理研究，2024，38（14）：2519-2524.

[3] 杨慧，于冰楠，范嘉琪. 需求层次理论下我国老年教育课程体系构建[J]. 继续教育研究，2024（9）：62-66.

[4] 陶涛，金光照，郭亚隆. 中国老年家庭空巢化态势与空巢老年群体基本特征[J]. 人口研究，2023，47（1）：58-71.

[5] 顾高燕，刘宝存. 世界主要国家人口少子老龄化趋势及其教育多元应对[J]. 比较教育研究，2023，45（11）： 59-69.

[6] 巩阳，温红娟，温扩，等. 城市空巢老人社会支持与焦虑的关系：心理韧性的中介作用[J]. 中国老年学杂志，2023，43（20）：5109-5112.

[7] 刘传顺，童美勤子，徐洋凡，等. 规律锻炼对农村空巢老人焦虑状态和孤独感的影响[J]. 康复学报，2023，33（5）：404-411.

[8] 李正军，白朔. 基于改进 FMEA 的适老化智能药盒交互设计研究[J]. 包装工程，2023，44（8）：225-233，252.

[9] 杨薪瑶，杨惠，曾小琴，等. 空巢老人居家安全问题的国内外研究现状与展望[J]. 全科护理，2022，20（32）：4515-4518.

[10] 刘晨. 流动子女代际支持对农村空巢老人健康状况的影响分析[J]. 南京医科大学学报（社会科学版），2022，22（3）：228-235.

[11] 赵菊荣，王虹，章欣，等. 住院空巢老人焦虑抑郁现状及影响因素分析[J]. 实用预防医学，2022，29（6）：731-734.

[12] 黄畅，苗春霞，侍书靖，等. 我国空巢老人就医行为及其影响因素分析[J]. 现代预防医学，2022，49（2）：295-298，323.

[13] 王敏，佘金文，周丽平，等. 湖南省空巢老人综合健康评估研究[J]. 中国医药导报，2022，19（27）：54-57，67.

[14] 邱建红. 2020 年丽水市莲都区社区空巢老年人健康状况流行病学分析[J]. 首都食品与医药，2022，29（2）：77-79.

[15] 程娇娇，刘贝贝，苏蕴，等. 空巢与非空巢老人综合失能状况及其影响因素研

究[J]. 中国全科医学，2022，25（15）：1833-1837，1844.

[16] 钟晓利，王佰川，张群. 空巢老人心理健康状况及对策[J]. 中国老年学杂志，2021，41（22）：5129-5132.

[17] 李志榕，陈博领. 智能家居情景下的城市空巢老人的健康需求研究[J]. 家具与室内装饰，2021（8）：1-6.

[18] 薛文星，段爱旭，左红梅，等. COVID-19 疫情初期社区空巢老人心理应激反应的调查研究[J]. 中外医学研究，2021，19（27）：79-82.

[19] 杨雪，吴恋，陈宗旺，等. 基于物联网技术的老年人吃药提醒智能药盒系统的设计及实现[J]. 物联网技术，2021，11（8）：90-92.

[20] 刘莎，卢硕，刘培松，等. 苏北农村空巢老人健康状况及直接医疗费用的 Tobit 回归模型研究[J]. 中国卫生统计，2020，37（1）：20-23.

[21] 徐宁，马智慧. 国内外空巢老人研究综述[J]. 中国集体经济，2020（23）：87-88.

[22] 曹文静，吴家俊，曾能娟，等. 湖南省贫困县慢性病空巢老人焦虑、抑郁情绪与生活质量的相关性研究[J]. 护理研究，2020，34（5）：784-788.

[23] 曹阳春，宁凌. 农村空巢老人慢性病患病状况及其影响因素[J]. 中国老年学杂志，2020，40（4）：866-869.

[24] 罗勤. 对话与回归：叙事治疗在老年空巢综合征个案服务中的运用[J]. 社会福利（理论版），2020（3）：8-13.

[25] 陈阳，蔡雪琼，黄志庆，等. 社区空巢老人家庭医生式养老服务需求及其影响因素研究[J]. 世界最新医学信息文摘，2019，19（69）：40，42.

[26] 傅凤，高嵩巍，马建伟. 从一个智能药盒看老年人医疗用品中的情感化设计[J]. 科技创新与应用，2019（36）：26-28.

[27] 李智，薛珺，余涛，等. 智能药盒系统的研究与设计[J]. 信息通信，2019，32（10）：83-84.

[28] 陈卫，段媛媛. 中国老年人的空巢时间有多长？[J]. 人口研究，2017，41（5）：3-15.

[29] 肖建彪，刘焱. 家庭医生式服务对空巢老人安全用药影响的研究[J]. 黑龙江医药，2017，30（2）：287-289.

[30] 苏桦，张丹霞，董时广，等. 社区空巢老人抑郁孤独状况与幸福感及生存质量干预研究[J]. 中国预防医学杂志，2016，17（8）：587-592.

[31] 夏进军，杨柳，吴志远. 面向用户体验的老年人智能药盒优化设计[J]. 包装工程，2016，37（18）：97-101.

[32] 肖燕，李红玉，张颖. 社区慢性病空巢老人用药安全现况及影响因素调查[J]. 护理学杂志，2015，30（17）：83-86.

[33] 龚勋，王峥，陈曼丽，等. 湖北省空巢老人健康状况及需求调查[J]. 医学与社会，2015，28（9）：10-12.

[34] 魏万磊. 情感与认同：政治心理学的孪生子[J]. 江西科技师范大学学报，2012（6）：9-14.

[35] 石燕. 以家庭周期理论为基础的“空巢家庭”[J]. 西北人口，2008，29（5）：124-128.

[36] 李德明，陈天勇，吴振云，等. 城市空巢与非空巢老人生活和心理状况的比较[J]. 中国老年学杂志，2006，26（3）：294-296.

[37] 肖汉仕. 我国家庭空巢现象的成因及发展趋势[J]. 人口研究，1995，19（5）：13-16.

网络资源参考文献

[1] 驻意大利共和国大使馆经济商务处. 意总人口降至 5 899 万，老龄化程度进一步加深[EB/OL].（2023-12-27）[2024-01-01]. http://www.investgo.cn/article/gb/tjsj/202312/701183.html.

[2] 环球时报. 日本 80 岁以上人口突破 10%[EB/OL].（2023-09-19）[2024-01-01]. https://www.toutiao.com/article/7280322787699573260/.

[3] 第一财经. 韩国加速“老去”！65 岁以上老年人首破 900 万，独居老人数量激增[EB/OL]. （2023-08-06）[2024-01-05]. https://baijiahao.baidu.com/s?id=1773461151450350301 &wfr=spider&for=pc.
[4] 人民网. 韩国逾二成 65 岁以上老年人独居生活[EB/OL]. （2023-08-03）[2024-01-05]. https://baijiahao.baidu.com/s?id=1773194614309161489&wfr=spider&for=pc.
[5] 光明网-《光明日报》. 意大利面临严重人口危机[EB/OL]. （2023-04-19）[2024-01-08]. https://baijiahao.baidu.com/s?id=1763551479909860254&wfr=spider&for=pc.
[6] 国家卫生健康委全国老龄办. 关于做好 2021 年“智慧助老”有关工作的通知[EB/OL].（2021-06-10）[2024-01-10]. https://www.gov.cn/zhengce/zhengceku/2021-06/15/content_5618291. htm.